全国水利行业规划教材　高职高专水利水电类
中国水利教育协会策划组织

水利水电工程招标与投标

主　编　王海周　高玉清　赵喜云
副主编　杨晓红　于海云　张艳萍
主　审　汤能见

黄河水利出版社
·郑州·

内容提要

本书是全国水利行业规划教材，是根据中国水利教育协会全国水利水电高职教研会制定的水利水电工程招标与投标课程标准编写完成的。全书共分4个单元、2个示例和附录，主要内容包括招标与投标入门，水利水电工程施工招标，水利水电工程施工投标，水利水电工程开标、评标及定标，水利水电工程施工招标示例以及水利水电工程施工投标示例等。

本书为高职高专院校水利水电类专业教材，也可作为成人教育、中等职业学校水利水电类专业的教学用书，还可供从事水利水电工程规划、设计等工作的专业技术人员学习参考。

图书在版编目(CIP)数据

水利水电工程招标与投标/王海周，高玉清，赵喜云主编.
郑州：黄河水利出版社，2013.6
全国水利行业规划教材

ISBN 978-7-5509-0489-7

Ⅰ.①水… Ⅱ.①王… ②高… ③赵… Ⅲ.①水利水电工程-招标-高等职业教育-教材 ②水利水电工程-投标-高等职业教育-教材 Ⅳ.①TV512

中国版本图书馆 CIP 数据核字(2013)第120371号

组稿编辑：王路平　电话：0371-66022212　E-mail:hhslwlp@163.com

出 版 社：黄河水利出版社
地址：河南省郑州市顺河路黄委会综合楼14层　邮政编码：450003
发行单位：黄河水利出版社
发行部电话：0371-66026940、66020550、66028024、66022620(传真)
E-mail: hhslcbs@126.com
承印单位：河南地质彩色印刷厂
开本：787 mm×1 092 mm　1/16
印张：14.75
字数：360千字　印数：1—4 100
版次：2013年6月第1版　印次：2013年6月第1次印刷

定价：31.00元

前言

本书是根据《教育部关于全面提高高等职业教育教学质量的若干意见》(教高[2006]16号)、《教育部关于推进高等职业教育改革创新引领职业教育科学发展的若干意见》(教职成[2011]12号)等文件精神，由全国水利水电高职教研会拟定的教材编写规划，在中国水利教育协会指导下，由全国水利水电高职教研会组织编写的第二轮水利水电类专业规划教材。第二轮教材以学生能力培养为主线，具有鲜明的时代特点，体现出实用性、实践性、创新性的教材特色，是一套理论联系实际、教学面向生产的高职高专教育精品规划教材。

水利水电工程建设项目实行招标与投标制度，是在我国工程建设领域较早开展的。2000年1月1日，《中华人民共和国招标投标法》正式施行，标志着招标投标活动进入了一个新的发展阶段。随着招标与投标制度的完善和发展，对从业人员的素质也提出了更高要求，为满足水利工程建设对招标投标人才的迫切需要，许多高职院校在水利类专业中开设了水利水电工程招标与投标课程。本教材就是为了满足教学的客观需要而编写的。

本书由具有多年教学及工程实践经验的教师编写，全书分4个单元、2个示例和附录。本书编写体例新颖，更加适合当代职业技术教育的教学要求和人才培养。

本书编写人员及编写分工如下：前言、单元2任务3及附录由河南水利与环境职业学院王海周编写，单元1任务1、任务4由长江工程职业技术学院李毓军编写，单元1任务2、任务3由河南水利与环境职业学院张艳萍编写，单元2任务1、任务2、任务4和示例1由湖北水利水电职业技术学院高玉清编写，单元3任务1、任务2、任务3由杨凌职业技术学院田佳编写，单元3任务4由内蒙古机电职业技术学院于海云编写，单元4由安徽水利水电职业技术学院杨晓红编写，示例2由山西水利职业技术学院赵喜云编写。全书由王海周、高玉清、赵喜云担任主编，王海周负责全书体例设计并统稿；由杨晓红、于海云、张艳萍担任副主编；由长江工程职业技术学院汤能见担任主审。

在本书编写过程中，河南水利建筑工程有限公司赵华林高级工程师、河南华水工程管理有限公司韦强军高级工程师参与了教材大纲制定和内容审定工作。同时，我们借鉴了国内外水利水电工程建设招标投标的先进经验，引用了多项法律、法规、条例、规章等的相关内容，在此谨致以诚挚的谢意！

由于编者水平有限，时间仓促，书中难免存在疏漏及不妥之处，欢迎读者批评指正。

编 者

2013年3月

目　录

单元1　招标与投标入门

任务1　招标与投标常识

1　请你思考

(1)什么是招标？什么是投标？

(2)招标投标的活动原则有哪些？

(3)什么是公开招标和邀请招标？

(4)招标投标有什么基本特性？

2　请你动手完成

在本任务开始之际填写1～2栏目,在本任务完成之后填写3～5栏目。在你所选项的(　　)中划"√",请你参与和配合!

序号	内容	完成情况
1	抄写任务标题和思考题	
2	思考后结论	全部会解答(　　);部分会解答(　　);全部不会解答(　　)
3	探索中质疑	
4	探索题完成情况	全部完成(　　);部分完成(　　);全部没有完成(　　)
5	本任务完成情况自我评价	优秀(　　);良好(　　);及格(　　);不及格(　　)

3　请你参考

3.1　招标投标的起源和发展

招标投标活动可以追溯到早期的商品经济时期,当时个别买主为了获得更多的利润,在开展某项购买业务时,有时会有意识地邀请多个卖主与他接触,从而选出供货价格与质量比较理想的成交对象,这可以说是一种早期的招标活动。比较规范的招标活动首次出现于较大规模的投资项目或大宗物品的购买活动中,一方面,只有较大规模的投资商或买主才愿意采用招标这种比普通交易更为规范而严密的方式;另一方面,只有在那些较大规模的投资项目或大宗货品交易中,才会使招标方感到采用招标方式会节省成本和建设费用。19世纪上半叶属于自由资本主义的上升时期,机器大规模生产从生产方式上为买方经济创造了供给条件,同时社会专业化分工协作的发展也达到了前所未有的发达程度。这一时期成为现代成熟而独立的招标方式正式产生和发展的历史起点。

自第二次世界大战以来,招标影响力不断扩大,先是西方发达国家,接着世界银行在货物采购、工程承包中大量推行招标方式,近几十年来,发展中国家也日益重视和采用设备采购、工程建设招标。招标作为一种成熟而高级的交易方式,其重要性和优越性在国内、国际经济活动中日益为各国和各种国际经济组织所广泛认可,进而在相当多的国家和一些国际组织中得到立法推行。

据史料记载,我国最早采用招商比价(招标投标)方式承包工程的是1902年张之洞创办的湖北制革厂,五家营造商参加开价比价,结果张同升以1 270.1两白银的开价中标,并签订了以质量保证、施工工期、付款办法为主要内容的承包合同。此后,1918年汉阳铁厂的两项扩建工程曾在汉口《新闻报》刊登广告,公开招标。1929年,当时的武汉市采办委员会曾公布招标规则,规定公有建筑或一次采购物料大于3 000元以上者,均须通过招标决定承办厂商。

党的十一届三中全会之后,经济改革和对外开放揭开了我国招标发展历史的新篇章。1979年,我国土木建筑企业最先参与国际市场竞争,以投标方式在中东、亚洲、非洲和港澳地区开展了国际工程承包业务,取得了国际工程投标的经验与信誉。国务院在1980年10月颁布了《关于开展和保护社会主义竞争的暂行规定》,指出"对一些适宜于承包的生产建设项目和经营项目,可以试行招标、投标的办法"。世界银行在1980年提供给我国的第一笔贷款,即第一个大学发展项目时,便以国际竞争性招标方式在我国(委托)开展其项目采购与建设活动。自此之后,招标活动在我国境内得到了重视,并获得了广泛的应用与推广。国内建筑业招标于1981年首先在深圳试行,进而推广至全国各地。国内机电设备采购招标于1983年首先在武汉试行,继而在上海等地广泛推广。1985年,国务院决定成立中国机电设备招标中心,并在主要城市建立招标机构,招标投标工作正式纳入政府职能。从那时起,招标投标方式迅速在各个行业发展起来。2000年1月1日,《中华人民共和国招标投标法》(简称《招标投标法》)正式施行,招标投标活动进入了一个新的发展阶段。

3.2 招标投标在水利工程建设领域的发展历程

我国水利工程建设领域最早实行招标投标的项目,是1982年7月开始的云南省鲁布革水电站引水系统工程。该工程是利用世界银行贷款项目,按照世界银行规定必须进行公开招标。原水电部委托中国技术进出口公司,采用了国际公开招标办法,日本的大成公司中标。中标合同价比标底价低了43%,实际工期比合同规定工期提前了122天。至此,揭开了中国水电工程招标竞争的序幕。"鲁布革冲击波"对我国水电系统的投标竞争、合同管理产生了直接的影响。当时水利行业提出的招标方式有公开招标、邀请招标和邀请议标,而采用邀请招标和邀请议标的较多,国家和行业还没有颁布完善的法律和法规文件。

随着我国水利工程建设招标投标实践活动的不断深入发展,水利部颁布了一系列相关的规章和管理办法，为我国水利工程建设起到了积极的推动作用，但仍存在一些问题如规避招标、虚假招标、围标串标、评标不公等。

3.3 招标投标的含义

招标投标是一种国际惯例，是商品经济高度发展的产物，是应用技术、经济的方法和市场经济的竞争机制作用，有组织开展的一种择优成交的方式。这种方式是在货物、工程和服务的采购行为中，招标人通过事先公布的采购要求，吸引众多的投标人按照同等条件进行平等竞争，按照规定程序并组织技术、经济和法律等方面专家对众多的投标人进行综合评审，从中择优选定项目中标人的行为过程。其实质是以较低的价格获得最优的货物、工程和服务。

从采购交易的过程来看，它必然包括招标和投标两个最基本的环节，前者是招标人以一定的方式邀请不特定或一定数量的自然人、法人或其他组织投标；后者是投标人响应招标人的要求参加投标竞争。没有招标就不会有供应商或承包商的投标；没有投标，采购人的招标就不能得到响应，也就没有开标、评标、定标和合同签订及履行等。在世界各国和有关国际组织的招标采购法律规则中，尽管大多只称招标（如国际竞争性招标、国内竞争性招标、选择性招标、限制性招标等），但无不对投标做出相应的规定和约束。因此，招标与投标是一对相互对应的范畴，无论是叫招标投标还是叫招标，都是内涵和外延一致的概念。

3.4 基本特性

3.4.1 组织性

招标投标是一种有组织、有计划的商业交易活动。它必须按照招标文件确定的地点、时间，按照规定的规则、办法和程序进行，有着高度的组织性。

3.4.2 公开性

（1）招标活动的信息公开。

（2）开标的程序公开。

（3）评标的标准和程序公开。

（4）中标的结果公开。

3.4.3 公平性和公正性

（1）对待各方投标者一视同仁，招标方不得有任何歧视某一个投标者的行为。

（2）严格的保密原则和科学的评标办法，保证评标过程的公正性。

（3）与投标人有利害关系的人员不得作为评标委员会成员。

（4）招标的组织性与公开性则是招标过程中公平、公正竞争的又一重要保证。

3.4.4 一次性

招标与投标的交易行为不同于一般商品交换，也不同于公开询价与谈判交易。在招标投标过程中，投标人没有讨价还价的权利是招标投标的又一个显著特征。投标人参加投标，只能应邀进行一次性秘密报价，是“一口价”。投标文件递交时间截止后，不得撤回或进行实质性条款的修改。

3.4.5 规范性

按照目前通用做法，招标投标程序已相对成熟与规范，不论是工程施工招标，还是有关货物或服务采购招标，都要按照编制招标文件→发布招标公告→投标→开标→评标→定标→签订合同这一相对规范和成熟的程序进行。

3.5 招标投标的活动原则

《招标投标法》第五条规定：招标投标活动应遵循公开、公平、公正和诚实信用的原则。《世界银行贷款项目国内竞争性招标采购指南》中规定：本指南的原则是充分竞争，程序公开，机会均等，公平一律地对待所有投标人，并根据事先公布的标准将合同授予最低评标价的投标人。不论是《招标投标法》，还是国际惯例，都要求在招标投标活动中必须遵循“三公”（公开、公平、公正）和诚信原则。“三公”和诚信原则是招标投标的基本原则。

3.5.1 公开原则

公开原则要求招标投标活动具有很高的透明度，实行招标信息、招标程序公开，即发布招标公告、投标邀请书、公开开标、公开中标结果，使每一个投标人知悉招标的一切条件和要求，获得同等的信息。

3.5.1.1 招标信息公开

招标人采用公开招标方式，应当按照原国家计委4号令《招标公告发布暂行办法》的要求发布招标公告。依法必须进行招标的项目的招标公告，应当按照原国家计委计政策[2000]868号《关于指定发布依法必须招标项目招标公告的媒介的通知》，在《中国日报》、《中国经济导报》、《中国建设报》和《中国采购与招标网》等指定的报刊、信息网络或其他媒介发布。采用邀请招标方式进行招标的，应向三个以上具备承担招标项目能力的、资信良好的特定的法人或其他组织发出投标邀请书。招标公告、投标邀请书应当载明招标人的名称和地址，招标项目的性质、数量、实施地点和时间以及获取招标文件的办法等事项。招标人可以根据招标项目本身的要求，在招标公告或者投标邀请书中，要求投标人提供有关资质证明文件和业绩情况，并对潜在的投标人进行资格审查，国家对投标人的资格条件有规定的，依照其规定。

3.5.1.2 开标公开

开标时间应当按招标文件中规定的投标文件递交截止时间的同一时间，开标地点应当为招标文件中预先确定的地点。开标由招标人或招标代理机构主持，投标人全权代表应携带授权委托书出席开标会。开标时由投标人代表或公证机构人员当众检查投标文件的密封情况。经确认无误后，由工作人员当众拆封，宣读投标人名称、投标价格和投标文件的主要内容。开标过程应当记录，也可以委托公证机关对开标情况公证，并存档备查。

3.5.1.3 评标标准公开

评标标准和办法应当在提供给所有投标人的招标文件中载明，评标应当严格按照招标文件确定的评标标准和方法进行。《招标投标法》明确要求，招标文件中应载明评标方法和评标标准。

3.5.1.4 中标结果公开

中标人经评标确定后，招标人应当向中标人发出中标通知书，同时将中标结果和未中标结果通知所有未中标的投标人并对评标结果进行公示，未中标的投标人和其他有利害关系的人认为招标投标活动中有不符合相关法律规定的，有权提出异议，并依法向有关行政监督部门投诉。

3.5.2 公平原则

公平原则要求给予所有投标人平等的机会，使其享有同等的权利，并履行相应的义务，不歧视任何一方。招标文件不得要求或者标明特定的生产供应者以及含有倾向或者排斥潜在投标人的内容；招标人不得向他人透露已获取招标文件的潜在投标人的名称、数量以及可能影响公平竞争的有关招标投标的其他情况；招标人设有标底的，标底必须保密；招标人对已发出的招标文件进行必要的澄清或者修改的，应当以书面形式通知所有招标文件购买者；所有投标人都有权参加开标会；所有在投标截止时间前收到的密封完好的投标文件都应当在开标时当众拆封、宣读。

3.5.3 公正原则

公正原则要求评标时按事先公布的评标标准对待所有投标人。按照《评标委员会和评标方法暂行规定》，评标活动遵循公平、公正、科学、择优的原则，评标委员会应当按照招标文件确定的标准和方法，对投标文件进行评审和比较，从中推选合格的中标候选人。任何单位和个人不得非法干预、影响评标的过程和结果。

3.5.4 诚实信用原则

诚实信用是民事活动中的基本原则之一。在招标投标活动中遵守诚实信用的原则，要求招标投标双方当事人应当以诚实、信用的态度行使权利、履行义务，不得有欺骗、背信的行为。为此，招标人不得规避招标；投标人不得串通投标；投标人不得以他人名义投标或者以其他方式弄虚作假骗取中标，以及采取向招标人或评标委员行贿的手段谋取中标。订立合同后，合同双方都应当严格履行合同。中标人不得违反法律规定将中标项目私自转包或分包。对违反诚实信用原则损害他人或社会公共利益的，要依法承担赔偿责任。

3.6 招标方式

建设工程招标投标在国外已有多年的历史，也产生了多种招标方式，可以从不同的角度进行分类，如按竞争的程度分类，有公开招标和邀请招标；按竞争的范围分类，有国内竞争性招标和国际竞争性招标；按招标的阶段分类，有一阶段招标和两阶段招标。我国《招标投标法》规定国内工程招标应采用公开招标和邀请招标两种方式。

3.6.1 公开招标

公开招标又称无限竞争性招标，是指招标人以招标公告方式邀请不特定的法人或其他组织参与投标。招标公告内容包括招标人的名称、地址，招标项目的性质、数量、实施地点和时间以及获取招标文件的办法等事项。

招标人应当在国家发展和改革委员会指定的媒介发布招标公告，其中大型水利工程建设项目以及国家重点项目、中央项目、地方重点项目同时还应当在《中国水利报》发布招标公告。公告正式媒介发布至发售资格预审文件（或招标文件）的时间间隔一般不少于10日。招标人应当对招标公告的真实性负责。招标公告不得限制潜在投标人的数量。

公开招标方式为承包商提供了公平竞争的机遇，同时使招标人有较大的选择余地，有利于降低工程造价、缩短工期和保证工程质量。但是，采用公开招标方式时，投标人多且良莠不齐，不但招标工作量大，所需时间较长，而且容易被不负责任的单位抢标。因此，采用公开招标方式时对投标人进行严格的资格审查就特别重要。

法定的公开招标方式适用范围是：全部使用国有资金投资，或国有资金投资占控制地位或主导地位的项目。

3.6.2 邀请招标

邀请招标又称有限竞争性招标，是指招标人以投标邀请书的方式邀请特定法人或其他组织参与投标。采用邀请招标方式的，招标人应当向3个以上有投标资格的法人或其他组织发出投标邀请书。投标人少于3个的，招标人应当重新招标。

邀请招标的招标工作量小，目标集中；被邀请的投标人的中标概率较高；但竞争性差，招标人择优的余地较小，有可能找不到合适的承包商。

依法必须招标的项目中，国家重点水利项目、地方重点水利项目及全部使用国有资金投资或者国有资金投资占控股或者主导地位的项目应当公开招标，但有下列情况之一的，经批准后可采用邀请招标：项目技术复杂，有特殊要求或涉及专利权保护的项目，受自然资源或环境限制的项目，新技术或技术规格事先难以确定的项目，应急度汛项目，其他特殊项目。

在我国工程实践中曾经采用过一种招标方式，被称为“议标”，实质为谈判性采购，是采购人和被采购人之间通过一对一谈判而最终达到采购目的的一种采购方式，不具有公开性和竞争性，因而不属于《招标投标法》所称的招标方式。

3.7 招标组织形式

招标组织形式是指招标人是自行组织招标还是委托招标代理机构代理招标。

《水利工程建设项目招标投标管理规定》中规定，当招标人具备以下条件时，按有关规定和管理权限经核准可自行办理招标事宜：

(1)具有项目法人资格(或法人资格)；

(2)具有与招标项目规模和复杂程度相适应的工程技术、概预算、财务和工程管理等方面专业技术力量；

(3)具有编制招标文件和组织评标的能力；

(4)具有从事同类工程建设项目招标的经验；

(5)设有专门的招标机构或者拥有3名以上专职招标业务人员；

(6)熟悉和掌握招标投标法律、法规、规章。

招标人申请自行办理招标事宜时，应当报送以下书面材料：

(1)项目法人营业执照、法人证书或者项目法人组建文件；

(2)与招标项目相适应的专业技术力量情况；

(3)内设的招标机构或者专职招标业务人员的基本情况；

(4)拟使用的评标专家库情况；

(5)以往编制的同类工程建设项目招标文件和评标报告，以及招标业绩的证明材料；

(6)其他材料。

当招标人不具备上述条件时，应当委托符合相应条件的招标代理机构办理招标事宜。招标人有权自行选择招标代理机构，委托其办理招标事宜。任何单位和个人不得以任何方式为招标人指定招标代理机构。

3.8 工程建设项目招标投标程序

3.8.1 工程建设项目招标的条件

为建立和维护建设工程招标投标秩序，招标人必须在正式招标前做好必要的准备，满足招标条件。招标项目按照规定应具备两个基本条件：项目审批手续已履行，项目资金来源已落实。招标项目按照国家规定需要履行项目审批手续的，应当先履行审批手续。项目建设所需资金也必须落实，因为建设资金是最终完成工程项目的物质保证。

对于不同工程建设项目的招标，又有更为具体的条件。其中，水利工程建设项目招标应当具备以下条件。

(1)勘察设计招标应当具备的条件：勘察设计项目已经确定，勘察设计所需资金已落实，必需的勘察设计基础资料已收集完成。

(2)监理招标应当具备的条件：初步设计已经批准，监理所需资金已落实，项目已列入年度计划。

(3)施工招标应当具备的条件：初步设计已经批准；建设资金来源已落实，年度投资计划已经安排；监理单位已确定；具有能满足招标要求的设计文件，已与设计单位签订适应施工进度要求的图纸交付合同或协议；有关建设项目永久征地、临时征地和移民搬迁的实施、安置工作已经落实或已有明确安排。

(4)重要设备、材料招标应当具备的条件：初步设计已经批准，重要设备、材料技术经济指标已基本确定，设备、材料所需资金已落实。

3.8.2 工程建设项目招标投标一般程序

工程建设项目招标投标一般程序主要指招标投标工作在时间上和空间上应该遵循的先后顺序，工程建设项目公开招标投标工作程序如图 1-1 所示。工程建设项目邀请招标投标程序可参照工程建设项目公开招标投标程序进行。

4 请你探索

(1)在水利工程建设领域实行招标投标有什么好处？

(2)请调研工程建设领域招标投标存在的问题。

(3)公开招标与邀请招标之间的区别与联系。

(4)作为招标人，如何确定是自行组织招标，还是委托招标代理机构代理招标？

5 请你练习

5.1 单项选择题

(1)《招标投标法》于(　　)正式颁布实施。

A. 1999 年 8 月 30 日　　　　B. 2000 年 1 月 1 日

C. 2011 年 11 月 30 日　　　　D. 2012 年 2 月 1 日

(2)依法必须进行招标的项目的(　　)，必须通过国家指定的报刊、网络或者其他公共媒介发布。

A. 资格预审公告　　　　B. 投标邀请书

C. 招标公告　　　　D. 评标标准

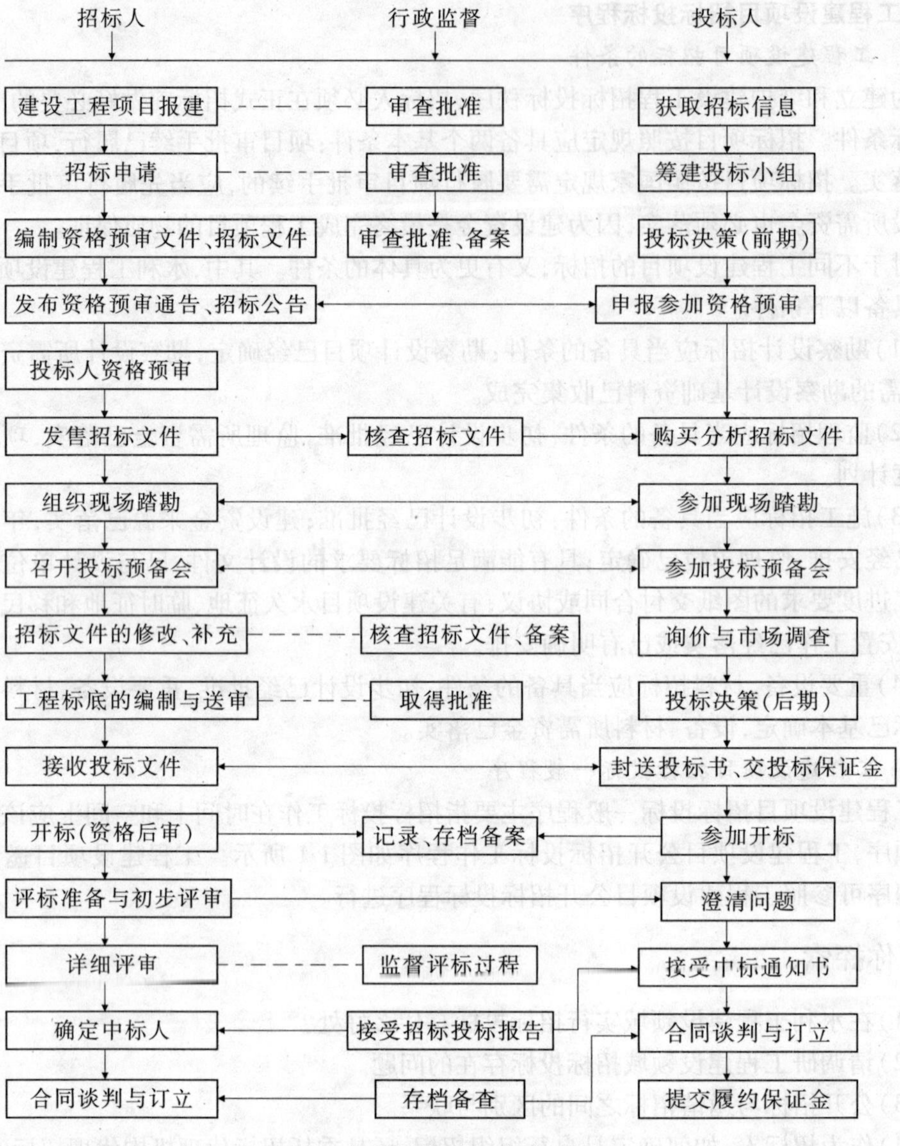

图 1-1 公开招标投标程序图

(3)《招标投标法》规定:招标人采用邀请招标方式,应当向(　　)个以上具备承担招标项目的能力、资信良好的特定的法人或者其他组织发出投标邀请书。

A. 2　　B. 3　　C. 4　　D. 5

(4)评标时按事先公布的评标标准对待所有投标人,体现了招标投标活动的(　　)原则。

A. 公开　　B. 公平　　C. 公正　　D. 诚实信用

5.2 多项选择题

(1)招标投标活动应遵循(　　)的原则。

A. 公开　　B. 公平　　C. 公正　　D. 择优

(2)法定的公开招标方式适用范围是(　　)。

A. 全部使用国有资金投资

B. 国有资金投资占控制地位或主导地位的项目,应当实行公开招标

C. 涉及国家秘密项目

D. 抢险救灾项目

(3)招标人自行组织招标投标必须具备的条件有(　　)。

A. 具有从事同类工程建设项目招标的经验　　B. 具有编制招标标底的能力

C. 具有编制招标文件的能力　　D. 具有组织评标的能力

6　请你回顾

招标投标的若干基本常识。

任务2　招标投标法律、法规

1　请你思考

(1)改革开放以来,工程建设领域出台了哪些重要的法律、法规、条例、规章等?

(2)为加强对水利工程建设项目的招标投标管理,水利部颁布制定了哪些重要的规章、条例和实施办法?

(3)《水利工程建设项目招标投标管理规定》对水利工程建设项目招标投标活动进行了哪些具体细化?

2　请你动手完成

在本任务开始之际填写1~2栏目,在本任务完成之后填写3~5栏目。在你所选项的(　　)中划"√",请你参与和配合!

序号	内容	完成情况
1	抄写任务标题和思考题	
2	思考后结论	全部会解答(　　);部分会解答(　　);全部不会解答(　　)
3	探索中质疑	
4	探索题完成情况	全部完成(　　);部分完成(　　);全部没有完成(　　)
5	本任务完成情况自我评价	优秀(　　);良好(　　);及格(　　);不及格(　　)

3 请你参考

3.1 招标投标法律、法规概述

我国招标投标制度是伴随着改革开放而逐步建立并完善的。全国人大、国务院、各部委以及地方政府等,在不同阶段对不同行业在招标投标领域颁布及制定了多项法律、法规、条例、规章等。本部分重点介绍工程建设领域的相关内容。

1980 年国务院在《关于开展和保护社会主义劳动竞赛的暂行规定》中首次提出,为进一步开展社会主义竞争,对一些适宜承包的生产经营项目和建设项目,可以试行招标投标的办法。

1984 年国家计划委员会、城乡建设环境保护部联合下发了《建设工程招标投标暂行规定》,倡导实行建设工程招标投标。

1991 年建设部、国家工商行政管理局联合下发了《建筑市场管理规定》,明确提出加强发包管理和承包管理,其中发包管理主要是指工程报建制度与招标制度。在整顿建筑市场的同时,建设部还与国家工商行政管理局一起制定了《施工合同示范文本》及其管理办法,以指导工程合同的管理。

1992 年建设部颁布了《工程建设施工招标投标管理办法》。

1994 年建设部、国家体制改革委员会再次发出《全面深化建筑市场体制改革的意见》,强调了建筑市场管理环境的治理。文中明确提出大力推行招标投标,强化市场竞争机制。此后,各地也纷纷制定了各自的实施细则,使我国的工程招标投标制度趋于完善。

1999 年我国工程招标投标制度面临重大转折。首先,3 月 15 日全国人大通过了《中华人民共和国合同法》,并于同年 10 月 1 日起生效实施。由于招标投标是合同订立过程中的两个阶段,因此该法对招标投标制度产生了重要的影响。其次,8 月 30 日全国人大常委会通过了《招标投标法》,并于 2000 年 1 月 1 日起施行。这部法律基本上是针对建设工程发包活动而言的,其中大量采用了国际惯例或通用做法,带来了招标体制的巨大变革。

2000 年 5 月,国家发展计划委员会发布了《工程建设项目招标范围的规模标准规定》,同年 7 月国家发展计划委员会又发布了《工程建设项目自行招标试行办法》和《招标公告发布暂行办法》。

2001 年 7 月国家发展计划委员会等联合发布了《评标委员会和评标办法暂行规定》,其中有三个重大突破:一是关于低于成本价的认定标准,二是关于中标人的确定条件,三是关于最低价中标。在这里第一次明确了最低价中标的原则,这与国际惯例是接轨的,这一评标定标原则必然给我国现行的定额管理带来冲击。在这一时期,建设部也连续颁布了第 79 号令《工程建设项目招标代理机构资格认定办法》、第 89 号令《房屋建筑和市政基础设施工程施工招标投标管理办法》以及《房屋建筑和市政基础设施工程施工招标文件范本》(2003 年 1 月 1 日施行)、第 107 号令《建筑工程施工发包与承包计价管理办法》(2001 年 12 月 1 日施行)等,对招标投标活动及其承发包中的计价工作做出进一步的规范。

2003 年国家发展计划委员会等颁布了第 30 号令《工程建设项目施工招标投标办法》。

2004 年国务院办公厅制定了《关于进一步规范招投标活动的若干意见》。

2004 年国家发展和改革委员会颁布了《工程建设项目招标投标活动投诉处理办法》。

2005 年国家发展和改革委员会等颁布了《工程建设项目货物招标投标办法》。

2007 年建设部颁布了第 154 号令《工程建设项目招标代理机构资格认定办法》以及《工程建设项目招标代理机构资格认定办法实施意见》。

2008 年国家发展和改革委员会等颁布了《标准施工招标资格预审文件》和《标准施工招标文件》试行规定。

2011 年 11 月 30 日,国务院颁布了第 613 号令《中华人民共和国招标投标法实施条例》(简称《招标投标法实施条例》)。

2013 年 2 月 4 日,国家发展和改革委员会、工业和信息化部、监察部、住房和城乡建设部、交通运输部、铁道部、水利部、商务部以第 20 号令颁布了《电子招标投标办法》。该《电子招标投标办法》分总则,电子招标投标交易平台,电子招标,电子投标,电子开标、评标和中标,信息共享与公共服务,监督管理,法律责任,附则共 9 章 66 条,自 2013 年 5 月 1 日起施行。《电子招标投标办法》是中国推行电子招标投标的纲领性文件,它将成为我国招标投标行业发展的一个重要里程碑。推行电子招标投标是中央惩防体系规划、工程专项治理,以及《招标投标法实施条例》明确要求的一项重要任务,对提高采购透明度、节约资源和交易成本、促进政府职能转变具有非常重要的意义,特别是在利用技术手段解决弄虚作假、暗箱操作、串通投标、限制排斥潜在投标人等招标投标领域突出问题方面有着独特优势。

水利工程多为国家投资,水利工程建设关系到国家财产和人民生命的安全,关系到改革开放和现代化建设的顺利进行。为加快社会主义市场经济体制的建立,加强对水利工程建设项目的管理,维护水利工程建设市场秩序,水利部颁布制定了一系列规章、条例和实施办法:2001 年 10 月颁布了第 14 号令《水利工程建设项目招标投标管理规定》;2002 年制定了《水利工程建设项目监理招标投标管理办法》;2004 年下发了《关于进一步规范水利工程建设项目招投标活动的通知》;2005 年制定了《水利建设工程施工分包管理规定》;2009 年下发《关于印发水利水电工程标准施工招标资格预审文件和水利水电工程标准施工招标文件的通知》,自 2010 年 2 月 1 日起施行。2009 年出台了《加强水利工程建设招标投标、建设实施和质量安全管理工作指导意见》;2012 年制定的《关于推进水利工程建设项目招标投标进入公共资源交易市场的指导意见》,是贯彻落实《中共中央国务院关于加快水利改革发展的决定》和《招标投标法实施条例》的重要举措,进一步规范了水利工程建设项目招标投标活动,深入推进水利工程建设领域突出问题专项治理,保障了大规模水利建设顺利实施。

3.2 《招标投标法》

2000 年 1 月 1 日施行《招标投标法》以来,对于推进招标采购制度的实施,促进公平竞争,加强反腐败制度建设,节约公共采购资金,保证采购质量,发挥了重要作用。

3.2.1 《招标投标法》适用范围和适用对象

3.2.1.1 地域范围

《招标投标法》第二条规定：在中华人民共和国境内进行招标投标活动，适用本法。即《招标投标法》适用于在我国境内进行的各类招标投标活动，这是《招标投标法》的空间效力。“中华人民共和国境内”包括我国全部领域范围，但依据《中华人民共和国香港特别行政区基本法》和《中华人民共和国澳门特别行政区基本法》的规定，并不包括实行“一国两制”的香港、澳门地区。

3.2.1.2 主体范围

《招标投标法》的适用主体范围很广泛，只要是在我国境内进行的招标投标活动，无论是哪类主体都要执行《招标投标法》。具体包括两类主体：第一类是国内各类主体，既包括各级权力机关、行政机关和司法机关及其所属机构等国家机关，又包括国有企事业单位、外商投资企业、私营企业以及其他各类经济组织，同时还包括允许个人参与招标投标活动的公民个人；第二类是在我国境内参与招标投标活动的外国企业，或者外国企业在我国境内设立的能够独立承担民事责任的分支机构等。

3.2.1.3 例外情形

按照《招标投标法》第六十七条规定，使用国际组织或者外国政府贷款、援助资金的项目进行招标，贷款方、资金提供方对招标投标的具体条件和程序有不同规定的，可以适用其规定，但违背我国的社会公共利益的除外。

3.2.2 基本原则

《招标投标法》第五条规定：招标投标活动应当遵循公开、公平、公正和诚实信用的原则。

3.2.3 依法必须招标的范围和标准

3.2.3.1 必须招标项目

《招标投标法》第三条规定：在中华人民共和国境内进行下列工程建设项目包括项目的勘察、设计、施工、监理以及与工程建设有关的重要设备、材料等的采购，必须进行招标：①大型基础设施、公用事业等关系社会公共利益、公众安全的项目；②全部或者部分使用国有资金投资或者国家融资的项目；③使用国际组织或者外国政府贷款、援助资金的项目。

3.2.3.2 规模标准

《招标投标法》第三条规定：前款所列项目的具体范围和规模标准，由国务院发展计划部门会同国务院有关部门制订，报国务院批准。

《工程建设项目招标范围和规模标准规定》（国家发展计划委员会令 2000 年第 3 号）第七条规定：本规定第二条至第六条规定范围的各类工程建设项目，包括项目的勘察、设计、施工、监理以及与工程建设有关的重要设备、材料等的采购，达到下列标准之一的，必须进行招标：①施工单项合同估算价在 200 万元人民币以上的；②重要设备、材料等货物的采购，单项合同估算价在 100 万元人民币以上的；③勘察、设计、监理等服务的采购，单项合同估算价在 50 万元人民币以上的；单项合同估算价低于上述规定的标准，但项目总投资额在 3 000 万元人民币以上的。

3.2.4 可不招标情形

《招标投标法》第六十六条规定：涉及国家安全、国家秘密、抢险救灾或者属于利用扶贫资金实行以工代赈、需要使用农民工等特殊情况，不适宜进行招标的项目，按照国家有关规定可以不进行招标。

3.2.5 招标条件、招标方式和组织形式

3.2.5.1 招标条件

《招标投标法》第九条规定：招标项目按照国家有关规定需要履行项目审批手续的，应当先履行审批手续，取得批准。招标人应当有进行招标项目的相应资金或者资金来源已经落实，并应当在招标文件中如实载明。

3.2.5.2 招标方式

《招标投标法》第十条规定：招标分为公开招标和邀请招标。公开招标，是指招标人以招标公告的方式邀请不特定的法人或者其他组织投标。邀请招标，是指招标人以投标邀请书的方式邀请特定的法人或者其他组织投标。

第十一条规定：国务院发展计划部门确定的国家重点项目和省、自治区、直辖市人民政府确定的地方重点项目不适宜公开招标的，经国务院发展计划部门或者省、自治区、直辖市人民政府批准，可以进行邀请招标。

3.2.5.3 组织形式

《招标投标法》第十二条规定：招标人有权自行选择招标代理机构，委托其办理招标事宜。任何单位和个人不得以任何方式为招标人指定招标代理机构。招标人具有编制招标文件和组织评标能力的，可以自行办理招标事宜。任何单位和个人不得强制其委托招标代理机构办理招标事宜。依法必须进行招标的项目，招标人自行办理招标事宜的，应当向有关行政监督部门备案。

对于招标人具有编制招标文件和组织评标能力，《工程建设项目自行招标试行办法》（国家发展计划委员会令 2000 年第 5 号）进行了具体要求。其中第四条规定：招标人自行办理招标事宜，应当具有编制招标文件和组织评标的能力，具体包括：①具有项目法人资格（或者法人资格）；②具有与招标项目规模和复杂程度相适应的工程技术、概预算、财务和工程管理等方面专业技术力量；③有从事同类工程建设项目招标的经验；④设有专门的招标机构或者拥有 3 名以上专职招标业务人员；⑤熟悉和掌握招标投标法及有关法规规章。

3.2.6 招标公告的发布媒体

《招标投标法》第十六条规定：招标人采用公开招标方式的，应当发布招标公告。依法必须进行招标的项目的招标公告，应当通过国家指定的报刊、信息网络或者其他媒介发布。招标公告应当载明招标人的名称和地址、招标项目的性质、数量、实施地点和时间以及获取招标文件的办法等事项。

《国家发展计划委员会关于指定发布依法必须招标项目招标公告的媒介的通知》（计政策[2000]868 号）的有关规定：国家计委指定《中国日报》、《中国经济导报》、《中国建设报》和中国采购与招标网（http://www.chinabidding.com.cn）为发布依法必须招标项目招标公告的媒介。其中，国际招标项目的招标公告应在《中国日报》发布。

3.2.7 保密要求

《招标投标法》第二十二条规定:招标人不得向他人透露已获取招标文件的潜在投标人的名称、数量以及可能影响公平竞争的有关招标投标的其他情况。招标人设有标底的,标底必须保密。第三十七条规定:评标委员会成员的名单在中标结果确定前应当保密。第三十八条规定:招标人应当采取必要的措施,保证评标在严格保密的情况下进行。任何单位和个人不得非法干预、影响评标的过程和结果。

3.3 《招标投标法实施条例》

3.3.1 出台背景和意义

招标投标制度是社会主义市场经济体制的重要组成部分,《招标投标法》颁布十几年来发挥了重要作用。但随着实践的不断发展,招标、投标领域出现了许多新情况、新问题。一些依法必须招标的项目规避招标或者搞"明招暗定"的虚假招标;有的领导干部利用权力插手干预招标投标活动,搞权钱交易,使工程建设和其他公共采购领域成为腐败现象易发、多发的重灾区;一些招标投标活动当事人相互串通,围标串标,严重扰乱招标投标活动正常秩序,破坏公平竞争。面对这些新的情况和问题,《招标投标法》的一些规定显得较为原则,难以满足实践需要。

中共中央、国务院对解决当前招标投标领域突出问题高度重视,要求完善政策措施,堵塞制度漏洞。《招标投标法实施条例》于 2011 年 11 月 30 日经国务院第183 次常务会议审议通过,它在总结我国招标投标实践、借鉴国际经验的基础上,对招标投标制度作了补充、细化和完善,进一步健全了我国公共采购法律制度。

《招标投标法实施条例》的颁布施行,有利于统一招标投标规则,推动形成统一规范、竞争有序的招标投标大市场,促进生产要素在更大的范围内自由流动;有利于增强招标投标制度的可操作性,营造公开、公平、公正的竞争环境,更好地发挥市场配置资源的基础性作用;有利于加强和规范行政监督行为,及时妥善处理招标投标争议,提高行政监管的权威性和有效性;有利于提高招标采购的透明度,惩治和预防腐败,促进反腐倡廉建设;有利于积极引导体制机制创新,破解制约招标投标市场健康发展的难题。

3.3.2 调整对象和范围

《招标投标法实施条例》以招标投标活动中的关系为调整对象,调整范围是中华人民共和国境内(香港和澳门特别行政区除外)。凡在我国境内进行的招标投标活动,不论是属于强制招标项目,还是属于由当事人自愿采用招标方式进行采购的项目,其招标投标活动均适用《招标投标法实施条例》。

3.3.3 主要内容

(1)细化了"工程建设项目"包含的具体内容,明确了"工程"的定义。

《招标投标法实施条例》第二条对《招标投标法》第三条所称的"工程建设项目"进行了细化,工程建设项目是指"工程以及与工程建设有关的货物、服务",而这里的工程是指"建设工程,包括建筑物和构筑物的新建、改建、扩建及其相关的装修、拆除、修缮等",与工程建设有关的货物是指"构成工程不可分割的组成部分,且为实现工程基本功能所必需的设备、材料等",与工程建设有关的服务是指"为完成工程所需的勘察、设计、监理等服务"。

(2)国有资金占控股或者主导地位的依法必须进行招标的项目,符合特殊情形的,也可以邀请招标。

《招标投标法实施条例》规定,国有资金占控股或主导地位的依法必须进行招标的项目,应当公开招标;但有下列情形之一的,可以邀请招标:

①技术复杂、有特殊要求或者受自然环境限制,只有少量潜在投标人可供选择;

②采用公开招标方式的费用占项目合同金额的比例过大。

上述情形的认定,按照国家有关规定需要履行审批、核准手续的项目,由项目审批、核准部门在审批、核准项目时作出;其他项目由招标人申请有关行政监督部门作出认定。

(3)补充规定了几种"可以不进行招标的"情形。

除《招标投标法》第六十六条规定的可以不进行招标的特殊情况外,《招标投标法实施条例》还规定,有下列情形之一的,可以不进行招标:

①需要采用不可替代的专利或者专有技术;

②采购人依法能够自行建设、生产或者提供;

③已通过招标方式选定的特许经营项目投资人依法能够自行建设、生产或者提供;

④需要向原中标人采购工程、货物或者服务,否则将影响施工或者功能配套要求;

⑤国家规定的其他特殊情形。

(4)对招标投标活动程序步骤进行补充完善。

《招标投标法实施条例》对招标终止、招标结果公示、履约能力审查等招标投标活动中的程序性问题作出补充规定。

招标终止:招标人终止招标后,有义务及时发布公告、以书面形式通知被邀请的或者已经获取资格预审文件、招标文件的潜在投标人。已经发售资格预审文件、招标文件或者已经收取投标保证金的,应当及时退还所收取的资格预审文件、招标文件的费用,以及所收取的投标保证金及银行同期存款利息。

招标结果公示:依法必须进行招标的项目,招标人应当自收到评标报告之日起3日内公示中标候选人,公示期不得少于3日。投标人或者其他利害关系人对依法必须进行招标的项目的评标结果有异议的,应当在中标候选人公示期间提出。招标人应当自收到异议之日起3日内作出答复;作出答复前,应当暂停招标投标活动。

履约能力审查:中标候选人的经营、财务状况发生较大变化或者存在违法行为,招标人认为可能影响其履约能力的,应当在发出中标通知书前由原评标委员会按照招标文件规定的标准和方法审查确认。

(5)规定了投标保证金必须从投标人基本账户转出。

《招标投标法实施条例》规定,依法必须进行招标的项目的境内投标单位,以现金或者支票形式提交的投标保证金应当从其基本账户转出。这一规定在一定程度上打击和遏制了围标行为,因为一般情况下,帮助围标的投标单位不会承担投标保证金的资金占用成本,往往是由牵头围标单位缴纳全部投标保证金。《招标投标法实施条例》这一规定会增加围标单位的违法成本,客观上限制其违法操作的可能性。同时,该规定也为审计部门核查围标违法行为提供了新手段:查看投标单位基本账户,跟踪投标保证金的来龙去脉。

(6)明确了《招标投标法》中未明确的各类违规情形。

①明确了招标人以不合理的条件限制、排斥潜在投标人或者投标人的七种情形(《招标投标法实施条例》第三十二条);

②明确了投标人相互串通投标的五种情形(《招标投标法实施条例》第三十九条);

③明确了视同投标人相互串通投标的六种情形(《招标投标法实施条例》第四十条);

④明确了招标人与投标人串通投标的六种情形(《招标投标法实施条例》第四十一条);

⑤明确了投标人以其他方式弄虚作假的五种情形(《招标投标法实施条例》第四十二条)。

(7)对招标投标中的回避制度进行了细化和补充。

除原评审专家回避制度外,《招标投标法实施条例》增加了领导干部回避制度、投标人回避制度等。

《招标投标法实施条例》第三十四条规定:与招标人存在利害关系可能影响招标公正性的法人、其他组织或者个人,不得参加投标。单位负责人为同一人或者存在控股、管理关系的不同单位,不得参加同一标段投标或者未划分标段的同一招标项目投标。这一规定遏制了以往备受争议的"采购人下属单位投标"现象。

此外,《招标投标法实施条例》对领导干部应当回避而不得干预招标投标活动以及评标委员会成员的回避活动作了诸多规定,并进一步明确法律责任。对评标委员会成员提出了4项禁止,即不得私下接触投标人,不得收受投标人给予的财物或者其他好处,不得向招标人征询确定中标人的意向或者接受任何单位或者个人提出的倾向或者排斥特定投标人的要求,不得有其他不客观、不公正履行职务的行为,并进一步明确相关法律责任。

(8)对开标、评标、中标过程中若干问题的补充规定。

《招标投标法实施条例》限制了招标项目标底的作用,规定标底只能作为评标的参考,不得以投标报价是否接近标底作为中标条件,也不得以投标报价超过标底上下浮动范围作为否决投标的条件。规定了评标委员会否决投标的七种情形(《招标投标法实施条例》第五十一条)。规定了投标文件的澄清仅限于文件中有含义不明确的内容、明显文字或者计算错误。评标委员会不得暗示或者诱导投标人作出澄清、说明,不得接受投标人主动提出的澄清、说明。规定了推荐中标候选人的程序。

(9)法律责任的细化规定。

《招标投标法实施条例》对招标人、投标人、中标人、招标代理机构、评标委员会等违反招标投标的法律责任作出了更为详尽和具体的规定,提出了建立招标投标信用制度,有利于统一招标投标规则、形成规范有序的招标投标市场。

3.4 《水利工程建设项目招标投标管理规定》

为加强对水利工程建设项目的管理,维护水利工程建设市场秩序,水利部于2001年10月以第14号令颁布了《水利工程建设项目招标投标管理规定》。

3.4.1 适用范围

《水利工程建设项目招标投标管理规定》适用于水利工程建设项目的勘察设计、施工、监理,以及与水利工程建设有关的重要设备、材料采购等的招标投标活动。

3.4.2　行政监督与管理

《水利工程建设项目招标投标管理规定》明确了水利部是全国水利工程建设项目招标投标活动的行政监督与管理部门；流域管理机构受水利部委托，对除第五条第六项规定以外的中央项目的招标投标活动进行行政监督；省、自治区、直辖市人民政府水行政主管部门是本行政区域内地方水利工程建设项目招标投标活动的行政监督与管理部门。

3.4.3　招标方式

招标分为公开招标和邀请招标。《水利工程建设项目招标投标管理规定》规定了下列项目可不进行招标，但须经项目主管部门批准。具体包括：

(1)涉及国家安全、国家秘密的项目；

(2)应急防汛、抗旱、抢险、救灾等项目；

(3)项目中经批准使用农民投工、投劳施工的部分（不包括该部分中的勘察设计、监理和重要设备、材料采购）；

(4)不具备招标条件的公益性水利工程建设项目的项目建议书和可行性研究报告；

(5)采用特定专利技术或特有技术的；

(6)其他特殊项目。

3.4.4　招标条件

第十六条规定了水利工程建设项目招标应当具备的条件，尤其是施工招标应当具备如下条件：

(1)初步设计已经批准；

(2)建设资金来源已落实，年度投资计划已经安排；

(3)监理单位已确定；

(4)具有能满足招标要求的设计文件，已与设计单位签订适应施工进度要求的图纸交付合同或协议；

(5)有关建设项目永久征地、临时征地和移民搬迁的实施、安置工作已经落实或已有明确安排。

3.4.5　招标一般程序

第十七条规定了招标工作一般按下列程序进行：

(1)招标前，按项目管理权限向水行政主管部门提交招标报告备案。报告具体内容应当包括招标已具备的条件、招标方式、分标方案、招标计划安排、投标人资质（资格）条件、评标方法、评标委员会组建方案以及开标、评标的工作具体安排等；

(2)编制招标文件；

(3)发布招标信息（招标公告或投标邀请书）；

(4)发售资格预审文件；

(5)按规定日期接受潜在投标人编制的资格预审文件；

(6)组织对潜在投标人资格预审文件进行审核；

(7)向资格预审合格的潜在投标人发售招标文件；

(8)组织购买招标文件的潜在投标人现场踏勘；

(9)接受投标人对招标文件有关问题要求澄清的函件，对问题进行澄清，并书面通知所有潜在投标人；

(10)组织成立评标委员会，并在中标结果确定前保密；

(11)在规定时间和地点，接受符合招标文件要求的投标文件；

(12)组织开标评标会；

(13)在评标委员会推荐的中标候选人中确定中标人；

(14)向水行政主管部门提交招标投标情况的书面总结报告；

(15)发中标通知书，并将中标结果通知所有投标人；

(16)进行合同谈判，并与中标人订立书面合同。

3.4.6　招标文件售价

第二十四条规定：招标文件应当按其制作成本确定售价，一般可按1 000元至3 000元人民币标准控制。

3.4.7　投标保证金

第二十五条规定：招标文件中应当明确投标保证金金额，一般可按以下标准控制：

(1)合同估算价10 000万元人民币以上，投标保证金金额不超过合同估算价的千分之五；

(2)合同估算价3 000万元至10 000万元人民币之间，投标保证金金额不超过合同估算价的千分之六；

(3)合同估算价3 000万元人民币以下，投标保证金金额不超过合同估算价的千分之七，但最低不得少于1万元人民币。

3.4.8　评标标准

第三十四条规定了评标标准分为技术标准和商务标准，尤其是施工评标标准一般包含以下内容：

(1)施工方案(或施工组织设计)与工期；

(2)投标价格和评标价格；

(3)施工项目经理及技术负责人的经历；

(4)组织机构及主要管理人员；

(5)主要施工设备；

(6)质量标准、质量和安全管理措施；

(7)投标人的业绩、类似工程经历和资信；

(8)财务状况。

3.4.9　评标方法

第三十五条规定：评标方法可采用综合评分法、综合最低评标价法、合理最低投标价法、综合评议法及两阶段评标法。

3.4.10　评标标底

第三十六条规定：施工招标设有标底的，评标标底可采用：

(1)招标人组织编制的标底A；

(2)以全部或部分投标人报价的平均值作为标底B；

(3)以标底A和标底B的加权平均值作为标底；

(4)以标底A值作为确定有效标的标准,以进入有效标内投标人的报价平均值作为标底。

施工招标未设标底的,按不低于成本价的有效标进行评审。

《水利水电工程标准施工招标文件》(2009年版)中,将评标标底称为评标基准价。

邀请所有投标人参加,是指投标单位的法定代表人或授权代表人应接受邀请参加开标仪式。否则,将按本规定第四十五条的有关规定,可以拒绝该单位投标文件或按无效标处理。

3.4.11 评标委员会

第四十条规定:评标工作由评标委员会负责。评标委员会由招标人的代表和有关技术、经济、合同管理等方面的专家组成,成员人数为七人以上单数,其中专家(不含招标人代表人数)不得少于成员总数的三分之二。第四十三条规定:评标委员会成员不得与投标人有利害关系。所指利害关系包括:是投标人或其代理人的近亲属;在5年内与投标人曾有工作关系;或有其他社会关系或经济利益关系。

3.4.12 无效标(废标)的界定

第四十五条规定:招标人对有下列情况之一的投标文件,可以拒绝或按无效标处理:

(1)投标文件密封不符合招标文件要求的;

(2)逾期送达的;

(3)投标人法定代表人或授权代表人未参加开标会议的;

(4)未按招标文件规定加盖单位公章和法定代表人(或其授权人)的签字(或印鉴)的;

(5)招标文件规定不得标明投标人名称,但投标文件上标明投标人名称或有任何可能透露投标人名称的标记的;

(6)未按招标文件要求编写或字迹模糊导致无法确认关键技术方案、关键工期、关键工程质量保证措施、投标价格的;

(7)未按规定交纳投标保证金的;

(8)超出招标文件规定,违反国家有关规定的;

(9)投标人提供虚假资料的。

《招标投标法实施条例》施行以后,为加强水利工程建设项目招标投标工作的管理,规范招标投标活动,结合水利工程建设的特点,《水利工程建设项目招标投标管理规定》即将修订。

4 请你探索

(1)法律、法规、条例、规章等的区别。

(2)《招标投标法实施条例》的颁布施行,对进一步规范招标投标活动的作用。

5 请你练习

5.1 单项选择题

(1)建设项目的招标工作由(　　)负责,任何单位和个人不得以任何方式非法干涉招标投标活动。

A. 招标人　　B. 投资人　　C. 招标代理　　D. 项目法人

(2)(　　)是全国水利工程建设项目招标投标活动的行政监督与管理部门。

A. 建设部　　B. 人力资源和社会保障部　　C. 发改委　　D. 水利部

(3)符合下列(　)条件的水利工程建设项目必须进行招标。

A. 水土保持、水资源保护等水利工程建设项目,施工单项合同估算价150万元人民币

B. 使用国家融资的水利工程建设项目,施工单项合同估算价300万元人民币

C. 重要设备、材料等货物的采购,单项合同估算价在80万元人民币

D. 勘察设计单项合同估算价50万元人民币

5.2　多项选择题

(1)《招标投标法实施条例》规定:有下列(　)情形的,视为投标人相互串通投标。

A. 不同投标人的投标文件由同一单位或者个人编制

B. 不同投标人委托同一单位或者个人办理投标事宜

C. 不同投标人的投标文件载明的项目管理成员为同一人

D. 不同投标人的投标文件异常一致或者投标报价呈规律性差异

E. 不同投标人的投标保证金从同一单位或者个人的账户转出

(2)《招标投标法实施条例》规定:有下列(　)情形的,属于招标人与投标人串通投标。

A. 招标人在开标前开启投标文件并将有关信息泄露给其他投标人

B. 招标人非故意向投标人泄露标底、评标委员会成员等信息

C. 招标人明示或者暗示投标人压低或者抬高投标报价

D. 借助于收集到的信息,投标人在开标前撤换、修改投标文件

E. 招标人明示或者暗示投标人为特定投标人中标提供方便

(3)水利水电工程施工招标应当具备的条件包括(　)。

A. 初步设计已经批准

B. 建设资金来源已落实,年度投资计划已经安排

C. 监理单位已确定

D. 具有能满足施工要求的设计文件

E. 有关建设项目永久征地、临时征地和移民搬迁的实施、安置工作已经落实或已有明确安排

(4)根据《水利工程建设项目招标投标管理规定》,水利工程建设项目评标方法可采用(　　)。

A. 综合评分法　　B. 合理最低投标价法　　C. 综合评议法

D. 最低评标价法　　E. 两阶段评标法

5.3　案例分析

某工程的公开招标的资格预审文件中有如下文字:有兴趣参加本项目的投标申请单位可对上述七个合同标段中的任何一个或几个提出资格预审申请。但外地企业不论其通

过几个标段的资格预审都只允许投1个标段,本市企业和对本市建设有突出贡献的企业允许投2个以上标段。

问题:这样的规定是否合理?为什么?

6 请你回顾

(1)为加强对水利工程建设项目的管理,维护水利工程建设市场秩序,水利部颁布制定的一系列规章、条例和实施办法。

(2)《招标投标法实施条例》在哪些重要问题上对《招标投标法》和招标投标制度进行补充、细化和完善。

任务3 招标代理机构

1 请你思考

按照国家有关规定,不同性质的招标投标项目,需要具备不同资质招标代理资格才能进行招标代理工作。在这个方面,你了解哪些具体要求?

2 请你动手完成

在本任务开始之际填写1~2栏目,在本任务完成之后填写3~5栏目。在你所选项的( )中划"√",请你参与和配合!

序号	内容	完成情况
1	抄写任务标题和思考题	
2	思考后结论	全部会解答( );部分会解答( );全部不会解答( )
3	探索中质疑	
4	探索题完成情况	全部完成( );部分完成( );全部没有完成( )
5	本任务完成情况自我评价	优秀( );良好( );及格( );不及格( )

3 请你参考

招标代理一般是指具备相关资质的招标代理机构(公司)按照相关法律规定,受招标人的委托或授权办理招标事宜的行为。

招标代理机构是依法设立、从事招标代理业务并提供相关服务的社会中介组织。这里有几层含义：

(1)招标代理机构的性质既不是一级行政机关，也不是从事生产经营的企业，而是以自己的知识、智力为招标人提供服务的独立于任何行政机关的组织。招标代理机构可以以多种组织形式存在，如可以是有限责任公司，也可以是合伙等。从中国目前的情况看，自然人一般不能从事招标代理业务。

(2)招标代理机构需依法登记设立，招标代理机构的设立不需有关行政机关的审批，但其从事有关招标代理业务的资格需要有关行政主管部门审查认定。

(3)招标代理机构的业务范围是接受招标人委托，组织招标活动。具体业务活动包括帮助招标人或受其委托拟定招标文件，依据招标文件的规定，出售标书、组织现场踏勘、澄清投标人对招标文件的疑问、组织开标、评标、定标等活动。

3.1　招标代理机构的分类及业务范围

《招标投标法实施条例》第十一条规定：招标代理机构的资格依照法律和国务院的规定由有关部门认定。国务院住房城乡建设、商务、发展改革、工业和信息化等部门，按照规定的职责分工对招标代理机构依法实施监督管理。

按照国家有关规定，需要具备相应招标资格才能进行招标代理的主要有：中央投资项目、工程建设项目、机电产品国际招标项目、政府采购项目、通信建设项目等。

3.1.1　中央投资项目招标代理机构

依据《中央投资项目招标代理机构资格认定管理办法》，获得中央投资项目招标代理资格的，可以受招标人委托，从事中央投资项目的项目业主招标、专业化项目管理单位招标、政府投资规划编制单位招标，以及项目的勘察、可行性研究、设计、设备、材料、施工、监理、保险等方面的招标代理业务。国家发展和改革委员会负责从事中央投资项目招标代理业务机构资格的认定工作。

中央投资项目是指使用了中央预算内投资、专项建设基金、统借国际金融组织和外国政府贷款以及其他中央财政性投资的固定资产投资项目。

3.1.2　工程建设项目招标代理机构

按照《工程建设项目招标代理机构资格认定办法》，获得工程建设项目招标代理资格的，可从事各类工程建设项目招标代理业务。住房和城乡建设部负责从事各类工程建设项目招标代理机构资格的认定工作。

工程建设项目招标代理是指工程招标代理机构接受招标人的委托，从事工程的勘察、设计、施工、监理以及与工程建设有关的重要设备(进口机电设备除外)、材料采购招标的代理业务。

3.1.3　机电产品国际招标代理机构

依据《机电产品国际招标机构资格管理办法》，获得机电产品国际招标机构资格的，可从事机电产品国际招标代理业务。商务部负责全国机电产品国际招标代理机构的资格管理工作。

3.1.4　政府采购代理机构

按照《政府采购代理机构资格认定办法》，获得政府采购项目的采购代理机构资格的，可从事政府采购项目的采购代理业务。财政部负责从事政府采购招标代理业务机构资格的认定工作。

政府采购代理机构代理政府采购事宜是指从事政府采购货物、工程和服务的招标、竞争性谈判、询价等采购代理业务，以及政府采购咨询、培训等相关专业服务。需要注意的是，对政府设立的集中采购机构，不实行资格认定制度。

3.1.5 通信建设项目招标代理机构

按照《工业和信息化部行政许可实施办法》，获得通信建设项目招标代理机构资质的，可以承担通信建设项目招标代理业务，工业和信息化部负责从事通信建设项目招标代理机构资质认定工作。

3.2 工程建设项目招标代理机构

建设部第154号令颁布的《工程建设项目招标代理机构资格认定办法》，自2007年3月1日起施行。2007年9月21日，为规范工程建设项目招标代理机构资格认定管理，依据《招标投标法》、《工程建设项目招标代理机构资格认定办法》等法律、法规，又制定了《工程建设项目招标代理机构资格认定办法实施意见》。

3.2.1 等级及承揽业务

工程招标代理机构资格分为甲级、乙级和暂定级。各级工程招标代理机构应当在与招标人签订的书面合同约定的范围内实施代理，并按照国家有关规定收取费用；超出合同约定实施代理的，依法承担民事责任。

甲级工程招标代理机构可以承担各类工程的招标代理业务。

乙级工程招标代理机构只能承担工程总投资1亿元人民币及以下的工程招标代理业务。

暂定级工程招标代理机构只能承担工程总投资6 000万元人民币及以下的工程招标代理业务。

甲级工程招标代理机构资格由国务院建设主管部门认定。

乙级、暂定级工程招标代理机构资格由工商注册所在地的省、自治区、直辖市人民政府建设主管部门认定。

3.2.2 资格条件

《工程建设项目招标代理机构资格认定办法》中规定申请工程招标代理资格的机构应当具备下列基本条件：

(1)依法设立的中介组织，具有独立法人资格；

(2)与行政机关和其他国家机关没有行政隶属关系或者其他利益关系；

(3)有固定的营业场所和开展工程招标代理业务所需设施及办公条件；

(4)有健全的组织机构和内部管理的规章制度；

(5)具备编制招标文件和组织评标的相应专业力量；

(6)具有可以作为评标委员会成员人选的技术、经济等方面的专家库；

(7)法律、行政法规规定的其他条件。

申请甲级工程招标代理资格的机构，除具备本办法基本条件外，还应当具备下列条件：

(1)取得乙级工程招标代理资格满3年；

(2)近3年内累计工程招标代理中标金额在16亿元人民币以上(以中标通知书为依据,下同);

(3)具有中级以上职称的工程招标代理机构专职人员不少于20人,其中具有工程建设类注册执业资格人员不少于10人(其中注册造价工程师不少于5人),从事工程招标代理业务3年以上的人员不少于10人;

(4)技术经济负责人为本机构专职人员,具有10年以上从事工程管理的经验,具有高级技术经济职称和工程建设类注册执业资格;

(5)注册资本金不少于200万元。

申请乙级工程招标代理资格的机构,除具备本办法基本条件外,还应当具备下列条件:

(1)取得暂定级工程招标代理资格满1年;

(2)近3年内累计工程招标代理中标金额在8亿元人民币以上;

(3)具有中级以上职称的工程招标代理机构专职人员不少于12人,其中具有工程建设类注册执业资格人员不少于6人(其中注册造价工程师不少于3人),从事工程招标代理业务3年以上的人员不少于6人;

(4)技术经济负责人为本机构专职人员,具有8年以上从事工程管理的经历,具有高级技术经济职称和工程建设类注册执业资格;

(5)注册资本金不少于100万元。

新设立的工程招标代理机构具备基本条件和乙级要求第(3)、(4)、(5)项条件的,可以申请暂定级工程招标代理资格。

3.2.3 禁止行为

工程招标代理机构在工程招标代理活动中不得有下列行为:

(1)与所代理招标工程的招标投标人有隶属关系、合作经营关系以及其他利益关系;

(2)从事同一工程的招标代理和投标咨询活动;

(3)超越资格许可范围承担工程招标代理业务;

(4)明知委托事项违法而进行代理;

(5)采取行贿、提供回扣或者给予其他不正当利益等手段承接工程招标代理业务;

(6)未经招标人书面同意,转让工程招标代理业务;

(7)泄露应当保密的与招标投标活动有关的情况和资料;

(8)与招标人或者投标人串通,损害国家利益、社会公共利益和他人合法权益;

(9)对有关行政监督部门依法责令改正的决定拒不执行或者以弄虚作假方式隐瞒真相;

(10)擅自修改经招标人同意并加盖了招标人公章的工程招标代理成果文件;

(11)涂改、倒卖、出租、出借或者以其他形式非法转让工程招标代理资格证书;

(12)法律、法规和规章禁止的其他行为。

3.3 中央投资项目招标代理机构

为提高政府投资效益,加强对中央投资项目招标代理机构的监督管理,规范招标代理行为,提高招标代理质量,防止腐败行为,根据《招标投标法》、《招标投标法实施条例》、

《国务院关于投资体制改革的决定》以及相关法律、法规，国家发展和改革委员会制定了《中央投资项目招标代理资格管理办法》，自 2012 年 4 月 2 日起施行。

3.3.1　等级及承揽业务

中央投资项目招标代理资格分为甲级、乙级和预备级。

甲级招标代理机构可以从事所有中央投资项目的招标代理业务。

乙级招标代理机构可以从事总投资 5 亿元人民币及以下中央投资项目的招标代理业务。

预备级招标代理机构可以从事总投资 2 亿元人民币及以下中央投资项目的招标代理业务。

国家发展和改革委员会是中央投资项目招标代理资格的行政管理部门，依据《招标投标法》及相关法律、法规，对招标代理机构进行资格认定和监督管理。

省级发展改革部门负责在本行政区域内从事招标活动的中央投资项目招标代理机构的日常管理和监督检查。

3.3.2　资格条件

在《中央投资项目招标代理资格管理办法》中规定中央投资项目招标代理机构应具备下列基本条件：

(1)是依法设立的社会中介组织，具有独立企业法人资格；

(2)与行政机关和其他国家机关没有隶属关系或者其他利益关系；

(3)有固定的营业场所，具备开展中央投资项目招标代理业务所需的办公条件；

(4)有健全的组织机构和良好的内部管理制度；

(5)具备编制招标文件和组织评标的专业力量；

(6)有一定规模的评标专家库；

(7)近 3 年内机构没有因违反《招标投标法》、《政府采购法》及有关管理规定，受到相关管理部门暂停资格、降级或撤销资格的处罚；

(8)近 3 年内机构主要负责人没有受到刑事处罚；

(9)国家发展和改革委员会规定的其他条件。

甲级中央投资项目招标代理机构除具备本办法基本条件外，还应具备以下条件：

(1)注册资本金不少于 1 000 万元人民币；

(2)招标从业人员不少于 60 人，其中具有中级及以上职称的不少于 50%，已登记在册的招标师不少于 30%；

(3)评标专家库的专家人数在 800 人以上；

(4)开展招标代理业务 5 年以上；

(5)近 3 年内从事过的中标金额在 5 000 万元以上的招标代理项目个数在 60 个以上，或累计中标金额在 60 亿元人民币以上。

乙级中央投资项目招标代理机构除具备本办法基本条件外，还应具备以下条件：

(1)注册资本金不少于 500 万元人民币；

(2)招标从业人员不少于 30 人，其中具有中级及以上职称的不少于 50%，已登记在册的招标师不少于 30%；

(3)评标专家库的专家人数在500人以上；

(4)开展招标代理业务3年以上；

(5)近3年内从事过的中标金额在3 000万元以上的招标代理项目个数在30个以上,或累计中标金额在30亿元人民币以上。

预备级中央投资项目招标代理机构除具备本办法基本条件外,还应具备以下条件:

(1)注册资本金不少于300万元人民币；

(2)招标从业人员不少于15人,其中具有中级及以上职称的不少于50%,已登记在册的招标师不少于30%；

(3)评标专家库的专家人数在300人以上。

3.4 政府采购代理机构

政府采购,是指各级国家机关、事业单位和团体组织,使用财政性资金采购依法制定的集中采购目录以内的或者采购限额标准以上的货物、工程和服务的行为。政府采购不仅是指具体的采购过程,而且是采购政策、采购程序、采购过程及采购管理的总称,是一种对公共采购管理的制度,是一种政府行为。

为了规范政府采购代理机构资格认定工作,加强政府采购代理机构资格管理,根据《政府采购法》和国务院有关规定,财政部修订通过了《政府采购代理机构资格认定办法》,自2010年12月1日起施行。

政府采购代理机构,是指取得财政部门认定资格的,依法接受采购人委托,从事政府采购货物、工程和服务采购代理业务的社会中介机构。

3.4.1 等级及承揽业务

政府采购代理机构资格分为甲级资格和乙级资格。

取得甲级资格的政府采购代理机构可以代理所有政府采购项目。取得乙级资格的政府采购代理机构只能代理单项政府采购项目预算金额在1 000万元人民币以下的政府采购项目。

政府采购代理机构甲级资格的认定工作由财政部负责,乙级资格的认定工作由申请人工商注册所在地的省级人民政府财政部门负责。

3.4.2 资格条件

乙级政府采购代理机构应当具备下列条件:

(1)具有企业法人资格,且注册资本为人民币100万元以上；

(2)与行政机关没有隶属关系或者其他利益关系；

(3)具有健全的组织机构和内部管理制度；

(4)有固定的营业场所和开展政府采购代理业务所需的开标场所,以及电子监控等办公设备、设施；

(5)申请政府采购代理机构资格之前3年内,在经营活动中没有因违反有关法律、法规受到刑事处罚或者取消资格的行政处罚；

(6)有参加过规定的政府采购培训,熟悉政府采购法规和采购代理业务的法律、经济和技术方面的专职人员。母公司和子公司分别提出申请的,母公司与子公司从事政府采购代理业务的专职人员不得相同；

(7)专职人员总数不得少于10人,其中具有中级以上专业技术职务任职资格的不得少于专职人员总数的40%;

(8)财政部规定的其他条件。

甲级政府采购代理机构除应当具备乙级第2项至第6项条件外,还应当具备下列条件:

(1)具有企业法人资格,且注册资本为人民币500万元以上;

(2)专职人员总数不得少于30人,其中具有中级以上专业技术职务任职资格的不得少于专职人员总数的60%;

(3)取得政府采购代理机构乙级资格1年以上,最近两年内代理政府采购项目中标、成交金额累计达到1亿元人民币以上,或者从事招标代理业务两年以上,最近两年中标金额累计达到10亿元人民币以上;

(4)财政部规定的其他条件。

4 请你探索

(1)哪些类型的招标代理机构可以从事水利水电工程建设项目招标代理工作?

(2)如果你有幸今后从事招标代理工作,你认为可以在哪些方面施展你的才华?

5 请你练习

5.1 单项选择题

(1)(　　)负责从事各类工程建设项目招标代理机构资格的认定工作。

A. 国家发展和改革委员会　　B. 住房和城乡建设部

C. 商务部　　D. 财政部

(2)(　　)负责指导和协调全国招标投标工作。

A. 国家发展和改革委员会　　B. 住房和城乡建设部

C. 商务部　　D. 财政部

(3)工程建设项目乙级招标代理机构能够承担工程总投资(　　)的工程招标代理业务。

A. 5亿元人民币以上　　B. 5亿元人民币以下,1亿元人民币以上

C. 1亿元人民币以下　　D. 6 000万元人民币以下

(4)目前,(　　)招标代理资质需要一定数量具备登记在册的招标师。

A. 中央投资项目　　B. 工程建设项目

C. 机电产品国际招标项目　　D. 政府采购项目

5.2 多项选择题

(1)中央投资项目是指使用了(　　)的固定资产投资项目。

A. 中央预算内投资

B. 专项建设基金

C. 统借国际金融组织和外国政府贷款

D. 其他中央财政性投资的固定资产投资项目

E. 省、直辖市预算内投资

(2)工程招标代理机构资格分为(　　)级别。

A. 甲级　　B. 乙级　　C. 丙级　　D. 预备级　　E. 暂定级

6 请你回顾

(1)招标代理机构的分类及业务范围。

(2)在招标投标活动中,招标人、投标人、招标代理机构三者之间的关系。

任务4 工程建设项目招标范围和规模标准

1 请你思考

(1)《招标投标法》中确定的工程建设项目招标范围包括哪些。

(2)《水利工程建设项目招标投标管理规定》中确定的工程建设项目招标范围和规模标准包括哪些。

2 请你动手完成

在本任务开始之际填写1~2栏目,在本任务完成之后填写3~5栏目。在你所选项的(　　)中划"√",请你参与和配合!

序号	内容	完成情况
1	抄写任务标题和思考题	
2	思考后结论	全部会解答(　　);部分会解答(　　);全部不会解答(　　)
3	探索中质疑	
4	探索题完成情况	全部完成(　　);部分完成(　　);全部没有完成(　　)
5	本任务完成情况自我评价	优秀(　　);良好(　　);及格(　　);不及格(　　)

3 请你参考

3.1 《招标投标法》中确定的招标范围

《招标投标法》第三条规定:在中华人民共和国境内进行下列工程建设项目包括项目的勘察、设计、施工、监理以及与工程建设有关的重要设备、材料等的采购,必须进行招标:

(1)大型基础设施、公用事业等关系社会公共利益、公众安全的项目;

(2)全部或者部分使用国有资金投资或者国家融资的项目；

(3)使用国际组织或者外国政府贷款、援助资金的项目。

《招标投标法》中规定的强制招标范围，主要着眼于“工程建设项目”，而且是工程建设项目全过程的招标，包括从勘察、设计、施工、监理到设备、材料的采购。工程勘察，指为查明工程项目建设地点的地形地貌、土层土质、岩性、地质构造、水文条件和各种自然地质现象而进行的测量、测绘、测试、观察、地质调查、勘探、试验、鉴定、研究和综合评价工作。工程设计，主要指在正式施工之前进行的初步设计和施工图设计。工程施工，指按照设计的规格和要求建造建筑物的活动。工程监理，指业主聘请监理单位，对项目的建设活动进行咨询、顾问、监督，并将业主与第三方为实施项目建设所签订的各类合同履行过程，交予其负责管理。法律将强制招标的项目界定为以下几项：

第一，大型基础设施、公用事业等关系社会公共利益、公众安全的项目。

这是针对项目性质作出的规定。通常来说，所谓基础设施，是指为国民经济生产过程提供基本条件，可分为生产性基础设施和社会性基础设施。前者指直接为国民经济生产过程提供的设施，后者指间接为国民经济生产过程提供的设施。基础设施通常包括能源、交通运输、邮电通信、水利、城市设施、环境与资源保护设施等。所谓公用事业，是指为适应生产和生活需要而提供的具有公共用途的服务，如供水、供电、供热、供气、科技、教育、文化、体育、卫生、社会福利等。从世界各国的情况看，由于大型基础设施和公用事业项目投资金额大、建设周期长，基本上以国家投资为主，特别是公用事业项目，国家投资更是占了绝对比重。从项目性质上说，基础设施和公用事业项目大多关系社会公共利益和公众安全，为了保证项目质量，保护公民的生命财产安全，各国政府普遍制定了相关的法律、法规。法律另有规定的除外。

第二，全部或部分使用国有资金投资或者国家融资的项目。

这是针对资金来源作出的规定。国有资金，是指国家财政性资金（包括预算内资金和预算外资金），以及国家机关、国有企事业单位的自有资金。其中，国有企业是指全民所有制企业、国有独资公司及国有控股企业，国有控股企业包括国有资本占企业资本总额50%以上的企业以及虽不足50%，但国有资产投资者实质上拥有控制权的企业。国家融资的建设项目，是指使用国家通过对内发行政府债券或向外国政府及国际金融机构所筹资金进行的建设项目。这些以国家信用为担保筹集，由政府统一筹措、安排、使用、偿还的资金也应视为国有资金。

第三，使用国际组织或者外国政府贷款、援助资金的项目。

这类项目必须招标，这是世界银行等国际金融组织和外国政府所普遍要求的。我国在与这些国际组织或外国政府签订的双边协议中，也对这一要求给予了认可。另外，这些贷款大多属于国家的主权债务，由政府统借统还，在性质上应视同为国有资金投资。

第四，法律或者国务院规定的其他必须招标的项目。

随着招标投标制度的逐步建立和推行，我国实行招标投标的领域不断拓宽，强制招标的范围还将根据实际需要进行调整。因此，除《招标投标法》外，其他法律和国务院对必须招标的项目有规定的，也应纳入强制招标的范围。

3.2 《工程建设项目招标范围和规模标准规定》中的细化规定

对《招标投标法》第三条中的具体范围和规模标准,国务院发展计划委员会于2000年5月1日3号令发布实施的《工程建设项目招标范围和规模标准规定》进行了如下细化规定:

(1)关系社会公共利益、公众安全的基础设施项目的范围包括:煤炭、石油、天然气、电力、新能源等能源项目,铁路、公路、管道、水运、航空以及其他交通运输业等交通运输项目,邮政、电信枢纽、通信、信息网络等邮电通信项目,防洪、灌溉、排涝、引(供)水、滩涂治理、水土保持、水利枢纽等水利项目,道路、桥梁、地铁和轻轨交通、污水排放及处理、垃圾处理、地下管道、公共停车场等城市设施项目,生态环境保护项目,其他基础设施项目。

(2)关系社会公共利益、公众安全的公用事业项目的范围包括:供水、供电、供气、供热等市政工程项目,科技、教育、文化等项目,体育、旅游等项目,卫生、社会福利等项目,商品住宅(包括经济适用住房),其他公用事业项目。

(3)使用国有资金投资项目的范围包括:使用各级财政预算资金的项目;使用纳入财政管理的各种政府性专项建设基金的项目;使用国有企业事业单位自有资金,并且国有资产投资者实际拥有控制权的项目。

(4)国家融资项目的范围包括:使用国家发行债券所筹资金的项目,使用国家对外借款或者担保所筹资金的项目,使用国家政策性贷款的项目,国家授权投资主体融资的项目,国家特许的融资项目。

(5)使用国际组织或者外国政府资金的项目的范围包括:使用世界银行、亚洲开发银行等国际组织贷款资金的项目,使用外国政府及其机构贷款资金的项目,使用国际组织或者外国政府援助资金的项目。

涉及以上规定范围内的各类工程建设项目,包括项目的勘察、设计、施工、监理以及与工程建设有关的重要设备、材料等的采购,达到下列标准之一的,必须进行招标:

①施工单项合同估算价在200万元人民币以上的;

②重要设备、材料等货物的采购,单项合同估算价在100万元人民币以上的;

③勘察、设计、监理等服务的采购,单项合同估算价在50万元人民币以上的;

④单项合同估算价低于第①、②、③项规定的标准,但项目总投资额在3 000万元人民币以上的。

建设项目的勘察、设计,采用特定专利或者专有技术的,或者其建筑艺术造型有特殊要求的,经项目主管部门批准,可以不进行招标。

3.3 《水利工程建设项目招标投标管理规定》中确定的招标范围

结合水利工程的特点,《水利工程建设项目招标投标管理规定》第三条规定:符合下列具体范围并达到规模标准之一的水利工程建设项目必须进行招标。

(1)具体范围包括:

①关系社会公共利益、公共安全的防洪、排涝、灌溉、水力发电、引(供)水、滩涂治理、水土保持、水资源保护等水利工程建设项目;

②使用国有资金投资或者国家融资的水利工程建设项目;

③使用国际组织或者外国政府贷款、援助资金的水利工程建设项目。

(2)规模标准有：

①施工单项合同估算价在200万元人民币以上的；

②重要设备、材料等货物的采购，单项合同估算价在100万元人民币以上的；

③勘察设计、监理等服务的采购，单项合同估算价在50万元人民币以上的；

④项目总投资额在3 000万元人民币以上，但分标单项合同估算价低于本项第①、②、③目规定的标准的项目原则上都必须招标。

4 请你探索

(1)必须进行招标的工程项目有哪些？

(2)为什么有些工程项目要强制性招标，而有些工程项目不适宜招标？

(3)目前，在招投标工作中常见的规避招标的方式有哪些？应该采取怎样的措施，避免出现这样的情况？

5 请你练习

5.1 单项选择题

下列不属于《工程建设项目招标范围和规模标准规定》的关系社会公共利益、公众安全的基础设施项目的是(　　)。

A. 煤炭、石油、天然气、电力、新能源等能源项目

B. 铁路、公路、管道、水运、航空等交通运输项目

C. 商品住宅，包括经济适用住房

D. 生态环境保护项目

5.2 多项选择题

下列哪些工程项目必须进行招标(　　)？

A. 大型基础设施、公用事业等关系社会公共利益、公众安全的项目

B. 全部或者部分使用国有资金投资或者国家融资的项目

C. 使用国际组织或者外国政府贷款、援助资金的项目

D. 抢险救灾或者属于利用扶贫资金实行以工代赈、使用农民工的项目

E. 需要采用不可替代的专利或专有技术的项目

5.3 案例分析

有两个项目被直接发包，理由是一个项目涉及国家安全，另一个项目属于以工代赈，需要使用农民工。

问题：你认为这两个理由充分吗？

6 请你回顾

《水利工程建设项目招标投标管理规定》建设项目必须进行招标的具体范围和规模标准。

单元2　水利水电工程施工招标

任务1　水利水电工程施工招标活动

1　请你思考

(1)水利水电工程施工招标应当具备什么条件?

(2)水利水电工程施工招标的工作程序是怎样的?

(3)水利水电工程施工招标标段划分的影响因素有哪些?

2　请你动手完成

在本任务开始之际填写1~2栏目,在本任务完成之后填写3~5栏目。在你所选项的(　　)中划"√",请你参与和配合!

序号	内容	完成情况
1	抄写任务标题和思考题	
2	思考后结论	全部会解答(　　);部分会解答(　　);全部不会解答(　　)
3	探索中质疑	
4	探索题完成情况	全部完成(　　);部分完成(　　);全部没有完成(　　)
5	本任务完成情况自我评价	优秀(　　);良好(　　);及格(　　);不及格(　　)

3　请你参考

3.1　水利水电工程施工招标概述

水利水电工程施工招标即在水利工程项目的初步设计或施工图设计完成后,以招标的方式选择水利工程施工承包商。其标的物是向建设单位(业主)交付按设计规定的水利建筑产品。水利水电工程施工招标的特点是发包的工作内容明确、具体,各投标人编制的投标书在评标时易于进行横向对比。虽然投标人按招标文件的工程量表中既定的工作内容和工程量编标报价,但价格的高低并非确定中标人的唯一条件,投标过程实际上是各投标人完成该项任务的技术、经济、管理等综合能力的竞争。

3.2 水利水电工程施工招标的主要程序

水利工程建设项目的施工招标工作程序如下：

(1)招标前，按项目管理权限向水行政主管部门提交招标报告备案。

报告的具体内容：招标已具备的条件、招标方式、分标方案、招标计划安排、投标人资质(资格)条件、评标方法、评标委员会组建方案以及开标、评标的工作具体安排等。

水利部是国务院水行政主管部门，对全国水利工程建设实行宏观管理。水利部所属流域机构(长江水利委员会、黄河水利委员会、淮河水利委员会、珠江水利委员会、海河水利委员会、松辽河水利委员会和太湖流域管理局)是水利部的派出机构，对其所在的流域行使水行政主管部门的职责，负责本流域水利工程建设的行业管理；省(自治区、直辖市)水利(水电)厅(局)是本地区的水行政主管部门，负责本地区水利工程建设的行业管理。

(2)编制招标文件。

水利水电工程施工招标文件要严格按照规定使用《水利水电工程标准施工招标文件》(水建管[2009]629 号)的要求编制。水利水电工程施工招标文件的编制见本单元任务 3 的相关内容。

(3)发布招标信息、招标公告或投标邀请书。

采用公开招标方式的项目，招标人应当在国家发展和改革委员会指定的媒介(《中国日报》、《中国经济导报》、《中国建设报》、中国采购与招标网)之一发布招标公告，其中大型水利工程建设项目以及国家重点项目、中央项目、地方重点项目同时还应当在《中国水利报》发布招标公告，指定报纸在发布招标公告的同时，应将招标公告如实抄送指定网络。

其他要求：

①招标公告正式媒介发布至发售资格预审文件(或招标文件)的时间间隔一般不少于 10 日；

②招标人应当对招标公告的真实性负责，招标公告不得限制潜在投标人的数量；

③采用邀请招标方式的，招标人应当向 3 个以上有投标资格的法人或其他组织发出投标邀请书；

④投标人少于 3 个的，招标人应当依照《水利工程建设项目招标投标管理规定》(水利部令第 14 号)重新招标。

(4)组织资格预审(若进行资格预审)。

资格预审是指在投标前对潜在投标人进行资格审查。目的是有效地控制招标过程中的投标申请人数量，确保工程招标人选择到满意的投标申请人实施工程建设。水利水电工程施工招标资格预审程序、资格预审文件的主要内容及资格审查办法见本单元任务 2。

一般来说，资格审查方式可分为资格预审和资格后审。资格预审适用于公开招标或部分邀请招标的技术复杂的工程、交钥匙的工程等。资格后审是指在开标后对投标人进行的资格审查。对于一些工期要求比较紧，工程技术、结构不复杂的工程项目，为了争取早日开工，可进行资格后审。

(5)组织购买招标文件的潜在投标人现场踏勘(若组织)。

水利水电施工招标文件的投标人须知前附表规定组织踏勘现场的，招标人按照招标公告(或投标邀请书)规定的时间和地点组织踏勘现场。

(6)接受投标人对招标文件有关问题要求澄清的函件,对问题进行澄清,并书面通知所有潜在投标人。

招标人对已发出的招标文件进行必要澄清或者修改的,应当在招标文件要求提交投标文件截止日期至少15日前,以书面形式通知所有投标人。该澄清或者修改的内容为招标文件的组成部分。不足15日的,招标人应当顺延提交投标文件的截止时间。

(7)组织成立评标委员会,并在中标结果确定前保密。

(8)在规定时间和地点,接受符合招标文件要求的投标文件,在投标截止时间之前,投标人可以撤回已递交的投标文件或进行更正和补充,但应当符合招标文件的要求。投标人在递交投标文件的同时,应当递交投标保证金。

(9)依法必须进行招标的项目,自招标文件开始发出之日起至投标人提交投标文件截止之日止,最短不应当少于20日。

(10)组织开标、评标会议。

(11)确定中标人。

(12)向水行政主管部门提交招标投标情况的书面总结报告。

(13)发中标通知书,并将中标结果通知所有投标人。

(14)进行合同谈判,并与中标人订立书面合同。

中标人收到中标通知书后,招标人、中标人双方应具体协商谈判签订合同事宜,形成合同草案。合同草案一般需要先报招标投标管理机构审查。对合同草案的审查,主要是看其是否按中标的条件和价格拟订。经审查后,招标人与中标人应当自中标通知书发出之日起30天内,按照招标文件和中标人的投标文件正式签订书面合同。招标人与中标人签订合同后5个工作日内,应当退还投标保证金。

3.3 水利水电工程施工招标的发包范围

水利水电工程施工招标可以进行标段划分,即确定招标项目的发包范围。因为有的水利水电建设项目投资额较大,所涉及的各个项目技术复杂,工程量也巨大,往往一个承包商难以完成。为了加快工程进度,发挥各承包商的优势,降低工程造价,有必要对一个建设项目进行合理分标。

3.3.1 影响确定发包范围的主要因素

水利水电工程施工招标发包的范围受工程项目的特点、现场条件、招标人的合同管理能力等因素的影响。

划分工程项目标段时必须坚持不肢解工程的原则,保持工程的整体性和专业性。

所谓肢解工程,是指将本应由一个承包人完成的工程任务,分解成若干个部分,分别发包给几个承包商去完成。一般施工招标发包的最小分标单位,为单位工程。对不能分标发包的工程而进行分标发包的,即构成肢解工程。

依据工程项目特点和现场条件划分合同包的工作范围时,主要应考虑以下影响因素。

3.3.1.1 施工内容的专业要求

对于专业要求不强、技术不复杂的中小型水利工程项目(如工程建设场地比较集中、工程量不大、技术上不复杂、便于管理),可采用总包的形式,而不进行分包。对于大型复杂的水利水电项目,可以按专业确定发包范围,将土建施工、金属结构、机电设备安装分别招标。

3.3.1.2 施工现场条件

划分合同包时应充分考虑施工过程中几个独立承包商同时施工可能发生的交叉干扰,以利于业主和监理对各合同的协调管理。基本原则是现场施工尽可能避免平面或不同高程作业的干扰;要考虑各合同实施过程中在空间和时间上的衔接,避免两个合同交界面工作责任的推诿。

3.3.1.3 招标人的合同管理能力

全部施工内容只发一个合同包招标,招标人仅与一个中标人签订合同,施工过程中管理工作比较简单,但有能力参与竞争的投标人较少。如果招标人有足够的管理能力,也可以将全部施工内容分解成若干个单位工程和特殊专业工程分别发包,一是可以发挥不同投标人专业特长,增强投标的竞争性;二是每个独立合同比总承包合同更容易落实,即使出现问题也是局部的,易于纠正或补救。但招标发包的数量多少要适当,合同太多会给招标工作、各施工阶段的管理工作带来麻烦或不必要的损失。

3.3.1.4 对工程总投资的影响

划分合同包数量的多少对工程总造价是有影响的,应根据项目的具体特点进行客观分析。只发一个合同包便于投标人进行合理的施工组织,人工、施工机械和临时设施可以统一使用;当划分合同数量较多时,各投标书的报价中均要分别考虑动员准备费、施工机械闲置费、施工干扰的风险费等。但大型、复杂的工程项目,一般工期长,投资大,技术难题多,因而对承包商在能力、经验等方面的要求很高。对这类工程,如果不分标,可能会使有资格参加投标的承包商数量大为减少,竞争对手少,必然会导致投标报价提高,招标人就不容易得到满意的报价。如果对这类工程进行分标,就会避免这种情况,对招标人、投标人都有利。

3.3.1.5 其他影响因素

工程项目的施工是一个复杂的系统工程,影响划分合同包的因素很多,如筹措建设资金的计划到位时间、施工图完成的计划进度、工期要求等条件。例如,建设资金的安排对工程进度有重要影响。有时根据资金筹措到位情况和工程建设的次序,在不同时间进行分段招标就十分必要。

3.3.2 施工合同包的工作范围

一个独立施工合同包的工作范围可以是:

(1)全部工程招标。将项目建设的所有土建、安装施工工作内容一次性发包。

(2)单位工程发包。

(3)特殊专业工程招标。如机电设备安装工程、金属结构工程、特殊地基处理等可以作为单独的合同发包。

【标段划分案例】 某水利枢纽主体土建工程施工,划分成拦河主坝、泄洪排沙系统和引水发电系统3个合同标段进行招标。第一标段的工作内容为坝顶长1 667 m、坝底宽864 m、坝高154 m的黏土心墙堆石坝;第二标段工作包括,3条直径14.5 m的孔板消能泄洪洞,3条直径6.5 m的排沙洞,3条断面尺寸为10 m×11.5 m×13 m的明流泄洪洞,

1 条灌溉洞,1 条溢洪道和 1 条非常溢洪道;第三标段工作包括 6 条直径 7.8 m 的引水发电洞,3 条断面尺寸为 12 m×19 m 的尾水洞,1 座主变压器室,1 座尾水闸门室,1 座开挖尺寸为 251.5 m×26.2 m×61.44 m 的地下厂房。

【案例分析】 合同标段的划分主要考虑的因素包括:

(1)施工作业面分布在不同场地和高程,作业相对独立,不会产生施工干扰。主体工程的几项工程可以同时施工,有利于节约施工时间,能够尽早发挥工程效益。

(2)合同标段划分考虑了施工内容的专业特点。第一标段主要为露天填筑碾压工程,其他两标段主要为地下工程施工。

(3)合同标段划分相对较少,有利于业主和监理的协调管理。

(4)一个标段工作量较大,对能力较强的投标人有吸引力,有利于投标竞争。

3.4 两阶段招标

《招标投标法实施条例》提出对技术复杂或者无法精确拟定技术规格的项目,招标人可以分两阶段进行招标。

第一阶段,投标人按照招标公告或者投标邀请书的要求提交不带报价的技术建议,招标人根据投标人提交的技术建议确定技术标准和要求,编制招标文件。

第二阶段,招标人向在第一阶段提交技术建议的投标人提供招标文件,投标人按照招标文件的要求提交包括最终技术方案和投标报价的投标文件。

招标人要求投标人提交投标保证金的,应当在第二阶段提出。

4 请你探索

(1)水利工程建设项目施工招标与监理招标相比有什么不同特点?

(2)水利水电工程施工招标项目标段划分过小会带来什么问题?

5 请你练习

5.1 单项选择题

(1)我国水利水电工程项目施工招标分为( )。

A. 公开招标、邀请招标和议标　　B. 公开招标和邀请招标

C. 公开招标和议标　　D. 邀请招标和议标

(2)依法必须进行招标的水利工程施工项目,自招标公告正式媒介发布起至发售资格预审文件(或招标文件)的时间间隔一般不少于( )。

A. 7 个工作日　　B. 7 日

C. 10 个工作日　　D. 10 日

(3)水利工程施工项目招标中,不属于国家指定公告发布媒介的是( )。

A. 中国水利杂志　　B. 中国经济导报

C. 中国建设报　　D. 中国日报

(4)水利工程施工项目招标中,可以不组织的程序有( )。

A. 成立评标委员会　　B. 招标前备案

C. 资格预审　　D. 向未中标人发出中标结果通知书

(5)《水利工程建设项目招标投标管理规定》(水利部令第14号),建设项目的招标工作由(　　)负责,任何单位和个人不得以任何方式非法干涉招标投标活动。

A. 招标人　　B. 投资人

C. 监察人　　D. 评标专家

(6)依法必须招标的项目中,国家重点水利项目、地方重点水利项目及全部使用国有资金投资或者国有资金投资占控股或者主导地位的项目应当(　　)。

A. 代理招标　　B. 公开招标

C. 两阶段招标　　D. 邀请招标

(7)招标人对已发出的招标文件进行必要澄清或者修改的,应当在招标文件要求提交投标文件截止日期至少(　　)前,以书面形式通知所有投标人。

A. 5日　　B. 7日　　C. 15日　　D. 10日

(8)自中标通知书发出之日起(　　)内,招标人和中标人应当按照招标文件和中标人的投标文件订立书面合同。

A. 7日　　B. 10日　　C. 15日　　D. 30日

(9)根据《水利工程建设项目招标投标管理规定》(水利部令第14号),招标人与中标人签订合同后至多(　　)内,应当退还投标保证金。

A. 5日　　B. 5个工作日　　C. 7日　　D. 7个工作日

5.2　多项选择题

(1)属于水利工程施工项目招标程序的有(　　)。

A. 组织踏勘现场和投标预备会(若组织)

B. 对问题进行澄清

C. 组织成立评标委员会

D. 组织开标、评标

E. 购买招标文件前报名

(2)在施工招标中,进行合同数量的划分应考虑的主要因素有(　　)。

A. 施工内容的专业要求　　B. 施工现场条件

C. 投标人的财务能力　　D. 投标人的所在地

E. 对工程总投资的影响

(3)根据《水利工程建设项目招标投标管理规定》(水利部令第14号),水利工程建设项目施工招标应当具备的条件必须包括(　　)等。

A. 初步设计已经批准　　B. 建设资金来源已经落实

C. 监理单位已经确定　　D. 施工图设计已完成

E. 有关建设项目征地和移民搬迁工作已有明确安排

(4)水利工程施工项目招标中,有下列情形之一的,需要重新招标(　　)。

A. 投标截止时间,投标人少于3个的

B. 经评标委员会评审后否决所有投标的

C. 因有效投标不足3个的

D. 同意延长投标有效期的投标人少于4个的

E. 中标候选人均未与招标人签订合同的

(5)应当公开招标的水利工程施工项目，经批准后可以进行邀请招标的情形包括(　　)等。

A. 项目技术复杂或有特殊要求，只有少量几家潜在投标人可供选择的

B. 受自然地域环境限制的

C. 涉及国家安全、国家秘密，适宜招标但不宜公开招标的

D. 拟公开招标的费用与项目的价值相比，不值得的

E. 潜在投标人数量太多

(6)水利水电工程施工招标中，对于投标人项目经理的要求有(　　)。

A. 必须有本单位注册的水利水电专业建造师证书

B. 必须持有安全生产考核合格证

C. 必须有属于投标人的业绩

D. 必须具有高级职称

E. 必须在投标人单位工作满10年

(7)根据《水利工程建设项目招标投标管理规定》(水利部令第14号)，招标前，招标人按项目管理权限向水行政主管部门提交招标报告备案，报告具体内容应当包括(　　)等。

A. 招标已具备的条件　　B. 招标方式

C. 分标方案　　D. 招标计划安排

E. 评标委员会专家名单

5.3　案例分析

某省一重点水利工程项目计划于当年12月28日开工，由于坝肩施工段工程复杂，技术难度高，一般施工队伍难以胜任，业主自行决定邀请招标方式。于当年9月8日向通过资格预审的A、B、C、D、E 5家施工承包企业发出了投标邀请书。该5家企业均接受了邀请，并于规定时间9月20～21日购买了招标文件。招标文件中规定，10月18日下午4时是招标文件规定的投标截止时间，11月10日发出中标通知书。

在投标截止时间之前，A、B、D、E 4家企业提交了投标文件，但C企业于10月18日下午5时才送达，原因是中途堵车；10月21日下午由当地招投标监督管理办公室主持进行了公开开标。

评标委员会共由7人组成，其中当地投标监督管理办公室1人，公证处1人，招标人1人，技术经济方面专家4人。评标时发现E企业投标文件虽无法定代表人签字和委托授权书，但投标文件均已有项目经理签字并加盖了公章。评标委员会于10月28日提出了评标报告。B、A企业分别综合得分第一、第二。由于B企业投标报价高于A企业，11月10日招标人向A企业发出了中标通知书，并于12月12日签订了书面合同。

问题：

(1)企业自行决定采取邀请招标方式的做法是否妥当？并说明理由。

(2)C企业和E企业投标文件是否有效？分别说明理由。

(3)指出开标工作的不妥之处，并说明理由。

(4)指出评标委员会成员组成的不妥之处,并说明理由。

(5)投标人确定A企业为中标人是否违规?并说明理由。

(6)合同签订的日期是否违规?并说明理由。

6 请你回顾

(1)水利水电工程施工招标的主要程序。

(2)水利水电工程施工招标影响标段划分的因素。

任务2 水利水电工程标准施工招标资格预审文件

1 请你思考

(1)资格预审有什么作用?

(2)水利水电工程施工招标的资格审查方法有哪些?

(3)水利水电工程施工招标资格预审文件的内容有哪些?

2 请你动手完成

在本任务开始之际填写1~2栏目,在本任务完成之后填写3~5栏目。在你所选项的(　　)中划"√",请你参与和配合!

序号	内容	完成情况
1	抄写任务标题和思考题	
2	思考后结论	全部会解答(　　);部分会解答(　　);全部不会解答(　　)
3	探索中质疑	
4	探索题完成情况	全部完成(　　);部分完成(　　);全部没有完成(　　)
5	本任务完成情况自我评价	优秀(　　);良好(　　);及格(　　);不及格(　　)

3 请你参考

3.1 资格审查的方式

资格审查方式可分为资格预审和资格后审。资格预审是在招标阶段对申请投标人的第一次筛选,目的是审查投标人的企业总体能力是否适合招标工程的要求。资格后审是指在开标后对投标人进行的资格审查。对于一些工期要求比较紧,工程技术、结构不复杂的工程项目，为了争取早日开工，可进行资格后审。

进行资格预审的，一般不再进行资格后审，但招标文件另有规定的除外。

《招标投标法实施条例》第十八条规定：国有资金占控股或者主导地位的依法必须进行招标的项目，招标人应当组建资格审查委员会审查资格预审申请文件。资格审查委员会及其成员应当遵守《招标投标法》和本条例有关评标委员会及其成员的规定。

3.2 资格审查的内容

采取公开招标方式时，资格预审和资格后审的主要内容是一样的，都是审查投标人的下列情况：

(1)投标人组织与机构，资质等级证书，具有独立订立合同的权力。

(2)在近3年没有参与骗取中标和严重违约及重大工程质量问题。

(3)履行合同的能力，包括专业，技术资格和能力，资金、财务、设备和其他物质状况，管理能力，经验、信誉和相应的工作人员、劳力等情况。

(4)受奖、罚的情况和其他有关资料，没有处于被责令停业，财产被接管或查封、扣押、冻结，破产状态。

(5)法律、行政法规规定的其他资格条件。

对于大型复杂项目尤其是需要有专门技术、设备或经验的投标人才能完成时，则应设置强制性合格条件。强制性条件一般以申请投标人是否完成过与招标工程同类型或同容量工程作为衡量标准。

采取邀请招标方式时，招标人对投标人进行资格审查，是通过对投标人按照投标邀请书的要求提交或出示的有关文件和资料进行验证，确认自己的经验和所掌握的有关投标人的情况是否可靠、有无变化。

3.3 资格预审的审查方法

《水利水电工程标准施工招标资格预审文件》(2009年版)中"资格审查方法"分为合格制和有限数量制两种方法，招标人可根据招标项目的具体特点和实际需要选择使用。

合格制即凡符合《水利水电工程标准施工招标资格预审文件》(2009年版)中规定的初步审查和详细审查标准的申请人均通过资格预审。此方法不限定资格审查合格者数量。

有限数量制即审查委员会依据规定的审查标准和程序，对通过初步审查和详细审查的资格预审申请文件进行量化打分，按得分由高到低的顺序确定通过资格预审的申请人。通过资格预审的申请人不得超过限定的数量。

3.4 资格预审的审查程序

上述两种资格方法的审查程序基本相同。有限数量制在资格预审文件澄清后还要进行评分。可分为以下几个步骤。

3.4.1 初步审查

审查委员会依据规定的标准，对资格预审申请文件进行初步审查。有一项因素不符合审查标准的，不能通过资格预审。

审查委员会可以要求申请人提交"申请人须知"和规定的有关证明和证件的原件，以便核验。

3.4.2 详细审查

审查委员会依据规定的标准,对通过初步审查的资格预审申请文件进行详细审查。有一项因素不符合审查标准的,不能通过资格预审。

通过资格预审的申请人除应满足规定的审查标准外,还不得存在下列任何一种不能通过的情形:

(1)不按审查委员会要求澄清或说明的;

(2)有"申请人须知"中规定的任何一种不能通过的情形的;

(3)在资格预审过程中弄虚作假、行贿或有其他违法违规行为的。

3.4.3 资格预审申请文件的澄清

在审查过程中,审查委员会可以书面形式,要求申请人对所提交的资格预审申请文件中不明确的内容进行必要的澄清或说明。申请人的澄清或说明应采用书面形式,并不得改变资格预审申请文件的实质性内容。申请人的澄清和说明内容属于资格预审申请文件的组成部分。招标人和审查委员会不接受申请人主动提出的澄清或说明。

3.4.4 评分

通过详细审查的申请人不少于3个且没有超过规定数量的,均通过资格预审,不再进行评分。通过详细审查的申请人数量超过规定数量的,审查委员会依据评分标准进行评分,按得分由高到低的顺序进行排序。

资格预审后,招标人在申请人须知前附表规定的时间内以书面形式将资格预审结果通知申请人,并向通过资格预审的申请人发出投标邀请书。通过资格预审的申请人收到投标邀请书后,应在1天内以书面形式明确表示是否参加投标。在规定时间内未表示是否参加投标或明确表示不参加投标的,不得再参加投标。由此造成潜在投标人数不足3个的,招标人重新组织资格预审或不再组织资格预审而直接招标。

《招标投标法实施条例》第十九条规定:资格预审结束后,招标人应当及时向资格预审申请人发出资格预审结果通知书。未通过资格预审的申请人不具有投标资格。通过资格预审的申请人少于3个的,应当重新招标。

3.5 资格审查文件的编制

3.5.1 资格审查文件编制目的

招标人利用资格预审程序可以较全面地了解申请投标人的各方面情况,并将不合格或竞争能力较差的投标人淘汰,以减少工程项目招标的工作量,节省招标时间。一般情况下,招标人是通过资格预审文件来了解申请投标人的各方面情况,所以资格预审文件编制水平直接影响后期招标工作。在编制资格预审文件时应结合招标工程的特点和需要,要求申请投标人提供满足其资格要求的文件,资格审查文件要突出对投标人实施能力的要求,不能遗漏某一方面的内容。

3.5.2 资格审查文件的内容

为加强水利水电工程施工招标管理,规范资格预审文件和招标文件编制工作,水利部在国家发展和改革委员会等编制的《标准施工招标资格预审文件》(2007年版)和《标准施工招标文件》(2007年版)基础上,结合水利水电工程特点和行业管理需要,组织编制了《水利水电工程标准施工招标资格预审文件》(2009年版)(水建管[2009]629号),自

2010年2月1日起施行，与2007年版的《标准施工招标资格预审文件》结合使用。内容共分5章，包括资格预审公告、申请人须知、资格审查办法、资格预审申请文件格式和项目建设概况。

第1章　资格预审公告。包括招标条件、项目概况与招标范围、申请人资格要求、资格预审办法、资格预审文件的获取、资格预审申请文件的递交、发布公告的媒介和联系方式几个部分。

第2章　申请人须知（包括前附表）。本章是资格预审活动遵循的程序规则和对申请人的要求。

第3章　资格预审办法（包括前附表）。包括资格审查程序、审查标准和方法。

资格审查方法：合格制、有限数量制。

第4章　资格预审申请文件格式。

第5章　项目建设概况。

详见以下《水利水电工程标准施工招标资格预审文件》（2009年版）内容。

《水利水电工程标准施工招标资格预审文件》（2009年版）

第1章　资格预审公告

__________（项目名称）__________（标段名称）资格预审公告

1　招标条件

本招标项目__________（项目名称）已由__________（项目审批、核准或备案机关名称）以__________（批文名称及编号）批准建设，建设资金来自__________（资金来源），项目出资比例为__________，项目法人为__________，项目代建机构为__________，招标人为__________，招标代理机构为__________。项目已具备招标条件，现对本项目施工进行公开招标，特邀请对本项目有兴趣的潜在投标人（以下简称申请人）提出资格预审申请。

2　项目概况与招标范围

__________（说明本次招标项目的建设地点、规模、计划工期、招标范围、标段划分以及相应计划工期等）。

3　申请人资格要求

3.1　本次资格预审要求申请人具备__________资质，__________业绩，并在人员、设备、资金等方面具有承担本标段施工的能力。

3.2　本次资格预审__________（接受或不接受）联合体资格预审申请。联合体申请资格预审的，应满足下列要求：__________。

4　资格预审方法

本次资格预审采用__________（合格制/有限数量制）。

5　资格预审文件的获取

5.1　请申请人于____年____月____日至____年____月____日（法定公休日、法定节假日除外），每日上午____时至____时，下午____时至____时（北京时间，下同），派代表持单位介绍信在__________（详细地址）购买资格预审文件。

5.2　资格预审文件每套售价________元，售后不退。

6　资格预审申请文件的递交

6.1　递交资格预审申请文件截止时间（申请截止时间，下同）为________（详细时间），地点为____________（详细地址）。

6.2　逾期送达或者未送达指定地点的资格预审申请文件，招标人不予受理。

7　发布公告的媒介

本资格预审公告同时在________（发布公告的媒介名称）上发布。

8　联系方式

招标人：	招标代理机构：
地址：	地址：
邮政编码：	邮政编码：
联系人：	联系人：
电话：	电话：
传真：	传真：
电子邮件：	电子邮件：
网址：	网址：
开户银行：	开户银行：
账号：	账号：

年　月　日

第2章　申请人须知

申请人须知前附表

条款号	条款名称	编列内容
1.1.2	招标人	
1.1.3	招标代理机构	
1.1.4	项目名称	
1.1.5	建设地点	
1.1.6	现场管理机构	
1.1.7	设计人	
1.1.8	监理人	
1.1.9	代建机构	
1.2.1	资金来源	
1.2.2	出资比例	
1.2.3	资金落实情况	
1.3.1	招标范围	
1.3.2	计划工期	计划工期：　日历天 计划开工日期：　年　月　日 计划完工日期：　年　月　日

续表

条款号	条款名称	编列内容
1.3.3	质量要求	
1.4.1	申请人资质条件、能力和信誉	资质条件： 财务要求： 业绩要求： 信誉要求： 项目经理（建造师，下同）资格： 技术负责人资格： 其他要求：
1.4.2	是否接受联合体资格预审申请	□不接受 □接受，应满足下列要求：
3.1.1	申请人需补充的其他材料	
4.2.1	申请截止时间	
4.2.2	递交资格预审申请文件的地点	
5.1.2	投标资格审查委员会人数	
5.2	资格审查方法	
6.1	资格预审结果的通知时间	
9		需要补充的其他内容
9.1	类似项目	指签约合同价（或工程规模）＿＿＿＿以上的＿＿＿＿、＿＿＿＿项目
9.3	原件	□提交 □不提交
…		…

1　总　则

本节全文引用《标准施工招标资格预审文件》（2007 年版）相应条款，并补充以下内容：

1.1　项目概况

1.1.6　本招标项目现场管理机构：见申请人须知前附表。

1.1.7　本招标项目设计人：见申请人须知前附表。

1.1.8　本招标项目监理人：见申请人须知前附表。

1.1.9　本招标项目代建机构：见申请人须知前附表。

2　资格预审文件

本节全文引用《标准施工招标资格预审文件》（2007 年版）相应条款，并补充以下内容：

2.2 资格预审文件的澄清

2.2.1 申请人应仔细阅读和检查资格预审文件的全部内容。如发现缺页或附件不全,应及时向招标人提出,以便补齐。如有疑问,应在申请截止时间5天前以书面形式(包括信函、电报、传真等可以有形表现所载内容的形式,下同)提出澄清申请,要求招标人对资格预审文件予以澄清。

2.2.2 招标人应在申请截止时间3天前,以书面形式将澄清通知发给所有购买资格预审文件的申请人,但不指明澄清问题的来源。如果澄清通知发出的时间距申请截止时间不足3天,申请截止时间应相应延长。

2.2.3 申请人收到澄清通知后,应在1天内以书面形式告知招标人,确认已收到该澄清通知。

2.3 资格预审文件的修改

2.3.1 在申请截止时间3天前,招标人可以书面形式通知申请人修改资格预审文件。修改资格预审文件距申请截止时间不足3天的,申请截止时间应相应延长。

2.3.2 申请人收到修改通知后,应在1天内以书面形式告知招标人,确认已收到该修改通知。

3 资格预审申请文件的编制

本节全文引用《标准施工招标资格预审文件》(2007年版)相应条款,并补充以下内容:

3.2 资格预审申请文件的编制要求

3.2.4 "近3年财务状况"应附经会计师事务所或审计机构审计的财务会计报表,包括资产负债表、现金流量表、利润表和财务情况说明书的复印件。

3.2.5 "近5年完成的类似项目情况表"应附中标通知书、合同协议书以及合同工程完工证书(或工程竣工证书副本)的复印件。每张表格只填写一个项目,并标明序号。

3.2.7 "近3年发生的诉讼及仲裁情况表"应说明相关情况,并附法院或仲裁机构作出的判决、裁决等有关法律文书复印件。

3.3 资格预审申请文件的装订、签字

3.3.1 申请人应按本章第3.1条和第3.2条的要求,编制完整的资格预审申请文件,用不褪色的材料书写或打印。资格预审申请文件正本除封面、封底、目录、分隔页外,其余每一页均应加盖申请人单位公章并由申请人的法定代表人或其委托代理人签字。资格预审申请文件中的任何修改之处应加盖单位公章或由申请人的法定代表人或其委托代理人签字确认。

3.3.2 资格预审申请文件正本1份,副本3份。正本和副本的封面上应清楚地标记"正本"或"副本"字样。当正本和副本不一致时,以正本为准。

3.3.3 资格预审申请文件正本与副本应采用A4纸印刷(图表页可例外),分别装订成册,编制目录和页码,并不得采用活页装订。

4 资格预审申请文件的递交

本节全文引用《标准施工招标资格预审文件》(2007年版)相应条款,并补充以下内容:

4.1　资格预审申请文件的密封和标识

4.1.2　资格预审申请文件的封套上除清楚地标记“正本”或“副本”字样外，封套还应写明以下内容：

(1)所申请标段名称和合同编号；

(2)招标人的名称和地址；

(3)申请人的名称和地址，并加盖单位公章(申请人为联合体形式时，须注明联合体名称，联合体牵头人的名称、地址，加盖联合体牵头人单位公章)；

(4)“在申请截止时间之前不得拆封”的声明。

4.2　资格预审申请文件的递交

4.2.5　招标人收到资格预审申请文件后，应向申请人出具签收凭证。

5　资格预审申请文件的审查

本节全文引用《标准施工招标资格预审文件》(2007年版)相应条款。

6　通知和确认

本节全文引用《标准施工招标资格预审文件》(2007年版)相应条款，并补充以下内容：

6.3　确认

通过资格预审的申请人收到投标邀请书后，应在1天内以书面形式明确表示是否参加投标。在规定时间内未表示是否参加投标或明确表示不参加投标的，不得再参加投标。由此造成潜在投标人数不足3个的，招标人重新组织资格预审或不再组织资格预审而直接招标。

7　申请人的资格改变

本节全文引用《标准施工招标资格预审文件》(2007年版)相应条款。

8　纪律与监督

本节全文引用《标准施工招标资格预审文件》(2007年版)相应条款。

9　需要补充的其他内容

本节全文引用《标准施工招标资格预审文件》(2007年版)相应条款，并补充以下内容：

9.1　类似项目

类似项目的要求见申请人须知前附表。

9.2　资格变化

通过资格预审的申请人资质条件、组织机构、财务能力、信誉等资格条件发生变化时，申请人应在投标文件中按新情况更新或补充其在申请文件中提供的资料，以证实其各项资格条件仍能继续满足资格预审文件的要求，具备承担本标段施工的资质条件、能力和信誉。

9.3　原件

申请人须知前附表要求申请人提交原件的，申请人应在递交资格预审申请文件时按第4章资格预审申请文件格式中“十、原件的复印件”所列清单提交原件。原件经查验后退回申请人。

第3章　资格审查办法(合格制)

资格审查办法前附表

<table>
<tr><th colspan="2">条款号</th><th>审查因素</th><th>审查标准</th></tr>
<tr><td rowspan="4">2.1(7)</td><td rowspan="4">初步审查其他标准</td><td></td><td></td></tr>
<tr><td></td><td></td></tr>
<tr><td></td><td></td></tr>
<tr><td>…</td><td></td></tr>
<tr><td rowspan="3">2.2(12)</td><td rowspan="3">详细审查其他标准</td><td></td><td></td></tr>
<tr><td></td><td></td></tr>
<tr><td>…</td><td></td></tr>
</table>

1　审查方法

本节全文引用《标准施工招标资格预审文件》(2007年版)相应条款。

2　审查标准

本节全文引用《标准施工招标资格预审文件》(2007年版)相应条款,并补充以下内容:

2.1　初步审查标准

(1)申请人名称应与营业执照、资质证书、安全生产许可证一致;

(2)资格预审申请文件的签字盖章符合第2章申请人须知第3.3.1款规定;

(3)资格预审申请文件格式符合第4章资格预审申请文件格式的要求;

(4)联合体申请人应提交联合体协议书,并明确联合体牵头人;

(5)资格预审申请文件的正本、副本数量符合第2章申请人须知第3.3.2款规定;

(6)资格预审申请文件的印刷与装订符合第2章申请人须知第3.3.3款规定;

(7)初步审查其他标准见资格审查办法前附表。

2.2　详细审查标准

(1)具备有效的营业执照;

(2)具备有效的安全生产许可证;

(3)具备有效的资质证书且资质等级符合第2章申请人须知第1.4.1款的规定;

(4)财务状况符合第2章申请人须知第1.4.1款规定;

(5)类似项目业绩符合第2章申请人须知第1.4.1款规定;

(6)信誉符合第2章申请人须知第1.4.1款规定;

(7)项目经理资格符合第2章申请人须知第1.4.1款规定;

(8)联合体申请人符合第2章申请人须知第1.4.2款规定;

(9)企业主要负责人具备有效的安全生产考核合格证书;

(10)技术负责人资格符合第2章"申请人须知"第1.4.1款规定;

(11)委托代理人、安全管理人员(专职安全生产管理人员)、质量管理人员、财务负责人就是申请人本单位人员，其中安全管理人员（专职安全生产管理人员）具备有效的安全生产考核合格证书；

（12）详细审查其他标准见资格审查办法前附表。

3　审查程序

本节全文引用《标准施工招标资格预审文件》（2007 年版）相应条款。

4　审查结果

本节全文引用《标准施工招标资格预审文件》（2007 年版）相应条款。

第 3 章　资格审查办法（有限数量制）

资格审查办法前附表

<table>
<tr><th colspan="2">条款号</th><th>条款名称</th><th>编列内容</th></tr>
<tr><td colspan="2">1</td><td colspan="2">通过资格预审的人数</td></tr>
<tr><td colspan="2">2</td><td>审查因素</td><td>审查标准</td></tr>
<tr><td rowspan="3">2.1(7)</td><td rowspan="3">初步审查其他标准</td><td></td><td></td></tr>
<tr><td></td><td></td></tr>
<tr><td>…</td><td>…</td></tr>
<tr><td rowspan="2">2.2(12)</td><td rowspan="2">详细审查其他标准</td><td></td><td></td></tr>
<tr><td>…</td><td></td></tr>
<tr><td rowspan="6">2.3</td><td rowspan="6">评分标准</td><td>评分因素</td><td>评分标准</td></tr>
<tr><td>财务状况</td><td>…</td></tr>
<tr><td>类似项目业绩</td><td>…</td></tr>
<tr><td>信誉</td><td>…</td></tr>
<tr><td>认证体系</td><td>…</td></tr>
<tr><td>…</td><td>…</td></tr>
<tr><td colspan="2" rowspan="2">3.4.2</td><td colspan="2">申请人最终得分计算方法</td></tr>
<tr><td colspan="2">申请人最终得分相同时的处理方法</td></tr>
</table>

1　审查方法

本节全文引用《标准施工招标资格预审文件》（2007 年版）相应条款。

2　审查标准

本节全文引用《标准施工招标资格预审文件》（2007 年版）相应条款，并补充以下内容：

2.1　初步审查标准

（1）申请人名称应与营业执照、资质证书、安全生产许可证一致；

（2）资格预审申请文件的签字盖章符合第 2 章申请人须知第 3.3.1 款规定；

(3)资格预审申请文件格式符合第4章资格预审申请文件格式的要求；

(4)联合体申请人应提交联合体协议书，并明确联合体牵头人；

(5)资格预审申请文件的正本、副本数量符合第2章申请人须知第3.3.2款规定；

(6)资格预审申请文件的印刷与装订符合第2章申请人须知第3.3.3款规定；

(7)初步审查其他标准见资格审查办法前附表。

2.2 详细审查标准

(1)具备有效的营业执照；

(2)具备有效的安全生产许可证；

(3)具备有效的资质证书且资质等级符合第2章申请人须知第1.4.1款规定；

(4)财务状况符合第2章申请人须知第1.4.1款规定；

(5)类似项目业绩符合第2章申请人须知第1.4.1款规定；

(6)信誉符合第2章申请人须知第1.4.1款规定；

(7)项目经理资格符合第2章申请人须知第1.4.1款规定；

(8)联合体申请人符合第2章申请人须知第1.4.2款规定；

(9)企业主要负责人具备有效的安全生产考核合格证书；

(10)技术负责人资格符合第2章申请人须知第1.4.1款规定；

(11)委托代理人、安全管理人员(专职安全生产管理人员)、质量管理人员、财务负责人应是申请人本单位人员，其中安全管理人员(专职安全生产管理人员)具备有效的安全生产考核合格证书；

(12)详细审查其他标准见资格审查办法前附表。

3 审查程序

本节全文引用《标准施工招标资格预审文件》(2007年版)相应条款，并补充以下内容：

3.4.2 通过详细审查的申请人数量超过本章第1条规定数量时，投标资格审查委员会依据本章第2.3条评分标准进行评分，按资格审查办法前附表的约定计算申请人最终得分，根据最终得分由高到低的顺序进行排序。若申请人最终得分相同，则按资格审查办法前附表的约定处理。

4 审查结果

本节全文引用《标准施工招标资格预审文件》(2007年版)相应条款。

第4章 资格预审申请文件格式

本部分内容可参阅《水利水电工程标准施工招标资格预审文件》(2009年版)。

第5章 项目建设概况

一、项目说明

二、建设条件

三、建设要求

四、其他需要说明的情况

4 请你探索

(1)你认为有限数量制和合格制资格审查方法各适用于什么样的情况?

(2)招标人、招标代理机构是否能协助资格审查委员会进行原件审核、申请文件初步审查等评审工作?

5 请你练习

5.1 单项选择题

(1)《水利水电工程标准施工招标资格预审文件》(2009 年版)于(　　)起实施。

A. 2009 年 12 月 29 日　　B. 2009 年 12 月 30 日

C. 2010 年 1 月 1 日　　D. 2010 年 2 月 1 日

(2)根据水利工程施工项目招标投标有关规定,资格预审是指在(　　)对潜在投标人进行的资格审查。

A. 投标前　　B. 开标期间

C. 评标期间　　D. 合同谈判时

(3)根据水利工程施工项目招标投标有关规定,资格后审是指在(　　)对投标人进行的资格审查。

A. 投标前　　B. 开标后

C. 评标期间　　D. 合同谈判时

(4)某水闸加固改造工程土建标共有甲、乙、丙、丁 4 家潜在投标人购买了资格预审文件,经审查乙、丙、丁 3 个投标人通过了资格预审;在规定时间内乙向招标人书面提出了在阅读招标文件和现场踏勘中的疑问,招标人确认后应在规定时间内将招标文件的答疑以书面形式发给(　　)。

A. 甲　　B. 乙　　C. 乙、丙、丁　　D. 甲、乙、丙、丁

(5)资格预审的组织程序应首先进行(　　)。

A. 资格预审资料分析　　B. 发出资格预审通知书

C. 发布资格预审通告　　D. 发售资格预审文件

(6)下列不属于资格预审文件内容的是(　　)。

A. 资格预审公告　　B. 投标邀请书

C. 项目建设概况　　D. 申请人须知

(7)根据《水利水电工程标准施工招标资格预审文件》(2009 年版),资格预审方法应当在(　　)中载明。

A. 资格预审公告　　B. 申请人须知

C. 资格审查办法　　D. 资格预审申请文件格式

(8)根据《水利水电工程标准施工招标资格预审文件》(2009 年版),资格预审公告应当明确载明的申请人资格要求有(　　)。

A. 三检人员数量　　B. 拟投入的施工设备

C. 流动资金投入　　D. 资质

(9)根据《水利水电工程标准施工招标资格预审文件》(2009年版),资格预审文件的修改,最迟应当在资格预审申请截止时间(　　)前发出。

A. 1日　　B. 15日　　C. 3日　　D. 5日

(10)根据《水利水电工程标准施工招标资格预审文件》(2009年版),属于初步审查标准的是(　　)。

A. 申请人名称与营业执照一致　　B. 具备有效的营业执照

C. 类似项目　　D. 信誉

5.2　多项选择题

(1)水利水电工程施工招标资格审查应主要审查潜在投标人或者投标人是否符合(　　)等。

A. 具有独立订立合同的权利

B. 具有履行合同的能力

C. 没有被责令停业,投标资格被取消

D. 在最近3年内没有骗取中标和严重违约及重大工程质量问题

E. 在职职工超过100人

(2)根据《水利水电工程标准施工招标资格预审文件》(2009年版),必须引用的章节有(　　)。

A. 第2章申请人须知　　B. 第3章资格审查办法

C. 第4章资格预审申请文件格式　　D. 第1章资格预审公告

E. 第5章项目概况

(3)根据《水利水电工程标准施工招标资格预审文件》(2009年版),资格审查办法包括(　　)。

A. 合格制　　B. 有限数量制

C. 打分制　　D. 综合评估法

E. 抽签制

(4)根据《水利水电工程标准施工招标资格预审文件》(2009年版),属于详细审查标准的有(　　)。

A. 财务状况　　B. 类似项目业绩

C. 技术负责人　　D. 投标保证金

E. 资格预审申请文件的签字盖章

(5)资格预审公告中载明的,反映招标条件的内容有(　　)。

A. 项目审批机关　　B. 批文名称和编号

C. 建设资金来源　　D. 项目出资比例

E. 项目参建单位

(6)根据《水利水电工程标准施工招标资格预审文件》(2009年版),近5年完成的类似项目情况表应附的证明材料有(　　)。

A. 中标通知书　　B. 合同协议书

C. 委托方评价意见　　D. 上级主管部门证明

E. 合同工程完工证书

(7)根据《水利水电工程标准施工招标资格预审文件》(2009 年版),资格预审中对人员业绩进行要求的有(　　)。

A. 项目经理　　B. 企业主要负责人

C. 项目技术负责人　　D. 委托代理人

E. 质量管理人员

(8)根据《水利水电工程标准施工招标资格预审文件》(2009 年版),须持有安全生产考核合格证的有(　　)。

A. 项目经理　　B. 企业主要负责人

C. 专职安全生产管理人员　　D. 安全管理人员

E. 质量管理人员

(9)水利水电工程施工招标资格预审中,申请人须提供的财务状况表格有(　　)。

A. 资产负债表　　B. 现金流量表

C. 利润表　　D. 拟投入的流动资金

E. 纳税一览表

5.3 案例分析

(1)某投标人已经通过了资格预审,在评标时,评标委员会发现该投标人的资格实际上不符合招标文件的要求。

问题:上述情况评标委员会是否可以否决该投标人的投标?

(2)在一次投标人资格审查中,发现某投标人的安全生产许可证已过有效期,但文件中附有省建设行政主管部门出具的"该投标单位安全生产许可证正在办理之中"的证明原件。

问题:该投标人的安全生产许可证是否有效?

6 请你回顾

(1)水利水电工程施工招标资格预审的审查程序是怎样的?

(2)什么是合格制?什么是有限数量制?

任务 3　水利水电工程标准施工招标文件

1 请你思考

(1)《水利水电工程标准施工招标文件》(2009 年版)的内容包括哪些?

(2)《水利水电工程标准施工招标文件》(2009 年版)的评标办法有几种?

2 请你动手完成

在本任务开始之际填写 1 ~2 栏目,在本任务完成之后填写 3 ~5 栏目。在你所选项的(　　)中划"√",请你参与和配合!

序号	内容	完成情况
1	抄写任务标题和思考题	
2	思考后结论	全部会解答(　　);部分会解答(　　);全部不会解答(　　)
3	探索中质疑	
4	探索题完成情况	全部完成(　　);部分完成(　　);全部没有完成(　　)
5	本任务完成情况自我评价	优秀(　　);良好(　　);及格(　　);不及格(　　)

3　请你参考

为加强水利水电工程施工招标管理,规范资格预审文件和招标文件编制工作,在国家发展和改革委员会等编制的《标准施工招标资格预审文件》(2009年版)和《标准施工招标文件》(2007年版)基础上,结合水利水电工程的特点和行业管理需要,水利部组织编制了《水利水电工程标准施工招标资格预审文件》(2009年版)和《水利水电工程标准施工招标文件》(2009年版)。《水利水电工程标准施工招标资格预审文件》(2009年版)是九部委在水利水电工程应用上的补充和细化,上述文件应结合使用,二者相同条款号若内容不一致,采用《水利水电工程标准文件》。

水利部于2009年12月以水建管[2009]629号文发布了《关于印发水利水电工程标准施工招标资格预审文件和水利水电工程标准施工招标文件的通知》。通知要求《水利水电工程标准施工招标资格预审文件》(2009年版)自2010年2月1日起施行,凡列入国家或地方投资计划的大中型水利水电工程必须使用本标准文件。

2007年版的《标准施工招标文件》适用于一定规模以上,且设计和施工不是由同一承包人承担的工程施工招标,不能满足小型项目的需要。

为落实中央关于建立工程建设领域突出问题专项治理长效机制的要求,进一步完善招标文件编制规则,提高招标文件编制质量,国家发展和改革委员会等九部委以发改法规[2011]3018号文印发了《简明标准施工招标文件》和《标准设计施工总承包招标文件》,自2012年5月1日起实施。其中《简明标准施工招标文件》适用于依法必须进行招标的工程建设项目,工期不超过12个月,技术相对简单,且设计和施工不是由同一承包人承担的小型项目。

《简明标准施工招标文件》共分招标公告(或投标邀请书)、投标人须知、评标办法、合同条款及格式、工程量清单、图纸、技术标准和要求、投标文件格式等8章。

《简明标准施工招标文件》对2007年版的《标准施工招标文件》作了较大的简化。它的出台,对深入贯彻落实中央水利工作会议精神和2011年中央一号文件,进一步深化水利工程建设管理体制改革,规范我国目前大规模实施的中小河流治理、小型病险水库除险加固、小型农田水利工程等中小型水利工程项目招标投标具有重要意义。水利部将根据水利行业招标特点,视管理工作实际需要,对《简明标准施工招标文件》作出补充规定。

《水利水电工程标准施工招标文件》包括四卷,第一卷包括招标公告(适用于未进行资格预审)、投标邀请书(适用于邀请招标)、投标邀请书(代资格预审通过通知书)、投标人须知、评标办法(经评审的最低投标价法和综合评估法)、合同条款及格式、工程量清单,第二卷包括图纸;第三卷包括技术标准和要求(合同技术条款);第四卷包括投标文件格式。下面列举重要条款,其中评标办法仅列出常用的综合评估法、工程量清单列出分组报价格式,其他方法参考《水利水电工程标准施工招标文件》(2009 年版)。

《水利水电工程标准施工招标文件》(2009 年版)

第 1 章　招标公告(适用于未进行资格预审)

__________(项目名称)__________(标段名称)招标公告

1　招标条件

本招标项目__________(项目名称)已由__________(项目审批,核准或备案机关名称)以__________(批文名称及编号)批准建设,建设资金来自__________(资金来源),项目出资比例为________,项目法人为________,项目代建机构为________,招标人为__________,招标代理机构为__________。项目已具备招标条件,现对该项目施工进行公开招标。

2　项目概况与招标范围

__________(说明本次招标项目的建设地点、规模、计划工期、招标范围、标段划分以及相应计划工期等)。

3　投标人资格要求

3.1　本次招标要求投标人须具备__________资质,__________业绩,并在人员、设备、资金等方面具有承担本标段施工的能力。

3.2　本次招标__________(接受/不接受)联合体投标。联合体投标的,应满足下列要求:__________。

3.3　本次招标实行资格后审,资格审查的具体要求见招标文件。资格后审不合格的投标人投标文件将按废标处理。

4　招标文件的获取

4.1　凡有意参加投标者,请派代表于_____年_____月_____日至_____年_____月_____日(法定公休日、法定节假日除外),每日上午_____时至_____时,下午_____时至_____时(北京时间,下同),在__________(详细地址)持单位介绍信购买招标文件。

4.2　招标文件每套售价________元,售后不退。图纸押金________元,在退还图纸时一并退还(不计利息)。

5　投标文件的递交

5.1　投标文件递交的截止时间为__________(具体时间),地点为__________(详细地址)。

5.2　逾期送达的或者未送达指定地点的投标文件，招标人不予受理。

6　踏勘现场和投标预备会

招标人定于________(具体时间)在__________(踏勘现场集合地点)组织踏勘现场，________(具体时间)在__________(投标预备会地点)召开投标预备会，投标人可自愿参加，交通工具__________(自备/招标人提供)，食宿自理。

7　发布公告的媒介

本招标公告同时在__________(发布公告的媒介名称)上发布。

8　联系方式

招标人：	招标代理机构：
地址：	地址：
邮政编码：	邮政编码：
联系人：	联系人：
电话：	电话：
传真：	传真：
电子邮件：	电子邮件：
网址：	网址：
开户银行：	开户银行：
账号：	账号：

年　　月　　日

第2章　投标人须知

投标人须知前附表

条款号	条款名称	编列内容
1.1.2	招标人	
1.1.3	招标代理机构	
1.1.4	项目名称	
1.1.5	建设地点	
1.1.6	现场管理机构	
1.1.7	设计人	
1.1.8	监理人	
1.1.9	代建机构	
1.2.1	资金来源	
1.2.2	出资比例	
1.2.3	资金落实情况	
1.3.1	招标范围	
1.3.2	计划工期	计划工期：____日历天 计划开工日期：____年____月____日 计划完工日期：____年____月____日

续表

条款号	条款名称	编列内容
1.3.3	质量要求	
1.4.1	投标人资质条件、能力和信誉	资质要求： 财务要求： 业绩要求： 信誉要求： 项目经理(建造师,下同)资格： 技术负责人资格： 其他要求：
1.4.2	是否接受联合体投标	□不接受 □接受,应满足下列要求：
1.9	踏勘现场	□组织 □不组织
1.10	投标预备会	□召开 □不召开
1.10.3	投标截止时间	
1.11	分包	□允许,分包内容要求： 分包金额要求： 接受分包的第三人资质要求： □不允许
1.12	偏离	偏离允许幅度及其处理方法：
3.3.1	投标有效期	
3.4.1	投标保证金	投标保证金的形式： 投标保证金的金额： 收取投标保证金账号：
4.2.2	递交投标文件地点	
5.1	开标时间和地点	开标时间： 开标地点：
5.2	开标程序	投标文件的密封检查：
6.1.1	评标委员会的组建	评标委员会构成：______人,其中招标人代表______人,专家______人； 评标专家确定方式：
7.3.1	履约担保	履约担保的形式： 履约担保的金额：
10	需要补充的其他内容	
10.1	类似项目	指中标价(或工程规模)______以上的_________项目
10.2	已标价工程量清单电子版	份数：______　格式：______
10.3	原件	□提交 □不提交
10.4	中标后须提交的投标文件	份数：
…	…	…

1　总　则

本节全文引用《标准施工招标文件》(2007 年版)相应条款,并补充以下内容:

1.1　项目概况

1.1.6　本招标项目现场管理机构:见投标人须知前附表。

1.1.7　本招标项目设计人:见投标人须知前附表。

1.1.8　本招标项目监理人:见投标人须知前附表。

1.1.9　本招标项目代建机构:见投标人须知前附表。

1.9　踏勘现场

1.9.1　投标人须知前附表规定组织踏勘现场的,招标人按照招标公告(或投标邀请书)规定的时间和地点组织踏勘现场。

1.10　投标预备会

1.10.1　投标人须知前附表规定召开投标预备会的,招标人按照招标公告(或投标邀请书)规定的时间和地点召开投标预备会。

1.10.2　在投标预备会召开前,投标人应以书面形式(包括信函、电报、传真等可以有形地表现所载内容的形式,下同)将需要招标人澄清的问题送达招标人。

1.10.3　在投标人须知前附表规定的投标截止时间 15 天前,招标人将对投标人所提问题的澄清,以书面形式通知所有购买招标文件的投标人。该澄清通知为招标文件的组成部分。

1.11　分包

投标人须知前附表规定允许分包的,分包的内容、分包金额、接受分包的第三人资质要求见投标人须知前附表。投标人应在投标文件中明确是否在中标后将中标项目的部分非主体、非关键性工作进行分包。投标人拟分包时,分包人应具备与分包工程的标准和规模相适应的资质和业绩,在人力、设备、资金等方面具有承担分包工程施工的能力。投标人应在投标文件中提供分包协议、分包人的资质证书及营业执照复印件、人员、设备和业绩资料表、分包的工程项目和工程量。

1.12　偏离

投标文件不允许偏离招标文件的实质性要求和条件。投标文件偏离招标文件的非实质性要求和条件的,其处理方式见投标人须知前附表。

2　招标文件

本节全文引用《标准施工招标文件》(2007 年版)相应条款,并补充以下内容:

2.2　招标文件的澄清

2.2.1　投标人应仔细阅读和检查招标文件的全部内容。如发现缺页或附件不全,应及时向招标人提出,以便补齐。如有疑问,应在投标截止时间 17 天前以书面形式提出澄清申请,要求招标人对招标文件予以澄清。

2.2.2　招标文件的澄清将在投标截止时间 15 天前,以书面形式通知所有购买招标文件的投标人,但不指明澄清问题的来源。如果澄清通知发出的时间距投标截止时间不足 15 天,投标截止时间应相应延长。

2.2.3　投标人在收到澄清通知后,应在 1 天内以书面形式告知招标人,确认已收到该澄清通知。

2.3 招标文件的修改

2.3.2 投标人收到修改通知后,应在1天内以书面形式告知招标人,确认已收到该修改通知。

3 投标文件

本节全文引用《标准施工招标文件》(2007年版)相应条款,并补充以下内容:

3.5 资格审查资料(适用于未进行资格预审)

3.5.2 "近3年财务状况"应附流动资金来源证明及经会计师事务所或审计机构审计的财务会计报表,包括资产负债表、现金流量表、利润表和财务情况说明书的复印件。

3.5.3 "近5年完成的类似项目情况表"应附中标通知书、合同协议书以及合同工程完工证书(工程竣工证书副本)的复印件。每张表格只填写一个项目,并标明序号。

3.5.5 "近3年发生的诉讼及仲裁情况表"应说明相关情况,并附法院或仲裁机构作出的判决、裁决等有关法律文书复印件。

3.6 备选投标方案

投标人可以递交备选投标方案,只有中标人所递交的备选投标方案方可予以考虑。评标委员会认为中标人递交的备选投标方案优于其按照招标文件要求编制的投标方案时,招标人可以接受该备选投标方案。

3.7 投标文件的编制

3.7.3 投标文件应采用不褪色的材料书写或打印。投标文件正本除封面、封底、目录、分隔页外,其余每一页均应加盖投标人单位公章,并由投标人的法定代表人或其委托代理人签字。已标价的工程量清单还应加盖注册水利工程造价工程师执业印章。投标文件应尽量避免涂改、行间插字或删除。如果出现上述情况,修改之处应加盖投标人单位公章或由投标人的法定代表人或其委托代理人签字确认。

3.7.4 投标文件正本1份,副本4份。正本和副本的封面上应清楚地标记"正本"或"副本"字样。当副本和正本不一致时,以正本为准。

3.7.5 投标文件的正本与副本应采用A4纸印刷(图表页可例外),分别装订成册,编制目录和页码,并不得采用活页装订。

4 投标

本节全文引用《标准施工招标文件》(2007年版)相应条款,并补充以下内容:

4.1 投标文件的密封和标识

4.1.2 投标文件的封套上除应清楚地标记"正本"或"副本"字样外,封套还应写明以下内容:

(1)所投标段名称和合同编号;

(2)招标人的名称和地址;

(3)投标人的名称和地址,并加盖单位公章(投标人为联合体形式时,须注明联合体名称,联合体牵头人的名称、地址,加盖联合体牵头人单位公章);

(4)"在投标截止时间之前不得拆封"的声明。

5 开标

本节全文引用《标准施工招标文件》(2007 年版)相应条款,并补充以下内容:

5.1 开标时间和地点

招标人在本章第 1.10.3 款规定的投标截止时间(开标时间)和投标人须知前附表规定的地点公开开标,并邀请所有投标人的法定代表人或其委托代理人准时参加。投标人的法定代表人或其委托代理人未参加开标会的,招标人可将其投标文件按无效标处理。

5.2 开标程序

主持人按下列程序进行开标:

(1)宣布开标纪律;

(2)公布在投标截止时间前递交投标文件的投标人名称,并确认投标人法定代表人或其委托代理人是否在场;

(3)宣布主持人、开标人、唱标人、记录人、监标人等有关人员姓名;

(4)除投标人须知前附表另有约定外,由投标人推荐的代表检查投标文件的密封情况;

(5)宣布投标文件开启顺序:按递交投标文件的先后顺序的逆序;

(6)设有标底的,公布标底;

(7)按照宣布的开标顺序当众开标,公布投标人名称、标段名称、投标保证金的递交情况、投标报价、质量目标、工期及其他招标文件规定开标时公布的内容,并进行文字记录;

(8)主持人、开标人、唱标人、记录人、监标人、投标人的法定代表人或其委托代理人等有关人员在开标记录上签字确认;

(9)开标结束。

6 评标

本节全文引用《标准施工招标文件》(2007 年版)相应条款。

7 合同授予

本节全文引用《标准施工招标文件》(2007 年版)相应条款,并补充以下内容:

7.1 定标方式

评标委员会推荐 3 名中标候选人,并标明推荐顺序。招标人依据评标委员会推荐的中标候选人确定中标人。

7.4 签订合同

7.4.2 发出中标通知书后,招标人无正当理由拒签合同的,招标人向中标人退还投标保证金,并按投标保证金双倍的金额补偿投标人损失。

8 重新招标和不再招标

本节全文引用《标准施工招标文件》(2007 年版)相应条款,并补充以下内容:

8.1 重新招标

有下列情形之一的,招标人将重新招标:

(1)投标截止时间止,投标人少于 3 个的;

(2)经评标委员会评审后否决所有投标的;

(3)评标委员会否决不合格投标或者界定为废标后因有效投标不足 3 个使得投标明

显缺乏竞争，评标委员会决定否决全部投标的；

(4)同意延长投标有效期的投标人少于3个的；

(5)中标候选人均未与招标人签订合同的。

8.2 不再招标

重新招标后，仍出现本章第8.1条规定情形之一的，属于必须审批的水利工程建设项目，经行政监督部门批准后不再进行招标。

9 纪律和监督

本节全文引用《标准施工招标文件》(2007年版)相应条款，并补充以下内容：

9.1 对招标人的纪律要求

招标人不得泄漏招标投标活动中应当保密的情况和资料，不得与投标人串通损害国家利益、社会公共利益或者他人合法权益。

下列行为均属招标人与投标人串通投标：

(1)招标人在开标前开启投标文件，并将投标情况告知其他投标人，或者协助投标人撤换投标文件，更改报价；

(2)招标人向投标人泄露标底；

(3)招标人与投标人商定，投标时压低或抬高标价，中标后再给投标人或招标人额外补偿；

(4)招标人预先内定中标人；

(5)其他串通投标行为。

9.2 对投标人的纪律要求

投标人不得相互串通投标或者与招标人串通投标，不得向招标人或者评标委员会成员行贿谋取中标，不得以他人名义投标或者以其他方式弄虚作假骗取中标；投标人不得以任何方式干扰、影响评标工作。

9.2.1 下列行为均属以他人名义投标：

(1)投标人挂靠其他施工单位；

(2)投标人从其他施工单位通过转让或租借的方式获取资格或资质证书；

(3)由其他单位及法定代表人在自己编制的投标文件上加盖印章或签字的行为。

9.2.2 下列行为，视为允许他人以本单位名义承揽工程：

(1)投标人的法定代表人的委托代理人不是投标人本单位人员；

(2)投标人拟在施工现场所设项目管理机构的项目经理、技术负责人、财务负责人、质量管理人员、安全管理人员(专职安全生产管理人员)不是本单位人员。

投标人本单位人员，必须同时满足以下条件：

(1)聘任合同必须由投标人单位与之签订；

(2)与投标人单位有合法的工资关系；

(3)投标人单位为其办理社会保险关系，或具有其他有效证明其为本单位人员身份的文件。

9.2.3 下列行为均属投标人串通投标报价：

(1)投标人之间相互约定抬高或压低投标报价；

(2)投标人之间相互约定,在招标项目中分别以高、中、低价位报价;

(3)投标人之间先进行内部竞价,内定中标人,然后再参加投标;

(4)投标人之间其他串通投标报价的行为。

10　需要补充的其他内容

本节全文引用《标准施工招标文件》(2007 年版)相应条款,并补充以下内容:

10.1　类似项目

类似项目的要求见投标人须知前附表。

10.2　已标价工程量清单电子版

投标人递交投标文件时,应同时提交已标价工程量清单电子版,份数及格式见投标人须知前附表。

评标办法前附表

<table>
<tr><th colspan="2">条款号</th><th>评审因素</th><th>评审标准</th></tr>
<tr><td rowspan="2">2.1.1(8)</td><td rowspan="2">形式评审其他标准</td><td></td><td></td></tr>
<tr><td>…</td><td>…</td></tr>
<tr><td rowspan="2">2.1.2(12)</td><td rowspan="2">资格评审其他标准</td><td></td><td></td></tr>
<tr><td>…</td><td>…</td></tr>
<tr><td rowspan="2">2.1.3(9)</td><td rowspan="2">响应性评审其他标准</td><td></td><td></td></tr>
<tr><td>…</td><td>…</td></tr>
<tr><th colspan="2">条款号</th><th>条款内容</th><th>编列内容</th></tr>
<tr><td colspan="2">2.2.1</td><td>分值构成(总分 100 分)</td><td>施工组织设计:______分
项目管理机构:______分
投标报价:______分
其他评分因素:______分</td></tr>
<tr><td colspan="2">2.2.2</td><td>评标基准价计算</td><td>□招标人不提供标底
投标人有效报价 a_i:
□招标人提供标底
投标人有效报价 a_i:
招标人标底在评标基准价中所占的权重 A:</td></tr>
<tr><td colspan="2">3.4.1</td><td>投标人最终得分的计算方法</td><td></td></tr>
</table>

10.3　原件

投标人须知前附表要求投标人递交原件的,投标人应在递交投标文件时按第 8 章投标文件格式中"十、原件的复印件"所列清单提交原件。原件经查验后退回投标人。

10.4　中标人的投标文件

中标人须在签订合同前向招标人另行提交投标人须知前附表规定份数的投标文件副本。

第3章　评标办法(综合评估法)

1　评标方法

本节全文引用《标准施工招标文件》(2007 年版)相应条款。

2　评审标准

本节全文引用《标准施工招标文件》(2007 年版)相应条款,并补充以下内容:

2.1　初步评审标准

2.1.1　形式评审标准:

(1)投标人名称应与营业执照、资质证书、安全生产许可证一致;

(2)投标文件的签字盖章符合第 2 章投标人须知第 3.7.3 款规定;

(3)投标文件格式符合第 8 章投标文件格式的要求;

(4)联合体投标人应提交联合体协议书,并明确联合体牵头人;

(5)只能有一个报价;

(6)投标文件的正本、副本数量符合第 2 章投标人须知第 3.7.4 款规定;

(7)投标文件的印刷与装订符合第 2 章投标人须知第 3.7.5 款规定;

(8)形式评审其他标准见评标办法前附表。

2.1.2　资格评审标准(适用于未进行资格预审的):

(1)具备有效的营业执照;

(2)具备有效的安全生产许可证;

(3)具备有效的资质证书且资质等级符合第 2 章投标人须知第 1.4.1 款规定;

(4)财务状况符合第 2 章投标人须知第 1.4.1 款规定;

(5)业绩符合第 2 章投标人须知第 1.4.1 款规定;

(6)信誉符合第 2 章投标人须知第 1.4.1 款规定;

(7)项目经理资格符合第 2 章投标人须知第 1.4.1 款规定;

(8)联合体投标人符合第 2 章投标人须知第 1.4.2 款规定;

(9)企业主要负责人具备有效的安全生产考核合格证书;

(10)技术负责人资格符合第 2 章投标人须知第 1.4.1 款规定;

(11)委托代理人、安全管理人员(专职安全生产管理人员)、质量管理人员、财务负责人应是投标人本单位人员,其中安全管理人员(专职安全生产管理人员)具备有效的安全生产考核合格证书;

(12)资格评审其他标准见评标办法前附表。

2.1.3　响应性评审标准:

(1)投标范围符合第 2 章投标人须知第 1.3.1 款规定;

(2)计划工期符合第 2 章投标人须知第 1.3.2 款规定;

(3)工程质量符合第 2 章投标人须知第 1.3.3 款规定;

(4)投标有效期符合第 2 章投标人须知第 3.3.1 款规定;

(5)投标保证金符合第 2 章投标人须知第 3.4 款规定;

(6)权利义务符合第 2 章合同条款及格式规定的权利义务;

(7)已标价工程量清单符合第 5 章工程量清单填写的有关要求;

(8)技术标准和要求符合第7章技术标准和要求(合同技术条款)的规定;

(9)响应性评审其他标准见评标办法前附表。

2.2 分值构成与评分标准

2.2.2 采用有效报价的平均数确定评标基准价(适用于招标人不提供标底的):

$$S=\begin{cases}\dfrac{a_1+a_2+\cdots+a_n-M-N}{n-2} & (n\geqslant 5)\\[2ex] \dfrac{a_1+a_2+\cdots+a_n}{n} & (n\leqslant 4)\end{cases}$$

式中 S——评标基准价;

a_i——投标人的有效报价($i=1,2,\cdots,n$),有效报价约定见评标办法前附表;

n——有效报价的投标人个数;

M——最高的投标人有效报价;

N——最低的投标人有效报价。

2.2.2 采用复合标底确定评标基准价(适用于招标人提供标底的):

$$S=T\times A+\frac{a_1+a_2+\cdots+a_n}{n}(1-A)$$

式中 S——评标基准价;

a_i——投标人有效报价($i=1,2,\cdots,n$),有效报价约定见评标办法前附表;

T——招标人标底;

A——招标人标底在评标基准价中所占的权重,权重约定见评标办法前附表;

n——有效报价的投标人个数。

2.2.3 投标报价的偏差率计算方法:

$$\text{偏差率}=\frac{\text{投标人报价}-\text{评标基准价}}{\text{评标基准价}}\times 100\%$$

2.2.4 评分标准

评分标准见下表。

评分标准

序号	评分因素	分值	评分标准	赋分
一	施工组织设计			
1	内容完整性和编制水平			
2	施工方案与技术措施			
2.1	施工导流			
2.2	土方工程			
2.3	砌石工程			
2.4	混凝土工程			
2.5	基础处理工程			
2.6	设备安装工程			
2.7	观测工程			
	…			

续表

序号	评分因素	分值	评分标准	赋分
3	质量管理体系与措施			
3.1	质量计划			
3.2	岗位职责			
3.3	材料采购			
3.4	过程控制及检验			
3.5	分项措施的针对性			
	…			
4	安全管理体系与措施			
4.1	安全体系建设			
4.2	安全预案可靠性			
4.3	安全经费保障			
	…			
5	环境保护管理体系与措施			
5.1	环境保护管理体系健全			
5.2	污染物处理和排放与国家和地方环境保护标准的符合性			
5.3	技术及管理措施可行性			
	…			
6	工程进度计划与措施			
6.1	进度计划			
6.2	关键路径			
6.3	逻辑关系			
6.4	措施保证计划			
	…			
7	资源配备计划			
7.1	设备配备计划			
7.2	劳动力配备计划			
7.3	其他施工生产资源类的配备计划			
7.4	资金使用计划			
	…			
二	项目管理机构			
1	项目经理学历、专业、职称和业绩			
2	技术负责人学历、专业、职称和业绩			
3	质量管理人员学历、专业、职称和业绩			
4	安全管理人员(专职安全生产管理人员)学历、专业、职称和业绩			
5	财务负责人学历、专业、职称和业绩			
	…			
三	投标报价			
1	投标总价			
2	投标分项报价			

续表

序号	评分因素	分值	评分标准	赋分
2.1	基础价格			
2.2	费用构成			
2.3	主要工程项目的单价			
2.4	总价项目(措施项目)			
2.5	分项报价			
	…			
四	其他因素			
1	投标人的业绩			
2	综合实力			
3	财务状况			
	…			

注:本评分标准供招标人参考。

3 评标程序

本节全文引用《标准施工招标文件》(2007 年版)相应条款,并补充以下内容:

3.4 评标结果

3.4.1 评标委员会依据本章第 2.2 款评分标准进行评分,按评标办法前附表的约定计算投标人最终得分,根据得分由高到低的顺序推荐 3 名中标候选人,并标明推荐顺序。

第 4 章 专用合同条款

1 一般约定

1.1 词语定义

1.1.2 合同当事人和人员

1.1.2.2 发包人:______(填入发包人的名称)______。

1.1.2.3 承包人:______(签约后填入承包人的名称)______。

1.1.2.5 分包人:______(签约后填入分包人的名称)______。

1.1.2.6 监理人:______(填入监理人的名称)______。

1.1.4 日期

1.1.4.5 缺陷责任期(工程质量保修期):______。

1.4 合同文件的优先顺序

进入合同文件的各项文件及其优先顺序是______。

1.7 联络

1.7.2 来往函件均应按技术标准和要求(合同技术条款)约定的期限送达______(填写文件送达地点)______。

2　发包人义务

2.3　提供施工场地

2.3.2　发包人提供的施工场地范围为：________________。

2.3.3　承包人自行勘察的施工场地范围为：________________。

2.8　其他义务

（根据发包人的合同管理要求补充）

（1）……

（2）……

3　监理人

3.1　监理人的职责和权力

3.1.1　监理人须根据发包人事先批准的权力范围行使权力，发包人批准的权力范围：（填写监理人须经发包人批准才能行使的权力，以下示例供参考）

（1）按第4.3款约定，批准工程的分包；

（2）按第11.3款约定，确定延长完工期限；

（3）按第15.6款约定，批准暂列金额的使用；

（4）……

4　承包人

4.1　承包人的一般义务

4.1.10　其他义务

（1）……

（2）……

4.3　分包

4.3.2　允许承包人分包的工程项目、工作内容与分包金额限额为：

（1）工程项目：________________。

（2）工作内容：________________。

（3）分包金额限额：________________。

4.3.10　分包人项目管理机构的设立：________________。

4.11　不利物质条件

4.11.1　不利物质条件的范围：________________。

5　材料和工程设备

5.2　发包人提供的材料和工程设备

5.2.1　发包人提供的材料和工程设备见下表：

发包人提供的材料表（参考格式）

序号	材料名称	材料规格	数量	交货地点	交货方式	计划交货日期	备注

发包人提供的工程设备表(参考格式)

序号	工程设备名称	型号及规格	数量	交货地点	交货方式	计划交货日期	备注

6　施工设备和临时设施

6.2　发包人提供的施工设备和临时设施

(1)发包人提供的施工设备见下表:

发包人提供的施工设备表(参考格式)

序号	施工设备名称	型号及规格	设备状况	数量	移交地点	计划移交日期	备注

注:设备状况栏内填写该设备的新旧程度、购进时间、已使用小时数和最近一次的大修时间。

(2)发包人提供的临时设施:________。

7　交通运输

7.1　道路通行权和场外设施

道路通行权和场外设施的约定:________。

8　测量放线

8.1　施工控制网

8.1.1　施工控制网的约定:________。

9　施工安全、治安保卫和环境保护

9.1　发包人的施工安全责任

9.1.4　发包人提供________资料,其余资料由承包人负责收集。

9.2　承包人的施工安全责任

9.2.12　下列工程应编制专项施工方案:________。其中________应组织专家论证和审查。

9.7　文明工地

9.7.1　本合同文明工地的约定:________。

11　开工和竣工(完工)

11.4　异常恶劣的气候条件

11.4.3　本合同工程界定异常恶劣气候条件的范围为:

(1)日降雨量大于________mm 的雨日超过________天;

(2)风速大于________m/s 的________级以上台风灾害;

(3)日气温超过________℃的高温大于________天;

(4)日气温低于________℃的严寒大于________天;

(5)造成工程损坏的冰雹和大雪灾害:________;

(6)其他异常恶劣气候灾害。

11.5 承包人工期延误

(1)逾期完工违约金表(参考格式)。

序号	项目及其说明	要求完工日期	违约金(元/天)

(2)全部逾期完工违约金的总限额为________________(不超过签约合同价的________%)。

11.6 工期提前

工期提前的奖金约定:________________。

12 暂停施工

12.1 承包人暂停施工的责任

(5)承包人承担暂停施工责任的其他情形:____________。

12.2 发包人暂停施工的责任

(3)发包人承担暂停施工责任的其他情形:____________。

13 工程质量

13.7 质量评定

13.7.4 重要隐蔽单元工程和关键部位单元工程质量评定的约定:________。

13.7.7 工程合格标准为:____________;优良标准为:________。达到优良的奖金为:____________。

13.8 质量事故处理

13.8.4 工程竣工验收时,____________向竣工验收委员会汇报并提交历次质量缺陷处理的备案资料。

14 试验和检验

14.1 材料、工程设备和工程的试验与检验

14.1.5 水工金属结构、启闭机及机电产品进场后的交货检查和验收中,承包人负责____________。

14.1.6 本工程实行见证取样的试块、试件及有关材料:________。

15 变更

15.1 变更的范围和内容

(6)增加或减少合同中关键项目的工程量超过其工程总量的________%,关键项目:____________,单价调整方式:____________。

15.5　承包人的合理化建议

15.5.2　承包人实现合理化建议的奖励金额为：＿＿＿＿＿＿＿。

15.8　暂估价

15.8.1　(1)发包人和承包人组织招标的暂估价项目：(签约后填入)＿＿＿＿＿＿＿；发包人组织招标的暂估价项目(签约后填入)＿＿＿＿＿＿＿。

(2)发包人和承包人以招标方式选择暂估价项目供应商或分包人时，双方的权利义务关系：＿＿＿＿＿＿＿。

16　价格调整

16.1　物价波动引起的价格调整

物价波动引起的价格调整方式：＿＿＿＿＿＿＿。

16.1.2　采用造价信息调整价格差额

工程造价信息的来源：＿＿＿＿＿＿＿。

价格调整的项目和系数：＿＿＿＿＿＿＿。

17　计量与支付

17.2　预付款

17.2.1　预付款

(1)工程预付款的总金额为签约合同价的＿＿＿＿%，分＿＿＿次支付给承包人。

各次预付款的支付额度和付款时间为：

①第一次预付款金额为工程预付款总金额的＿＿＿＿%，付款时间应在合同协议书签订后，由承包人向发包人提交了发包人认可的工程预付款担保，并经监理人出具付款证书报送发包人批准后14天内予以支付。

②第二次预付款金额为工程预付款总金额的＿＿＿＿%。付款时间需待承包人主要设备进入工地后，其估算价值已达到本次预付款金额时，由承包人提出书面申请，经监理人核实后出具付款证书报送发包人批准后14天内予以支付。

③第三次预付款……

……

(2)工程材料预付款的额度和预付办法约定为：＿＿＿＿＿＿＿。

17.2.2　预付款保函(担保)

(2)工程材料预付款的担保约定为：＿＿＿＿＿＿＿。

17.2.3　预付款的扣回与还清

(1)工程预付款在合同累计完成金额达到签约合同价的＿＿＿＿%时开始扣款，直至合同累计完成金额达到签约合同价的＿＿＿＿%时全部扣清。

$$R = \frac{A}{(F_2 - F_1)S}(C - F_1 S)$$

式中　R——每次进度付款中累计扣回的金额；

A——工程预付款总金额；

S——签约合同价；

C——合同累计完成金额；

F_1——开始扣款时合同累计完成金额达到签约合同价的比例；

F_2——全部扣清时合同累计完成金额达到签约合同价的比例。

上述合同累计完成金额均指价格调整前未扣质量保证金的金额。

(2)工程材料预付款的扣回与还清约定为：________。

17.4 质量保证金

17.4.1 每个付款周期扣留的质量保证金为工程进度付款的________%，扣留的质量保证金总额为签约合同价的________%。

17.5 竣工(完工)结算

17.5.1 竣工(完工)付款申请单

(1)承包人应提交完工付款申请单一式______份。

17.6 最终结清

17.6.1 最终结清申请单

(1)承包人应提交最终结清申请单一式______份。

17.7 竣工财务决算

承包人应为竣工财务决算编制提供的资料：________。

18 竣工验收(验收)

18.1 验收工作分类

本工程法人验收包括：________，政府验收包括：________。验收条件为：________，验收程序为：________。

18.2 分部工程验收

18.2.2 本工程由发包人主持的分部工程验收为________，其余由监理人主持。

18.3 单位工程验收

18.3.4 提前投入使用的单位工程包括________、________、________。

18.5 阶段验收

18.5.1 本合同工程阶段验收类别包括________、________、________。

18.6 专项验收

18.6.2 本合同工程专项验收类别包括________、________、________。

18.7 竣工验收

18.7.3 本工程________(需要/不需要)竣工验收技术鉴定(蓄水安全鉴定)。

18.8 施工期运行

18.8.1 需要在施工期运行的单位工程或工程设备为________、________、________。

18.9 试运行

18.9.1 试运行的组织：________，费用承担：________。

19 缺陷责任与保修责任

19.1 缺陷责任期(工程质量保修期)的起算时间

本工程缺陷责任期(工程质量保修期)计算如下：________。

20 保险

20.1　工程保险

建筑工程一切险和(或)安装工程一切险投保人:__________;

投保内容:__________;

保险金额、保险费率和保险期限:__________。

20.4　第三者责任险

20.4.2　第三者责任险保险费率:__________;

第三者责任险保险金额:__________。

20.5　其他保险

需要投保的其他内容:__________;

保险金额、保险费率和保险期限:__________。

20.6　对各项保险的一般要求

20.6.1　保险凭证

承包人提交保险凭证的期限:__________;

保险条件:__________。

20.6.4　保险金不足的补偿

承包人负责补偿的范围与金额:__________;

发包人负责补偿的范围与金额:__________。

24　争议的解决

24.1　争议的解决方式

合同当事人友好协商解决不成、不愿提请争议评审或不接受争议评审组意见的,约定的合同争议解决方式:__________。

第5章　工程量清单

1　工程量清单说明

1.1　工程量清单应与招标文件中的投标人须知、通用合同条款、专用合同条款、技术标准和要求(合同技术条款)、图纸等一起阅读和理解。

1.2　工程量清单仅是投标人投标报价的共同基础。除另有约定外,工程量清单中的工程量是根据招标设计图纸计算的用于投标报价的估算工程量,不作为最终结算工程量。最终结算工程量是承包人实际完成并符合技术标准和要求(合同技术条款)规定,按施工图纸计算的有效工程量。

1.3　工程量清单中各项目的工作内容和要求应符合相关技术标准和要求(合同技术条款)的规定。

1.4　工程价款的支付遵循合同条款的约定。

2　投标报价说明

2.1　工程量清单报价表组成

工程量清单报价表由以下表格组成:

(1)投标总价。

(2)工程项目总价表。

(3)分组工程量清单报价表。

(4)计日工项目报价表。

(5)工程单价汇总表。

(6)工程单价费(税)率汇总表。

(7)投标人生产电、风、水、砂石基础单价汇总表。

(8)投标人生产混凝土配合比材料费表。

(9)招标人供应材料价格汇总表(若招标人提供)。

(10)投标人自行采购主要材料预算价格汇总表。

(11)招标人提供施工机械台时(班)费汇总表(若招标人提供)。

(12)投标人自备施工机械台时(班)费汇总表。

(13)总价项目分解表。

(14)工程单价计算表。

(15)人工费单价汇总表。

2.2　工程量清单报价表填写规定

(1)除招标文件另有规定外,投标人不得随意增加、删除或涂改招标文件工程量清单中的任何内容。工程量清单中列明的所有需要填写的单价和合价,投标人均应填写;未填写的单价和合价,视为已包括在工程量清单的其他单价和合价中。

(2)工程量清单中的工程单价是完成工程量清单中一个质量合格的规定计量单位项目所需的直接工程费、间接费、企业利润和税金,并考虑到风险因素。投标人应根据规定的工程单价组成内容确定工程单价。除另有规定外,对有效工程量以外的超挖、超填工程量,施工附加量,加工、运输损耗量等,所消耗的人工、材料和机械费用,均应摊入相应有效工程量的工程单价内。

(3)投标金额(价格)均应以人民币表示。

(4)投标总价应按工程项目总价表合计金额填写。

(5)工程项目总价表中组号和工程项目名称按招标文件工程量清单中的相应内容填写,并按分组工程量清单报价表中相应项目合计金额填写。暂列金额按招标文件工程项目总价表中的相应内容填写。

(6)分组工程量清单报价表中的序号、项目名称、计量单位、工程数量,按招标文件分组工程量清单报价表的相应内容填写,并填写相应项目的单价和合价。

(7)计日工项目报价表的序号、人工、材料、机械的名称、型号规格以及计量单位,按招标文件计日工项目清单报价表中的相应内容填写,并填写相应项目单价。

(8)辅助表格填写:

①工程单价汇总表,按工程单价计算表中的相应内容、价格(费率)填写;

②工程单价费(税)率汇总表,按工程单价计算表中的相应内容、费(税)率填写;

③投标人生产电、风、水、砂石基础单价汇总表,按基础单价分析计算成果的相应内容、价格填写,并附相应基础单价的分析计算书;

④投标人生产混凝土配合比材料费表,按表中工程部位、混凝土强度等级(附抗渗、抗冻等级)、水泥强度等级、级配、水灰比、相应材料用量和单价填写,填写的单价必须与工程单价计算表中采用的相应混凝土材料单价一致;

⑤招标人供应材料价格汇总表,按招标人供应的材料名称、型号规格、计量单位和供应价格填写,并填写经分析计算后的相应材料预算价格,填写的预算价格必须与工程单价计算表中采用的相应材料预算价格一致(若招标人提供);

⑥投标人自行采购主要材料预算价格汇总表,按表中的序号、材料名称、型号规格、计量单位和填写的预算价格,填写的预算价格必须与工程单价计算表中采用的相应材料预算价格一致;

⑦招标人提供施工机械台时(班)费汇总表,按招标人提供的机械名称、型号规格和招标人收取的台时(班)折旧费填写,投标人填写的台时(班)费用合计金额必须与工程单价计算表中相应的施工机械台时(班)费单价一致(若招标人提供);

⑧投标人自备施工机械台时(班)费汇总表,按表中的序号、机械名称、型号规格、一类费用和二类费用填写,填写的施工机械台时(班)费合计金额必须与工程单价计算表中相应的施工机械台时(班)费单价一致;

⑨投标人应对工程量清单中的总价项目编制总价项目分解表,每个总价项目一份,项目编号和名称应与工程量清单一致;

⑩投标金额大于或等于投标总标价万分之五的工程项目,必须编报工程单价计算表。工程单价计算表,按表中的施工方法、序号、名称、型号规格、计量单位、数量、单价、合价填写,填写的人工、材料和机械等基础价格,必须与人工费单价汇总表、基础材料单价汇总表、主要材料预算价格汇总表及施工机械台时(班)费汇总表中的单价相一致,填写的其他直接费、现场经费、间接费、企业利润和税金等费(税)率必须与工程单价费(税)率汇总表中的费(税)率相一致;

⑪人工费单价汇总表应按人工费单价计算表的内容、价格填写,并附相应的人工费单价计算表。

3　工程量清单表格

(略)

第6章　图纸(招标图纸)

1　招标图纸组成

附入招标文件中的图纸应包括以下各项图纸(不限于):

(1)本工程流域水系有关测站的洪峰、洪量,以及工程场址的水位、流量、泥沙等的水文图表;

(2)本工程水库和各项工程建筑物(包括天然建筑材料场地)的平面地质总图、平面地质填图、地质剖面和平切面图,以及各永久工程建筑物基础与天然建筑材料的物理力学试验成果;

(3)工程枢纽建筑物布置总图、各项工程建筑物总布置图、体形图、结构布置详图、开挖和支护图、基础处理及灌浆与排水详图、边坡处理图、各项工程建筑物的典型钢筋配置图、压力输水管道和其他钢结构的制造安装图、工程建筑物细部的典型大样图,以及各项工程建筑物的安全监测详图等;

(4)本工程机电设备和金属结构的布置及制造安装总图、消防、采暖通风、火灾报警,以及计算机控制等的布置和系统安装图等;

(5)工程枢纽建筑物施工组织设计所需的工程位置和对外交通图、施工场地范围图(包括土料场、砂石料场、存渣场和弃渣场)等;

(6)施工总布置图及各项施工临时辅助设施布置图等;

(7)施工导流工程方案布置图、导流工程建筑物施工布置图、施工期通航方案布置图;

(8)施工控制性进度表及发包人建议的施工总进度网络图。

2　招标图纸编绘

2.1　图纸的幅面及图框尺寸应符合《水利水电工程制图标准基础制图》(SL 73.1—1995)等有关规定的要求。招标文件附图的幅面,推荐采用A3。

2.2　图纸的幅面及图框尺寸见表1和图1(略)。

2.3　图纸的加长应遵守《水利水电工程制图标准基础制图》(SL 73.1—1995)的规定。

2.4　标题栏

标题栏设在图纸右下角,其格式和尺寸应遵守《水利水电工程制图标准基础制图》(SL 73.1—1995)的规定。

表1　幅面及图框尺寸

幅面代号	A0	A1	A2	A3	A4
$B \times L$(mm)	841×1 189	594×841	420×594	297×420	210×297
c(mm)	10			5	
a(mm)	25				

3　招标图纸目录

序号	图名	图号	版本	出图日期	备注

注:招标图纸另册。

第7章　技术标准和要求

(略)

第8章　投标文件格式

详见单元3任务4。

4　请你探索

(1)《水利水电工程标准施工招标文件》(2009年版)对投标人的纪律要求。

(2)招标文件中的评标办法明确为经评审的最低投标价法或综合评估法时,作为投标人采取的投标策略差别。

5 请你练习

5.1 单项选择题

(1)采用公开招标方式的项目，招标人应当在国家发展和改革委员会指定的媒介发布招标公告，其中大型水利工程建设项目以及国家重点项目、中央项目、地方重点项目同时还应当在(　　)发布。

A.《中国水利报》　　B.水利部网站

C.水利工程协会网站　　D.各地政府部门网站

(2)投标文件澄清通知由(　　)签署。

A.招标人　　B.评标委员会负责人

C.招标代理人　　D.监督机构

(3)招标文件中专用合同条款是(　　)意思表达。

A.招标人　　B.投标人

C.招标代理人　　D.上级领导

(4)《水利工程工程量清单计价规范》(GB 50501—2007)项目编码采用十二位阿拉伯数字表示(由左至右计位)。一至九位为统一编码，其中，三、四位为(　　)顺序码。

A.水利工程　　B.专业工程　　C.分类工程　　D.分项工程

5.2 多项选择题

(1)有以下(　　)情形的，招标人将重新招标。

A.投标截止时间止，投标人少于3个的

B.经评标委员会评审后否决所有投标的

C.评标委员会否决不合格投标或者界定为废标后因有效投标不足3个使得投标明显缺乏竞争，评标委员会决定否决全部投标的

D.同意延长投标有效期的投标人少于3个的

E.中标候选人均未与招标人签订合同的

(2)招标过程中，涉及保证金、保函、担保等情形的有(　　)等几种。

A.投标保证金　　B.履约保函　　C.预付款保函

D.付款保函　　E.工程保险金

(3)投标函中确认的项目一般包括(　　)。

A.投标总报价　　B.工期　　C.工程质量等级

D.投标保证金金额　　E.项目经理

5.3 案例分析

某大型水利工程招标项目，其招标文件规定：

(1)投标文件正本、副本分开包装，并在封套上标记“正本”或“副本”字样，否则不予接收；

(2)投标保证金仅接受无条件保函或电汇。投标保函随投标文件递交给招标人；采用电汇的，应于投标文件递交截止时间前，将投标保证金由投标人的基本账户一次性汇入招标人指定账户，否则投标保证金无效。

有A、B、C、D、E、F、G、H、I和J共10个投标人投标。投标文件接收情况如下：

投标人B的正本与副本封装在一个文件箱内，招标人认为其不影响评标予以接收；投标人C的投标文件在招标文件规定的投标截止时间后1分钟送到，招标人不予接受；投标人G在投标截止时间前提交了投标文件，但其投标保证金——电汇款在投标截止时间后20分钟才汇入招标人指定账户，招标人接收了其投标文件及其保证金。最终，招标人接受了除投标人C以外的其他投标人的投标文件。

招标人在规定的开标时间宣布开标，由纪检人员对投标人资格进行审查。招标人宣读了评标办法，该办法对招标文件中的一些主要评标因素、标准进行了修改。投标人A认为招标人变动评标因素和标准对其不公平，当场提出异议，要求撤销其投标。招标人征得纪检人员同意，对A提交的投标文件不退还、不拆封、不唱标。

唱标时发现，投标人D以担保公司保函形式提交投标保证金，担保条件满足招标文件要求；投标人E提交的银行保函中声明：履行保函载明的担保义务时，应提供索赔报告并取得该项目监理人书面同意；投标人F以其分公司独立账户电汇提交投标保证金，并于投标截止期前一天到账。

投标人H的投标函没有盖投标人单位章，但有法定代表人签字，招标人宣布H的投标为无效标；投标人I的投标函上有两个投标报价，注明以第一个报价为准，但招标人认为投标人I报了两个报价，宣布其投标无效；投标人J在投标函上填写的报价，大写与小写不一致，招标人查对了其投标文件中的报价汇总表，发现投标函上报价的小写数值与投标报价汇总表一致，于是按照其投标函上的小写数值进行了唱标。

该项目有5个投标人通过初步评审，但技术部分评审结算后，合格投标人仅剩下了2个，招标人认为无法保证竞争性，通知评标委员会不再继续评标，并决定否决所有投标。

问题：

(1)投标人D、E、F递交的投标担保是否合格？如不合格，请说明理由。

(2)逐一指出招标投标过程中的不妥之处，并说明理由。

6 请你回顾

利用《水利水电工程标准施工招标文件》(2009年版)编写某工程项目的招标文件时，编写人员应该做的具体工作。

任务4 标底及其编制

1 请你思考

(1)什么是标的？什么是标底？

(2)标底有什么作用？

(3)怎样编制水利水电工程施工招标项目的标底？

2 请你动手完成

在本任务开始之际填写 1 ~ 2 栏目，在本任务完成之后填写 3 ~ 5 栏目。在你所选项的(　　)中划“√”，请你参与和配合！

序号	内容	完成情况
1	抄写任务标题和思考题	
2	思考后结论	全部会解答(　　)；部分会解答(　　)；全部不会解答(　　)
3	探索中质疑	
4	探索题完成情况	全部完成(　　)；部分完成(　　)；全部没有完成(　　)
5	本任务完成情况自我评价	优秀(　　)；良好(　　)；及格(　　)；不及格(　　)

3 请你参考

3.1 标底的概念

标底是招标人对招标工程的预测价格。标底由招标人自行编制或委托经有关部门批准的具有编制标底资格和能力的中介机构代理编制。

3.2 标底的作用

《招标投标法》中没有明确规定招标工程是否必须设置标底价格，招标人可根据实际工程的情况决定是否编制标底。招标投标制度的本质就是竞争，而价格的竞争是投标竞争的最重要因素之一。为了防止投标人以低于成本的报价展开恶性竞争，我国的一般工程项目施工招标中大多设置标底。标底在确定承包商的过程中起着一种“商务标准”的作用，合理的标底是业主以合理的价格获得满意的承包商、中标人获取合法利润的基础。标底的作用主要体现在以下几个方面：

(1)能够使招标人预先明确其在拟建工程上应承担的财务义务。

标底的编制过程是对项目所需费用的预先自我测算过程，通过标底的编制可以促使招标人事先加强工程项目的成本调查和预测，做到对价格和有关费用心中有数。

(2)标底是控制投资、核实建设规模的依据。

标底必须控制在批准的概算或投资包干的限额之内(指扣除该项工程的建设单位管理费、征地拆迁费等所有不属于招标范围内各项费用的余额)。在实际工作中，如果按规定的程序和方法编制的标底超过批准的概算或投资包干的限额，应进行复核和分析，对其中不合理部分应剔除或调整；如仍超限额，应会同设计单位一起寻找原因，必要时由设计单位调整原来的概算或修正概算，并报原批准机关审核批准后，才能进行招标工作。

(3)标底是评标的重要尺度。

《招标投标法实施条例》第二十七条规定:招标人可以自行决定是否编制标底。一个招标项目只能有一个标底,标底必须保密。招标人设有最高投标限价的,应当在招标文件中明确最高投标限价或者最高投标限价的计算方法。招标人不得规定最低投标限价。

第五十条规定:招标项目设有标底的,招标人应当在开标时公布。标底只能作为评标的参考,不得以投标报价是否接近标底作为中标条件,也不得以投标报价超过标底上下浮动范围作为否决投标的条件。

《招标投标法实施条例》淡化了标底的作用。无论如何,只有编制了标底,才能正确判断投标者所投报价的合理性和可靠性,否则评标就是盲目的。只有制定了准确合理的标底,才能在定标时作出正确的抉择。

(4)标底编制是招标中防止盲目报价、抑制低价抢标现象的重要手段。

盲目压低标价的低价抢标者,在施工过程中则采取或偷工减料或无理索赔等种种不正当手段以避免自己的损失,使工程质量和施工进度无法得到保障,业主的合法权益受到损害。在评标过程中,剔除低价抢标是防止此现象的有效措施。

标底的性质和作用要求招标工程必须遵循一定的原则,以严肃认真的态度和科学的方法来编制标底,使之准确、合理,保证招标工作的健康开展。

3.3 标底的编制原则

编制标底应遵循以下原则:

(1)标底编制应遵守国家有关法律、法规和水利行业规章,兼顾国家、招标人和投标人的利益。

(2)标底应符合市场经济环境,反映社会平均先进功效和管理水平。

(3)标底应体现工期要求,反映承包商为提前工期而采取施工措施时增加的人员、材料和设备的投入。

(4)标底应体现招标人的质量要求,标底的编制要体现优质优价。

(5)标底应体现招标人对材料采购方式的要求,考虑材料市场价格变化因素。

(6)标底应体现工程自然地理条件和施工条件因素。

(7)标底应体现工程量大小因素。

(8)标底编制必须在初步设计批复后进行,原则上标底不应突破批准的初步设计概算或修正概算。

(9)一个招标项目只能编制一个标底。

3.4 标底的编制依据

(1)招标人提供的招标文件,包括商务条款、技术条款、图纸以及招标人对已发出的招标文件进行澄清、修改或补充的书面资料等。

(2)现场查勘资料。

(3)批准的初步设计概算或修正概算。

(4)国家及地区颁发的现行工程定额及取费标准(规定)。

(5)设备及材料市场价格。

(6)施工组织设计或施工规划。

(7)其他有关资料。

3.5 标底的编制程序

3.5.1 准备阶段

3.5.1.1 项目初步研究

为了编制出准确、真实、合理的标底,必须认真阅读招标文件和图纸,尤其是招标文件商务条款中的投标人须知、专用合同条款、工程量清单及说明,技术条款中的施工技术要求、计量与支付及施工材料要求,招标人对已发出的招标文件进行澄清、修改或补充的书面资料等,这些内容都与标底的编制有关,必须认真分析研究。

工程量清单说明及专用合同条款,规定了该招标项目编制标底的基础价格、工程单价和标底总价时必须遵照的条件。

3.5.1.2 现场勘察

通过现场勘察,了解工程布置、地形条件、施工条件、料场开采条件、场内外交通运输条件等。

3.5.1.3 编写标底编制工作大纲

通常标底编制大纲应包括以下内容:

(1)标底编制的原则和依据。

(2)计算基础价格的基本条件和参数。

(3)计算标底工程单价所采用的定额、标准和有关取费数据。

(4)编制、校审人员安排及计划工作量。

(5)标底编制进度及最终标底的提交时间。

3.5.1.4 调查、收集基础资料

收集工程所在地的劳资、材料、税务、交通等方面资料,向有关厂家收集设备价格资料;收集工程中所应用的新技术、新工艺、新材料的有关价格计算方面的资料。

3.5.2 编制阶段

(1)计算基础单价。

基础单价包括人工预算单价、材料预算价格、施工用电风水单价、砂石料预算价格、施工机械台时费以及设备预算价格等。

(2)分析取费费率,确定相关参数。

(3)计算标底工程单价。

根据施工组织设计确定的施工方法,计算标底工程单价。工程单价的取费通常包括其他直接费、现场经费、间接费、利润及税金等,应参照现行水利工程建设项目设计概(估)算的编制规定,结合招标项目的工程特点,合理选定费率。税金应按现行规定计取。

(4)计算标底的建安工程费及设备费。要注意临时工程费用的计算与分摊。

临时工程费用在概算中主要由三部分组成:①单独列项部分,如导流、道路、房屋等;②含在其他临时工程中的部分,如附属企业、供水、通信等;③含在现场经费中的临时设施费。在标底编制时应根据工程量清单及说明要求,除单独列项的临时工程外,其余均应包括在工程单价中。

3.5.3 汇总阶段

3.5.3.1 汇总标底

按工程量清单格式逐项填入工程单价和合价,汇总分组工程标底合价和标底总价。

3.5.3.2 分析标底的合理性

明确招标范围,分析本次招标的工程项目和主要工程量,并与初步设计的工程项目和工程量进行比较,再将标底与审批的初步设计概算作比较分析,分析标底的合理性,调整不合理的单价和费用。

广义的标底应包括标底总价和标底的工程单价。标底总价和标底的工程单价所包括的内容、计算依据和表现形式应严格按招标文件的规定和要求编制。通常标底工程单价将其他临时工程的费用摊入工程单价中,这与初设概算单价组成内容是不同的;标底总价包括的工程项目和费用也与概算不同。在进行标底与概算的比较分析时应充分考虑这些不同之处。

3.6 标底文件组成

标底文件一般由标底编制说明和标底编制表格组成。

3.6.1 标底编制说明

标底编制说明主要内容有:

(1)工程概况。

(2)主要工程项目及标底总价。

(3)编制原则、依据及编制方法。

(4)基础单价。

(5)主要设备价格。

(6)标底取费标准及税、费率。

(7)需要说明的其他问题。

3.6.2 标底编制表格

表1 工程施工招标分组标底汇总表

表2 分组工程标底计算表

附表1 工程单价分析表

附表2 总价承包项目分解表

附表3 人工预算单价计算表

附表4 主要材料(设备)预算价格汇总表

附表5 施工机械台时费汇总表

附表6 混凝土、砂浆材料单价计算表

附表7 施工用水、电价格计算表

附表8 应摊销临时设施费计算表

附表9 主要材料用量汇总表

其他表格。

考虑招标人的特殊要求,根据具体情况确定需增加的表格。根据需要可增列概算与标底工程量对比表、工程单价对比表等。

3.7 工程标底的编制方法

水利工程建设项目招标标底的编制方法通常采用以定额法为主、实物量法和其他方法为辅、多种方法并用的综合分析方法。标底编制应充分发挥各方法的优点和长处,以达到提高标底编制质量的目的。

3.7.1 定额法

定额法是参照现行部、省市的定额和取费标准(规定),确定完成单位产品的工效和材料消耗量,计算工程单价,以工程单价乘以工程量计算总价的编制方法。定额法的主要优点是计算简单、操作方便,因此目前水利工程的标底编制主要考虑采用定额法。采用定额法编制初设概算时选用的定额是按全国水利行业平均工效水平制定的;而标底需要考虑具体工程的技术复杂程度、施工工艺方法、工程量大小、施工条件优劣、市场竞争情况等因素,因此在采用定额法编制标底时,可以根据工程具体情况适当调整现行的定额和取费标准。

一个合理的标底要有一个比较先进、切合实际的施工组织设计,包括合理的施工方案、施工方法、施工进度安排、施工总平面布置和施工资源估算,在分析国内的施工水平和可能前来投标的施工企业的实际水平基础上,认真分析现行的各种定额,从而选用比较合理的标底编制定额和取费标准。

定额法的具体步骤和方法如下。

3.7.1.1 基础价格编制

基础价格的编制方法一般参照水利行业现行初设概算编制方法。基础资料准备得是否充分,基础单价的编制是否准确合理,对标底编制的准确程度和质量高低起着极其重要的作用。基础价格主要指人工、主要材料、施工用水、施工用电等的价格。必须保证选取的各种资源的数量和质量均能符合规定并满足招标人的要求。

如招标文件规定招标人供应主要材料、设备,提供大部分临时房屋,供应砂石料和混凝土等,在编制标底时,应考虑从这些项目中无获利机会的因素,其余工程项目的单价及费率相对可提高,反之相对可降低。

1. 人工预算单价

如招标文件没有特别的要求,人工预算单价一般可参照现行水利行业初设概算人工预算单价的编制方法。由于初步设计与招标设计深度不同,初设概算涵盖一个完整的工程项目(如水利枢纽、水闸、河道堤防工程等),而招标项目一般只是一个二级项目或三级项目,因此标底的人工预算单价可以根据招标项目的工程特点适当调整。以人力施工为主或人工费比例较高的项目如浆砌石、干砌石、砂石料(反滤料)铺筑、钢筋制安、钢管制安及各种圬工拆除项目等,人工预算单价相对可降低;而对工人技术熟练程度要求较高的项目,人工预算单价相对可提高。

2. 主要材料预算价格

主要材料的品种应结合招标工程项目确定。凡是本招标项目中用量多或总价值高的材料,均应作为主要材料逐一落实价格,如钢材、水泥、木材、柴油、炸药、粉煤灰、砂、石子、块石等。材料预算价格准确与否,对标底的影响很大。工程标底编制人员必须列出工程需用材料计划表,然后要调查有能力供应符合技术条件和数量要求的材料供货商,并获取各种材料的报价、各种运输方式的运输费标准。

首先,确定主要材料的来源地,调查材料的批发价或出厂价;其次,确定运输方式、运输线路和运距,准确计算运杂费;最后,合理选用采购保管费费率。采购保管费要考虑损耗、损坏、被盗及供货差错等影响,对于某些材料这些因素的影响可能会达到较高的比例;同时还须考虑用于卸料和贮料的附加费用以及其他附加费。材料的采购保管费费率可根据实际情况适当调整,如在材料价格较高、采购地点离工地较近、采购条件较好时,采购保管费率应相对较低,反之相对较高。

3. 施工用电价格

在招标文件中,一般都明确规定了投标人的接线起点和计量电表的位置,并提供了基本电价,因此编制标底时应按照招标文件的规定,确定电能损耗范围、损耗率及供电设施维护摊销费。如供电范围没有高压线路,就不应计高压线路损耗;在变配电线路较短、用电负荷较集中时,变配电设备及输配电损耗率及供电设施摊销费均可降低,反之应提高。

4. 施工用水价格

招标文件中常见的施工供水方式有两种:一是招标人指定水源点,由投标人自行供水;二是招标人按指定价格在指定接水口向投标人供水。

第一种供水方式应根据施工组织设计所配置的供水系统,设备组时总费用和设备组时总有效供水量计算施工供水价格,计算方法与初设概算相同。在编制标底时,可根据具体供水范围、扬程高低,几级供水及供水设备、设施质量的优劣等,适当选定供水损耗率和供水设施维修摊销费。

第二种供水方式应以招标人供应的价格为原价,根据供水的具体情况,再计入水量损耗和供水设施维护摊销费,不应简单照搬初设概算中的水量损耗和设施维修摊销费参数。

5. 施工机械台时费

施工机械台时费计算方法可参照初设概算的编制方法。

在编制标底时如招标人免费提供某些大型施工机械(如缆机、拌和楼等)则不应计算折旧费,但应根据提供的施工机械新旧程度和施工工期决定修理费的高低。养路费、牌照税、车船使用税及保险费等费用,不宜按年工作台时计入施工机械台时费中,可在间接费中考虑或摊销在工程单价中。在工程规模大、工期长的工程中使用的大型机械如大型汽车、挖掘机、推土机、装载机、钻机等的折旧费、修理费、安拆费均可适当调整。

3.7.1.2 建筑工程单价编制

工程单价一般由直接工程费、间接费、企业利润、税金和临时设施摊销费等组成。水利工程招标项目一般工程量大、项目繁多,在编制标底工程单价时可根据工程的具体情况,集中精力研究主要工程单价。应与施工组织设计人员共同研究施工方案,确定适当的施工方法、运距、辅助人员配备及施工机械的效率等。在编制标底单价时应根据工程量的大小、施工条件的优劣等因素调整定额中人工、材料及施工机械消耗量。当工程规模大、施工条件较好、市场竞争激烈时,人工、机械效率均可适当提高,反之可适当降低。下面介绍几种常遇到的工程单价。

1. 土方工程单价

土方工程主要分土方开挖和土方填筑两大类。影响土方工程单价的因素主要有土的级别、取(运)土的距离、施工方法、施工条件、质量要求等。根据工程所在地的气候条件、施工工期长短、是否夜间施工等情况可适当调整其他直接费费率,根据工程量大小、场地集中程度、机械化程度高低等情况可适当调整现场经费费率、间接费费率及利润率。

运输是土方工程的主要工序之一,它包括集料、装土、运土、卸土及卸土场整理等子工序。影响工程单价的因素主要有:

(1)运输距离。运输距离越长,平均车速越快,折合每千米运费越低。如在道路等级及车型相同的情况下,在一定范围内远距离运输比近距离运输机械效率高,在编制标底时应考虑此项因素。

(2)施工条件。装卸车的条件、道路状况、卸土场的条件等都影响运土的工效。在运输道路级别较高,装卸车地点的场地较宽阔的条件下,运输效率较高,可以调整定额中自卸汽车的台时数量。

土方填筑包括取土和压实两大工序。

计算取土工序单价时要注意:

(1)料场覆盖层清理应按相应比例摊入土料填筑单价内。

(2)对不符合含水量标准的土料,要采取挖排水沟、扩大取土面积、分层取土、翻晒、分区集中堆存、加水处理等措施,在单价中应计入土料处理的费用。

(3)考虑土料损耗和体积变化,包括开采、运输、雨后清理、削坡、沉陷等的损耗,以及超填和施工附加量。

(4)对于有开挖利用料的工程,要注意不得在开挖和填筑单价中重复计算土方运输工序费用。在确定利用料数量时应充分考虑开挖和填筑在施工进度安排上的时差,一般不可能完全衔接,二次转运是经常发生的,二次转运的费用应计入土方工程单价中。

计算土方压实工序单价时要注意:直接影响压实工效的主要因素有土类级别、设计要求、碾压工作面、铺土厚度、碾压次数等。现行的压实定额通常是按坝体拟定的,而堤身压实与坝体有所不同,可根据堤防等级、堤身高度等适当调整人工、机械效率,使压实单价符合实际。

2. 砌筑工程单价

砌筑工程主要指浆砌石、干砌石、反滤料填筑、过渡料填筑、堆石体填筑等。

(1)反滤料填筑、过渡料填筑、堆石体填筑单价。

反滤料填筑、过渡料填筑、堆石体填筑单价主要由砂石料采备、运输及压实三道工序组成。

应重点研究砂石料的直接上坝(堤)与二次转运的比例,尽可能直接上坝(堤),对于堆石工程应多利用开挖料,以便降低堆石填筑单价。

砌筑工程受气候影响小,填筑效率高,对定额的人工、机械消耗量可进行调整;由于材料费用较多,现场经费和间接费的现行取费标准也可根据工程的实际情况适当调整。

(2)砌石工程单价。

砌石工程包括浆砌石、干砌石、抛石等,是以人力施工为主的项目,施工方法简单,技术含量相对较低,主要用于护坡、护脚、护基等工程。

编制标底单价时,可重点考虑两点:一是尽量利用拆除料和从开挖料中拣集石料;二是应考虑人工用量较多、材料原价高等因素，在选定各项取费费率和人工数量时可适当调整。

3.混凝土工程单价

混凝土材料单价在混凝土工程单价中占有较大比重，在编制其单价时，要按照招标文件提供的配合比计算。混凝土材料消耗量是指完成每方成品混凝土计价工程的材料量。概算定额中的混凝土材料量包括结构断面工程量、场内施工操作、运输损耗量、超填量和施工附加量，而预算定额中不含超填量和施工附加量。在编制标底时，可根据工地混凝土运距、道路状况及生产管理水平适当调整施工操作、运输损耗率及超填和施工附加混凝土量。

编制拦河坝等大体积混凝土标底单价时，混凝土配合比应按招标文件提供的配合比数据。如果招标文件没有提供参考数据，应考虑掺加适量的粉煤灰或外加剂以节约水泥用量，其掺量比例应根据设计对混凝土的温度控制要求或试验资料选取。对现浇混凝土强度等级的选取，应根据设计对水工建筑物的不同要求，尽可能利用混凝土的后期强度(60天、90天、180天及360天)节省水泥用量。

4.钢筋制安工程单价

钢筋制作安装包括钢筋加工、绑扎、焊接及场内运输等工序。定额中一般包括切断及焊接损耗、截余短头废料损耗以及搭接帮条、架立筋、垫筋等附加量。当钢筋制安工作量较大时，钢筋材料的利用率高，损耗率相对较低，在编制标底钢筋制安工程单价时，根据工程部位的不同，可适当调整钢筋材料的附加量及人工数量。

3.7.1.3 设备价格编制

设备通常是生产厂家的产品，通过各种运输方式(铁路、公路、水路等)运至工地。设备费包括设备出厂价、运杂费、运输保险费、采购及保管费和其他费用。在编制设备的标底价格时要注意以下问题：

(1)向多家设备生产厂商询价，确定有竞争力的设备出厂价格。

(2)对于进口设备要计算到岸价、进口征收的税金、手续费、商检费及港口费等加上国内段的运杂费、保险费、采保费等各项费用。

(3)收集有关设备重量、体积大小及运距等资料，确定合理的设备运输线路和运输方式。

(4)收集有关设备在运输途中发生的调车费、装卸费、运输保险费、包装绑扎费、变压器充氮费及其他可能发生的杂费标准。

(5)合理计算运杂费用，要注意价格高的设备运杂费费率要相对低。

(6)采保费的费率也可根据设备价格高低、运距远近、周转次数多少适当调整。

3.7.1.4 设备安装工程单价编制

以实物消耗量形式表现的定额计算工程单价时，量价分离，计算较准确，但相对烦琐。编制标底的主要设备安装单价时一般套用此类定额，同时可以适当调整人工和机械效率。

对于投资不大的辅助设备和次要设备，编制标底时可以采用安装费费率形式计算安装工程单价。

金属结构设备有外购与自制两种方式。对于自制的设备价格需要套定额计算单价，根据设计提出的重量，计算金属结构的设备费。

闸门及埋件单价通常划分为主材（钢材、铸件、锻件）、辅材、制造费、防腐、水封、利润、税金等项目。要注意闸门的水封、压板、压板螺栓、锁定梁、拉杆的价值要计入设备费，闸门喷锌、喷铝防腐不要漏项。

启闭机单价通常划分为结构件、外购件、电气部分、机械零部件及其他等项目。要注意负荷试验用的荷重物的制作和运输不要漏项。

设备安装费一般占设备费的5%～10%，对标底影响不大，可参考现行定额编制。但投标项目以机电和金属结构设备为主的，可适当调整人工数量、现场经费和间接费费率。

3.7.1.5 临时设施费编制

1. 单独招标的临时工程项目

单独招标的项目包括导流工程、道路、桥梁、供电线路、缆机平台、大型砂石料系统、混凝土拌和系统、供水系统等，按工程量清单的数量乘标底工程单价计算。

对于砂石料系统、混凝土拌和系统和供水系统等临时工程，标底的编制通常只计算土建费和安装费，不包括设备费。设备费按折旧摊销计入相应的砂石料单价、混凝土拌和单价和施工用水单价中。

2. 应摊销的临时设施费用

凡未单独列项招标的临时工程项目及未包括在现场经费中的临时设施，而在施工中又必然发生的临时设施均包括在应摊销的临时设施费用中。主要指承包商的生活用房、办公用房、仓库等房屋建筑及场地平整，大型机械安拆，施工排水，施工临时支护及其他临时设施等项目。在编制标底时可根据工程的具体情况适当调整施工人员的生活、文化福利建筑费用和施工仓库面积等。

3.7.1.6 风险附加费的计取与分摊

根据施工承包合同种类的不同，计算和分摊风险附加费的方法也不同，对不调价合同标底应充分考虑风险因素，而可调价合同的标底可不计或少计风险附加费。

3.7.2 实物量法

实物量法是把项目分成若干施工工序，按完成该项目所需的时间，配备劳动力和施工设备，根据分析计算的基础价格计算直接费单价，最后分摊间接费的工程造价计算方法。实物量法是针对每个工程的具体情况来计算工程造价，计算准确、合理；但相对复杂，且要求标底编制人员有较高的业务水平和较丰富的经验，还要掌握翔实的基础资料和经验数据，在编制时间相对紧张的标底编制阶段，不具备全面推广应用的条件；但是针对工程量清单中对标底影响较大的主要工程单价，在设计深度满足需求，施工方法详细具体、符合实际，资料较齐全的条件下，应采用实物量法进行编制，提高标底的准确性，保证标底的质量。

3.7.2.1 实物量法的优点

（1）体现工程量的大小和工期的长短对工程单价的影响。

（2）体现施工条件的优劣对工程单价的影响。

（3）体现施工设备闲置时间对工程单价的影响。

（4）体现特殊施工设备的使用对工程单价的影响。

(5)体现施工技术水平对工程单价的影响。

3.7.2.2　实物量法的工作程序

制定施工组织设计或施工规划，确定各个工序需要的人员及设备的规格、数量、时间，计算人工费、施工设备费、材料费，计算直接费单价，计算并分摊间接费。

3.7.2.3　实物量法的工作步骤

1.项目研究

项目研究的工作主要是由造价人员和施工组织设计人员完成的。为完成这项工作，必须充分了解项目的工程内容，对招标文件、图纸、工程量表和其他招标补充文件进行认真的分析、研究。经过现场调查，进行多种施工方法比选，选定一种最有效且最经济的施工方法，根据这一施工方法制定施工组织设计或施工规划，并以此作为编制标底工程单价的基础。

2.计算人工预算单价和机械台时费单价

如招标文件没有特别要求，人工预算单价可参照现行水利行业初设概算人工预算单价的编制规定计算。

机械设备的使用可分为两类：自购和租赁。对于租赁的机械设备的台时费可以通过询价获得；对于自购的机械设备可在获取设备出厂价格并掌握设备的基本资料后，采用一定的分析方法计算台时费。

3.计算直接费

所谓直接费，是指人工、材料、机械的费用合计，不包括工地管理费、公司管理费和利润等附加费。确定一个直接费单价需要按一项或一组工程项目来选择合适的人工、机械和材料资源，然后按照作业类型先确定人工和机械资源的使用时间，再将这些数据与收集到的费用资料相结合，然后得到直接费及其单价。

4.间接费的计算与分摊

在计算施工总费用时，必须把所有与工程有关的间接费分摊到直接费中去。间接费通常包括工地管理费、公司管理费(总部管理费)、利润和不可预见费等。

5.按照招标文件要求，计算其他项目与费用

6.标底总价汇总、分析与调整

汇总人工、机械及材料总费用和数量，并将这些资源需要总量与施工组织设计的资源总量进行比较，如果两者之间有较大分歧，就必须进行慎重的分析与调整。

实物量法的具体步骤和方法可参照水利部制定的《水利工程建设项目施工招标标底编制指南》，这里不再赘述。

3.7.3　其他辅助方法

在采用定额法或实物量法编制标底时，可结合其他辅助方法进行。例如，招标工程量清单中对标底影响不大的次要工程项目和工程量较小的项目，可采取较为简便的费用计算分析方法，加快标底编制进度。

3.7.3.1　分类抽样方法

这是用于次要项目的计价方法，做法是把费用项目划分为几类，把各类的成本价格估算出来。价格估算可用几种方式，其中包括：

(1)利用可能划分开来的大致工程量和各种单价,为每类项目计算出一笔总费用。

(2)把各类项目分成施工作业班组,估算每个班组的费用。

然后,利用以上计算的费用,根据经验计算项目的总费用。

3.7.3.2　内含方法

一些次要、零星的项目或费用在认为没有必要单独列项计价时,可以包含到其他价格中去。

3.7.3.3　项目总额方法

在工程量表中有些项目没有表明数量时,通常需要估算出一笔总金额。这种方法是用来估算合同中所安排和规定的一般性项目的费用。

3.7.3.4　经验方法

根据已完工程的相关资料,借用所需数据。

3.7.3.5　概算价格调整方法

根据招标设计与初步设计的不同,对概算的价格进行调整,作为标底价格。

3.7.3.6　类比分析方法

根据已计算的主要工程单价,类比分析得出次要工程项目单价。

3.7.3.7　百分率方法

在已计算的主要工程项目的造价的基础上,乘以一个经验百分率得到次要工程项目造价。

3.7.3.8　参照其他行业方法

其他行业在某些项目上有较成熟的施工工艺和造价资料,在标底中可以参照引用。

3.8　标底编制应注意的问题

3.8.1　注重工程现场调查研究

必须充分考虑项目所在地域的自然环境与现场条件,应主动收集、掌握大量的第一手相关资料,必须适应建筑资源的供应可能与价格变动的可能,分析确定恰当的、切合实际的各种基础价格和工程单价,以确保编出合理的标底。

3.8.2　注重施工机械设备选型

应根据工程特点和施工条件认真分析、合理选择,力求经济实用、先进高效,切忌生搬硬套、脱离实际,否则将直接导致定额选择和单价分析的偏差。

3.8.3　注重施工组织设计

应通过详细的技术经济比较后再确定相关施工方案、施工总平面布置、进度控制网络图、交通运输方案等,标底必须适应目标工期的要求,必须适应招标方的质量要求,以利所选择的施工组织设计安全可靠、科学合理,这是编制出科学合理的标底的前提。

3.8.4　注重总价承包项目的计算

工程量清单中常有一些项目没有给出工程量,要求填入一个承包总价,如临时工程等。这就要求造价人员根据招标文件和施工要求等具体情况,充分考虑各种风险因素,深入研究其项目组成和工作内容,避免漏项,确保项目取费合理。

4　请你探索

(1)《水利水电工程标准施工招标文件》(2009 年版)中评标基准价的确定方法有

哪些？

（2）招标人标底和投标人的投标报价有什么区别？

5 请你练习

5.1 单项选择题

（1）标底是指由招标人对招标工程进行工程造价控制的一个（ ）。

A. 实际价格　　B. 最高价格

C. 预期价格　　D. 合理价格

（2）下列有关标底编制说法中正确的是（ ）。

A. 标底价格应由成本、税金组成，不包括利润部分

B. 一个工程可根据需要编制多个标底

C. 标底的计价依据可由编制单位自主选择

D. 标底应根据招标文件中的工程量清单和有关要求、施工现场情况、合理的施工方案、工程单价组成内容、社会平均生产力水平，按市场价格进行编制

（3）水利水电工程招标项目采用定额法编制标底时，工程单价中不包括（ ）。

A. 直接工程费和间接费　　B. 开办费

C. 企业利润　　D. 税金

（4）以下编制标底遵循的原则不对的是（ ）。

A. 标底应符合市场经济环境，反映社会平均先进功效和管理水平

B. 标底应体现招标人的质量要求，标底的编制要体现优质优价

C. 标底应体现工程自然地理条件和施工条件因素

D. 标底应考虑招标人的资金状况

（5）不属于工程招标标底价格的编制依据的是（ ）。

A. 招标文件的商务条款　　B. 施工方案或施工组织设计

C. 施工现场地质、水文、地上情况等资料　　D. 企业定额

5.2 多项选择题

（1）标底价格的编制依据一般包括（ ）。

A. 投标文件的商务条款

B. 工程施工图纸、标准图集，工程量计算规则

C. 施工方案或施工组织设计

D. 现行的相关定额、单价及有关调整计价的文件

E. 建筑安装材料及设备的市场价格

（2）标底的编制原则有（ ）。

A. 编制依据具有可靠性　　B. 标底价应具有完整性

C. 标底价与投标报价的一致性　　D. 标底价格的合理性

E. 一个工程只能编制一个标底

（3）编制一个合理、可靠的标底需要考虑的因素包括（ ）。

A. 目标工期的要求　　B. 不同的施工方案

C. 质量要求　　　　　　　　　　　　D. 材料差价

E. 工程的自然地理条件

(4)对标底的理解正确的是(　　)。

A. 标底价格由工程成本和利润组成

B. 标底一般应该由第三人负责编制

C. 标底是招标人进行工程造价控制的预测价格

D. 一个工程只能编制一个标底

E. 所有招标工程都应有标底

(5)采用复合标底确定评标基准价,其计算用到的数据有(　　)。

A. 投标人有效报价　　　　　　　　B. 有效报价的投标人个数

C. 招标人标底　　　　　　　　　　D. 最高的投标人报价

E. 标底所占评标基准价的权重

(6)在《水利水电工程标准施工招标文件》(2009 年版)中,评标基准价可采用(　　)。

A. 招标人组织编制的标底

B. 以全部或部分投标人报价的平均值作为评标基准价

C. 以招标人标底和全部或部分投标人报价的平均值的加权平均值作为评标基准价

D. 以进入有效标内投标人的报价平均值作为评标基准价

E. 招标人公布的最高限价

6　请你回顾

(1)水利水电工程施工招标标底的编制程序。

(2)定额法编制水利水电工程施工招标标底的方法。

单元3　水利水电工程施工投标

任务1　水利水电工程施工投标活动

1　请你思考

(1)水利水电工程施工投标的一般程序是什么?

(2)投标班子应该由哪些人员组成?

2　请你动手完成

在本任务开始之际填写1~2栏目,在本任务完成之后填写3~5栏目。在你所选项的(　　)中划"√",请你参与和配合!

序号	内容	完成情况
1	抄写任务标题和思考题	
2	思考后结论	全部会解答(　　);部分会解答(　　);全部不会解答(　　)
3	探索中质疑	
4	探索题完成情况	全部完成(　　);部分完成(　　);全部没有完成(　　)
5	本任务完成情况自我评价	优秀(　　);良好(　　);及格(　　);不及格(　　)

3　请你参考

3.1　水利水电工程施工投标的一般程序

从投标人的角度看,水利水电工程施工投标的一般程序主要有以下几个环节:

(1)参加资格预审;

(2)购买招标文件;

(3)组织投标班子;

(4)研究招标文件;

(5)参加踏勘现场和投标预备会;

(6)编制、递送投标文件;

(7)出席开标会议,填写投标文件澄清函;

(8)接受中标通知书,签订合同,提供履约担保。

3.2 投标活动的主要内容

当招标人通过新闻媒介发出招标公告后,承包商应首先认真研究招标工程的性质、规模、技术难度,结合自身主观影响因素,如技术实力、经济实力、管理实力、信誉实力等,认真分析业主、潜在竞争对手、风险问题等客观影响因素,决定是否参与投标。

投标人获取招标信息渠道是否通畅,往往决定该投标人是否在投标竞争中占得先机,这就需要投标人日常建立广泛的信息网络。投标人获取招标信息的主要途径有:

(1)通过招标公告来发现投标目标;

(2)通过政府部门或行业协会获取信息;

(3)通过设计单位、咨询机构、监理单位等获取信息;

(4)搞好公共关系,深入有关部门收集信息;

(5)取得老客户的信任,从而承接后续工程或接受邀请,获取信息;

(6)和业务相关单位经常联系,以获取信息或能够联合承包项目;

(7)通过社会知名人士介绍获取信息等。

3.2.1 参加资格预审

资格审查方式可分为资格预审和资格后审。如招标人发布资格预审公告,则投标人需要按照《水利水电工程标准施工招标资格预审文件》(2009 年版)中规定的资格预审申请文件格式认真准备申请文件,参加资格预审。具体内容详见单元 2 任务 2 内容。

3.2.2 购买招标文件和有关资料,缴纳投标保证金

投标人经资格审查合格后,便可向招标人申购招标文件和有关资料,同时要按照招标文件规定的时间缴纳投标保证金。

投标保证金是为防止投标人对其投标活动不负责任而设定的一种担保形式。一般来说,投标保证金可以采用现金,也可以采用支票、银行汇票,还可以是银行出具的银行保函等。

3.2.3 组织投标班子

实践证明,建立一个强有力的、内行的投标班子是投标获得成功的根本保证。施工企业必须精心挑选精明能干、富有经验的人员组成投标工作机构。

投标班子一般应包括下列三类人员:

(1)经营管理类人员。这类人员一般是从事工程承包经营管理的行家里手,熟悉工程投标活动的筹划和安排,具有相当的决策水平。

(2)专业技术类人员。这类人员是从事各类专业工程技术的人员,如建造师、造价工程师等。

(3)商务金融类人员。这类人员是从事有关金融、贸易、财税、保险、会计、采购、合同、索赔等项工作的人员。

3.2.4 研究招标文件

购买招标文件后,应认真研究文件中所列工程条件、范围、项目、工程量、工期和质量要求、施工特点、合同主要条款等,弄清承包责任和报价范围,避免遗漏,发现含义模糊的

问题,应作书面记录,以备向招标人提出询问。同时,列出材料和设备的清单,调查其供应来源状况、价格和运输问题,以便在报价时综合考虑。

3.2.5　参加踏勘现场和投标预备会

投标人在去现场踏勘之前,应先仔细研究招标文件有关概念的含义和各项要求,特别是招标文件中的工作范围、专用条款以及设计图纸和说明等,然后有针对性地拟定出踏勘提纲,确定重点需要澄清和解答的问题,做到心中有数。投标人参加现场踏勘的费用,由投标人自己承担。招标人一般在招标文件发出后,就着手考虑安排投标人进行现场踏勘等准备工作,并在现场踏勘中对投标人给予必要的协助。

投标人进行现场踏勘的内容主要包括以下几个方面:

(1)工程的范围、性质以及与其他工程之间的关系;

(2)投标人参与投标的工程与其他承包商或分包商之间的关系;

(3)现场地貌、地质、水文、气候、交通、电力、水源等情况,有无障碍物等;

(4)进出现场的方式,现场附近有无食宿条件,料场开采条件,其他加工条件,设备维修条件等;

(5)现场附近治安情况。

投标预备会又称答疑会、标前会议,一般在现场踏勘之后的1~2天内举行,也可能根据情况不举行。研究招标文件和勘查现场过程中发现的问题应向招标人提出,并力求得到解答,而且自己尚未注意到的问题,可能会被其他投标人提出;设计单位、招标人等也将会就工程要求和条件、设计意图等问题做出交底说明。因此,参加投标预备会对于进一步吃透招标文件、了解招标人意图、工程概况和竞争对手情况等均有重要作用,投标人不应忽视。

3.2.6　编制和递交投标文件

经过现场踏勘和投标预备会后,投标人可以着手编制投标文件。投标人编制和递交投标文件的具体步骤和要求主要有以下几点:

(1)结合现场踏勘和投标预备会的结果,进一步分析招标文件。招标文件是编制投标文件的主要依据,因此必须结合已获取的有关信息认真细致地加以分析研究,特别是要重点研究其中的投标人须知、专用条款、设计图纸、工程范围以及工程量清单等,要弄清到底有没有特殊要求或有哪些特殊要求。

(2)校核招标文件中的工程量清单。投标人是否校核招标文件中的工程量清单或校核的是否准确,直接影响到投标报价和中标机会。因此,投标人应认真对待。通过认真校核工程量,投标人大体确定了工程总报价之后,估计某些项目工程量可能增加或减少的,就可以相应地提高或降低单价。如发现工程量有重大出入的,特别是漏项的,可以在投标截止规定时间前以书面形式提出澄清申请,要求招标人对招标文件予以澄清。

(3)根据工程类型编制施工规划或施工组织设计。投标文件中施工规划或施工组织设计是一项重要内容,它是招标人对投标人能否按时、按质、按价完成工程项目的主要判断依据。由于水利工程招标一般分标,这里通常认为应该是单位工程施工组织设计,一般包括施工程序、方案,施工方法,施工进度计划,施工机械、材料、设备的选定和临时生产、生活设施的安排,劳动力计划,以及施工现场平面和空间的布置。施工规划或施工组织设

序号	内容	完成情况
1	抄写任务标题和思考题	
2	思考后结论	全部会解答(　　);部分会解答(　　);全部不会解答(　　)
3	探索中质疑	
4	探索题完成情况	全部完成(　　);部分完成(　　);全部没有完成(　　)
5	本任务完成情况自我评价	优秀(　　);良好(　　);及格(　　);不及格(　　)

3　请你参考

施工组织设计是优化工程设计、编制工程总概算、编制投标文件、编制施工成本及国家控制工程投资的重要依据,是组织工程建设、选择施工队伍、进行施工管理的指导性文件。

施工组织设计是一个总的概念,根据工程项目的编制阶段、编制对象或范围的不同,在编制的深度和广度上也有所不同。按工程项目编制阶段分类有设计阶段施工组织设计、施工招标投标阶段施工组织设计和施工阶段施工组织设计;按工程项目编制的对象分类有施工组织总设计、单位工程施工组织设计、分部(分项)工程施工组织设计。

在水利工程建设项目招标投标阶段,一般要分标招标,这里重点介绍对招标投标工作具有指导性的标前单位工程施工组织设计。它的编制依据主要是招标文件(含图纸)、现场踏勘收集到的资料以及施工与验收规定、施工手册等,同时包括企业相关的经验资料、企业定额等。

《水利水电工程标准施工招标文件》(2009 年版)中要求,投标人编制施工组织设计时应采用文字并结合图表形式说明工程的施工组织、施工方法、技术组织措施,同时应对关键工序、复杂环节重点提出相应技术措施,如冬雨季施工技术、减少噪声、降低环境污染、地下管线及其他地上地下设施的保护加固措施等。施工组织设计还应结合工程特点提出切实可行的工程质量、工程进度、安全生产、防汛度汛、文明施工、水土保持、环境保护管理方案。

下面就其中几个重要内容加以介绍。

3.1　工程概况与施工条件分析

3.1.1　工程概况

单位工程施工组织设计是根据招标文件提供的工程概况进行编制和分析的。一般情况下,招标文件提供的工程概况都不详细,还需通过相关的建设单位进行深入细致的调查,包括自然情况、社会经济情况以及工程情况等。

单位工程施工组织设计应对工程的基本情况作详细的说明，具体内容包括：

(1)工程概况。主要说明工程的规模、位置、内容、功能等。

(2)地质条件。包括水文地质、工程地质等。

(3)水文条件和气象条件。

(4)对外交通条件。

(5)工程项目和工作内容。

3.1.2 施工条件分析

3.1.2.1 施工现场条件

单位工程施工组织设计应根据工程规模、现场条件确定。在标前施工组织设计中应简要介绍和分析施工现场的施工导流与水流控制，包括围堰的情况(标准、度汛等)、建筑物的基坑排水情况等；施工现场的“四通一平”情况，拟建工程的位置、地形地貌、拆迁、移民、障碍物清除及地下水位等情况；周边建筑物以及施工现场周边的人文环境等。

3.1.2.2 水文和气象资料分析

对施工项目所在地的水文和气象资料作全面的收集与分析。如河道的水文特性、洪水过程、洪峰流量等，当地最低、最高气温及时间，冬、雨季施工的起止时间和主导风向等，特别是土方施工的项目，应对雨天的频率进行分析计算，以满足施工要求。

3.1.2.3 其他资料的调查分析

调查工程所在地的原材料、劳动力、机械设备的供应及价格情况，水、电、风等动力的供应情况，交通运输条件，施工临时设施可利用当地条件的情况，以及当地其他资源条件。以上这些资源情况直接影响项目的施工管理、施工方案以及完成施工任务的进度等。

3.2 施工方案的选择

施工方案的选择是编制单位工程施工组织设计的重点，是整个单位工程施工组织设计的核心。它直接影响工程的质量、工期、经济效益，以及劳动安全、文明施工、环境保护等。好的施工方案可以达到保证质量、节省资源、保证进度的目的。它关系到降低投资风险、提高投资效益、工程建设成败。因此，施工方案的选择是非常关键的工作。

施工方案的选择主要包括施工工序或流向、施工组织、施工机械和主要分部(分项)工程施工方法的选择等内容。

3.2.1 施工流向的确定

施工流向是指单位工程在平面上或竖向上施工开始的部位和进展的方向。对单位工程施工流向的确定一般遵循“四先四后”的原则，即先准备后施工，先地下后地上，先土建后安装，先主体后附属的次序。同时，针对具体的单位工程，在确定施工流向时应考虑以下因素：生产使用的先后，施工区段的划分，材料、构件、土方的运输方向不发生矛盾，适应主导工程。

确定施工顺序具体应注意以下几点：

(1)主导工程(工程量大、技术复杂、占用时间长的施工过程)的施工顺序是确定施工流向的关键因素。影响主导工程进度的应先施工。

(2)对生产或使用有要求的部位先施工。

(3)技术复杂、工期长的区段或部位应先施工。

(4)基础深浅不一的应先深后浅。

(5)土方开挖运输时,施工起点一般由远而近进行,土方填筑应分层填筑、分层压实。

3.2.2 施工组织的选择

3.2.2.1 考虑的因素

施工顺序是指各项工程之间或施工过程之间的先后次序。施工顺序应根据实际的工程施工条件和采用的施工方法确定。没有一种固定不变的顺序,但这并不是说施工顺序是可以随意改变的。水利水电工程施工顺序有其一般性,也有其特殊性,因此确定施工顺序应考虑以下几个方面的因素:

(1)遵循施工顺序。施工顺序应在不违背施工程序的前提下确定。

(2)符合施工工艺。施工顺序应与施工工艺顺序相一致,如钢筋混凝土面板堆石坝的垂直缝施工顺序为砂浆条铺设→在其上铺设止水→架立侧模。

(3)施工方法和施工机械的要求相一致。不同的施工方法和施工机械会使施工过程的先后顺序有所不同。如修筑堤防工程,可采用推土机推土上堤、铲运机运土上堤、挖掘机装土自卸汽车运土上堤,三种不同的施工机械有着不同的施工方法和不同的施工顺序。

(4)考虑工期和施工组织的要求。施工工期要求尽快完成施工项目时,应多考虑平行施工、流水施工。

(5)考虑施工质量和安全的要求。如基础回填土,必须在钢筋混凝土达到必需的强度后才能开始。

(6)不同地区的气候特点不同。安排施工过程应考虑不同地区的气候特点对工程的影响。如土方工程施工应避开雨季、冬季,以免基础被雨水浸泡或遇到地表水而加大基坑开挖的难度,防止冻害对土料压实造成困难。

3.2.2.2 施工方法确定

1.施工方法的确定原则

(1)具有针对性。在确定某个分部(分项)工程的施工方法时,应结合本分项工程的实际情况来制定,不能泛泛而谈。如模板工程应结合本分项工程的特点来确定其模板的组合、支撑及加固方案,画出相应的模板安装图,不能仅仅按施工规范谈安装要求。

(2)体现先进性、经济性和适用性。选择某个具体的施工方法(工艺)首先应考虑其先进性,保证施工质量。同时,还应考虑到在保证质量的前提下,该方法是否经济适用,并对不同的方法进行经济评价。

(3)保障性措施应落实。在拟订施工方法时不仅要拟订操作过程和方法,而且要提出质量要求,并要拟订相应的质量保障措施和施工安全措施及其他可能出现情况的预防措施。

2.施工方法选择

在选择主要的分部(分项)工程施工时,应包括以下几方面。

1)土石方工程

(1)计算土石方工程量,确定开挖或爆破方法,选择相应的施工机械。当采用人工开挖时,应按工期要求确定劳动力数量,并确定如何分区分段施工;当采用机械开挖时,应选择机械挖土的方式,确定挖掘机型号、数量和行走线路,以充分利用机械能力,达到最高的挖土效率。

(2)在地形复杂的地区进行场地平整时,确定土石方调配方案。

(3)当基坑深度低于地下水位时,应选择降低地下水位的方法,确定降低地下水位所需设备。

(4)当基坑较深时,应根据土的类别确定边坡坡度、土壁支护方法,确保安全施工。

2)混凝土及钢筋混凝土工程

(1)确定混凝土工程施工方案,如滑模法、爬高法等。

(2)确定模板类型的支模方法。重点应考虑提高模板周转利用次数、节约人力和降低成本。对于复杂工程,还需进行模板设计和绘制模板放样图或排板图。

(3)钢筋工程应选择恰当的加工、绑扎和焊接方法。当钢筋制作现场预应力张拉时,应详细制定预应力钢筋的加工、运输、安装和检测方法。

(4)选择混凝土的制备方案,如确定是采用商品混凝土,还是现场制备混凝土。确定搅拌、运输及浇筑顺序和方法,选择是泵送混凝土还是普通垂直运输混凝土机械。

(5)选择混凝土搅拌、振捣设备的类型和规格,确定施工缝的留设位置。

(6)若采用预应力混凝土,应确定预应力混凝土的施工方法、控制应力和张拉设备。

3.2.2.3　施工机械选择

1. 注意事项

在水利工程施工中,采用的机械种类杂、型号多,有土方机械、运输机械、吊装起重机械等。在选择施工机械时,应根据工程的规模、工期要求、现场条件等择优选定。选择施工机械时,应注意以下几点:

(1)选择主导工程的施工机械。如地下工程的土方机械,主体结构工程和垂直、水平运输机械,结构吊装工程的起重机械等。

(2)在选择辅助施工机械时,必须充分发挥主导施工机械的生产效率,要使两者的台班生产能力协调一致,并确定出辅助施工机械的类型、型号和台数。如土方工程中自卸汽车的载重量应为挖掘机斗容量的整数倍,汽车的数量应保证挖掘机连续工作,使挖掘机的效率充分发挥。

(3)为便于施工机械化管理,同一施工现场的机械类型应尽可能少。当工程量大且集中时,应选用专业化施工机械;当工程量小而分散时,可选择多用途施工机械。

(4)尽量选用施工单位的现有机械,以减少施工的投资额,提高现有机械的利用率,降低成本。当现有施工机械不能满足工程需要时,则购置或租赁所需新型机械。

2. 选择步骤

水利工程机械施工包括的内容很多,这里以土石方工程的挖、填为例进行说明。

1)分析施工过程

水利工程机械化施工过程包括施工准备工作、基本工作和辅助工作。

(1)施工准备工作。包括料场覆盖层清除、基坑开挖、岩基清理、修筑道路等。

(2)基本工作。包括土石料挖掘、装载、运输、卸料、平整和压实等工序。

(3)辅助工作。配合基本工作进行,包括翻松硬土、洒水、翻晒、废料清除和道路维修等。

2)施工机械选择

施工机械选择应该是根据施工方案进行的。在拟订施工方案时,首先研究基本工作所需要的主要机械,按照施工条件和工作参数选定主要机械;然后依据主要机械的生产能力和性能参数选用与其配套的机械。准备工作和辅助工作的机械则根据施工条件和进度要求另行选用,或者采用基本工作所选用的机械。

3)施工机械需要量

施工机械需要量可根据进度计划安排的日施工强度、机械生产率、机械利用率等参数计算求得。

还要注意在水利工程的机械施工中,需要不同功能的设备相互配合,才能完成其施工任务。例如,挖掘机装土自卸汽车运土上坝,拖拉机压实工作就是挖掘机、自卸汽车、拖拉机等三种机械配合才能完成的施工任务。

3.3 单位工程施工进度计划

3.3.1 施工进度计划的作用与编制依据

3.3.1.1 施工进度计划的作用与形式

单位工程施工进度计划的编制方式基本与总进度计划相同,在满足总进度计划的前提下应将项目分得更细、更具体一些。

单位工程施工进度计划是施工方案在时间上的具体反映,是指导单位工程施工的依据。它的主要任务是以施工方案为依据,安排工程中各施工过程的施工顺序和施工时间,使单位工程在规定的时间内,有条不紊地完成施工任务。

施工进度计划的主要作用是为编制企业季度、月度生产计划提供依据,为平衡劳动力、调配和供应各种施工机械和各种物资资源提供依据,同时为确定施工现场的临时设施数量和动力设备提供依据。施工进度计划必须满足施工规定的工期,在空间上必须满足工作面的实际要求,与施工方法相互协调。因此,编制施工进度计划应该细致地、周密地考虑这些因素。

单位工程施工进度计划的表达形式一般分为横道计划、网络计划和时标网络计划。

3.3.1.2 施工进度计划编制依据

这里所指的单位工程施工组织设计主要指投标时的施工组织设计。为此,招标文件是主要的编制依据,同时必须满足以下要求:

(1)施工总工期及开工、竣工日期。

(2)经过审批的总平面图、地形图、单位工程施工图、设备及基础图、使用的标准图及技术资料。

(3)施工组织总设计对本单位工程的有关规定。

(4)施工条件、劳动力、材料、构件及机械供应条件,分包单位情况等。

(5)主要分部(分项)工程的施工方案。

(6)劳动定额、机械台班定额及本企业施工水平。

(7)工程承包合同及业主的合理要求。

(8)其他有关资料,如当地的气象资料等。

3.3.2　编制程序与步骤

3.3.2.1　划分施工过程

编制单位工程施工进度计划，首先按照招标文件的工程量清单、施工图纸和施工顺序列出拟建单位工程的各个施工过程，并结合施工方法、施工条件、劳动组织等因素加以适当调整，使其成为编制单位工程进度计划所需的施工程序。

在确定施工过程时，应注意以下几点问题：

(1)施工过程划分的粗细程度，主要根据招标文件的要求，按照工程量清单的项目划分，基本可以达到控制施工进度，特别是开工、竣工时间，必须满足招标文件的时间要求。

(2)施工过程的划分要结合所选择的施工方案。不同的施工方案，其施工顺序有所不同，项目的划分也不同。

(3)注意适当简化单位工程进度计划内容，避免工程项目划分过细、重点不突出。根据工程量清单中的项目，有些小的项目可以合并，划分施工过程要粗细得当。

3.3.2.2　校核工程量清单中的工程量

招标文件提供的工程量清单是招标文件的一部分，投标者没有权利更改，但作为投标者应该进行工程量清单的校核。通过对工程量清单的校核，可以更多地了解工程情况，对投标工作有利，同时为中标后的工程施工、工程索赔奠定基础。

3.3.2.3　确定劳动量工时数和机械台班数

劳动量工时数和机械台班数应当根据工程量、施工方法和现行的施工定额，并结合当时当地的具体情况确定。

3.3.2.4　确定各施工过程的施工天数

根据工程量清单中的各项工程量以及施工顺序，确定其施工天数，这一过程非常重要，因为各分部(分项)工程的施工天数组成了整个工程的施工天数。在投标阶段，一般都采用倒排进度的方法进行。这是因为工程的开工、竣工时间都由招标文件规定，不能更改，施工期又不能任意增加或减少。根据招标文件要求的开工、竣工时间和施工经验，确定各分部(分项)工程施工时间，然后按分部(分项)工程所需的劳动量工时数或机械台班数，确定每一分部(分项)工程每个班组所需的工人数或机械台数。

3.3.2.5　施工进度计划的调整

为了使初始方案满足规定的目标，一般进行以下检查调整：

(1)各施工过程的施工顺序、平行搭接和技术间歇是否合理。

(2)初始方案的总工期是否满足连续、均衡施工。

(3)主要工种工人是否满足连续、均衡施工。

(4)主要机械、设备、材料等的利用是否均衡，施工机械是否充分利用。

经过检查，对不符合要求的部分可采用增加或缩短某些分项工程的施工时间。在施工顺序允许的情况下，将某些分项工程的施工时间向前向后移动。必要时，改变施工方法或施工组织等进行调整。

应当指出，上述编制施工进度计划的步骤不是孤立的，而是相互依赖、相互联系的，有时可以同时进行。由于水利工程施工是一个复杂的生产过程，受周围客观因素的影响很大，在施工过程中，由于劳动力、机械、材料等物资的供应及自然条件等因素的影响经常不符合原计划的要求,因而在工程进展中,应随时掌握施工动态,经常检查,不断调整计划。

3.3.3 编制进度表

施工进度表是施工进度的最终成果。它是在控制性进度表(施工总进度表或标书要求的工期)的基础上进行编制的,其起始时间与终止时间必须符合施工总进度计划或标书要求工期的规定。其他中间的分项工程可以适当调整。

3.4 单位工程施工平面图布置

单位工程施工平面图布置是施工总布置的一部分,其主要作用是根据已确定的施工方案布置施工现场,满足投标要求,完成投标任务。如果中标,还需进一步详细布置。

单位工程施工平面图是对拟建工程施工现场所作的平面设计和空间布置图。它是根据拟建工程的规模、施工方案、施工进度计划及施工现场的条件等,按照一定的设计原则,正确地解决施工期间所需的各种临时工程与永久性工程和拟建工程之间的合理位置关系。

3.4.1 单位工程施工平面图的设计内容

(1)已建和拟建的地上、地下一切建筑物的位置和框图。

(2)各种加工厂,材料、构件、加工半成品、机具、仓库和堆场。

(3)生产区、生活福利区的平面位置布置。

(4)场外交通引入位置和场内道路的布置。

(5)临时给水排水管道、临时用电(电力、通信)线路等的布置。

(6)临时围堰、临时道路等临时设施。

(7)图例、比例尺、指北针及必要的说明等。

3.4.2 单位工程施工平面图的设计依据

单位工程施工平面图设计前,首先应认真研究投标确定的方案和进度计划,在勘察现场取得施工环境第一手资料的基础上,认真研究自然条件资料、技术经济材料和社会调查资料,方能使设计与施工现场实际情况相符。单位工程施工平面图设计所依据的主要资料如下。

3.4.2.1 原始资料

(1)自然条件资料。包括天气、地形地貌、水文地质、工程地质资料,周围环境和障碍物,主要用于布置排除地表水期间所需设备的地点。

(2)技术经济调查资料。包括交通运输、水源、电源、气源、物资资源等情况,主要用于布置水电管线和道路。

(3)社会调查资料。包括社会劳动力和生活设施,参加施工各单位的情况,建设单位可为施工提供的房屋和其他生活设施。它可以确定可利用的房屋和设施情况,对布置临时设施有重要作用。

3.4.2.2 有关的设计资料、图纸等

(1)总平面图。包括图上一切地下、地上原有和拟建的建筑物及构筑物的位置和尺寸。它是正确确定临时房屋和其他设施位置所需的资料。

(2)施工总布置图(施工组织总设计)。

(3)一切原有和拟建的地下、地上管道位置资料。

(4)建筑区域的土方平衡图。它是安排土方挖填、取土或弃土的依据。

(5)单位工程施工组织设计平面图应符合施工总平面图的要求。

(6)单位工程的施工方案、进度计划、资源需要量计划等施工资料。

3.4.3 单位工程施工平面图的设计原则

单位工程施工平面图的设计原则与施工总布置图的设计原则基本相同，主要有以下几点：

(1)现场布置尽量紧凑，节约用地，不占或少占农田。在保证施工顺利进行的前提下，布置紧凑，节约用地，有利于管理，减少施工道路和管线，以降低成本。

(2)缩短运输距离，减少二次搬运。在合理地组织运输、保证现场运输道路通畅的前提下，最大限度地减少场内运输，特别是场内二次搬运，各种材料的进场时间应按计划分批分期进行，充分利用场地。各种材料的堆放位置应根据使用时间的要求尽量靠近使用地点，运距最短，既节约劳动力，又减少材料多次转运中的消耗，可降低成本。

(3)控制临时设施规模，降低临时设施费用，在满足施工的条件下尽可能利用施工现场附近的原有建筑物作为临时设施，多用装配式的临时设施，精心计算和设计，从而节省资金。

(4)临时设施的布置应便于施工管理及生产和生活，生产工人居住区至施工区的距离最近，往返时间最少，办公用房应靠近施工现场，福利设施应在生活区范围之内。

(5)遵循水利建设法律、法规对施工现场管理提出的要求，利于生产、生活、安全、消防、环保、卫生防疫、劳动保护等。

3.4.4 单位工程施工平面布置图的编制

单位工程施工平面布置图是投标的重要技术文件之一，是该段施工组织设计的重要组成部分。因此，要精心设计，认真绘制。

3.4.4.1 单位工程施工平面布置图的绘制要求

(1)绘图的步骤、内容、图例、要求和方法基本与施工总平面图相同，应做到标明主要位置尺寸，要按图例或编号注明布置的内容、名称，线条粗细分明，字迹工整清晰，图面美观。

(2)绘图比例常用1:500～1:2 000，视工程规模大小而定。

(3)将拟建工程置于平面图的中心位置，各项设施围绕拟建工程设置。

3.4.4.2 单位工程施工平面布置图的绘制

单位工程施工平面布置图的绘制可采用手工绘制或计算机CAD应用软件绘制。

4 请你探索

(1)除以上介绍的施工组织设计要点外，还要考虑哪方面内容？

(2)施工组织设计应如何更好地为投标竞标服务？

5 请你练习

5.1 单项选择题

(1)施工组织总设计是以一个(　　)为编制对象，用以指导其施工全过程的各项施工活动的综合技术经济性文件。

A. 单位工程　　B. 分项工程　　C. 分部工程　　D. 工程项目

(2)单位工程施工组织设计是以一个(　　)为编制对象,用以指导其施工全过程的各项施工活动的综合技术经济性文件。

A. 单位工程　　B. 分项工程　　C. 分部工程　　D. 工程项目

5.2　多项选择题

(1)施工组织设计按对象范围的不同可分为(　　)。

A. 施工组织总设计　　B. 单位工程施工组织设计

C. 实施性的施工组织设计　　D. 分部分项工程施工组织设计

(2)施工组织设计按编制阶段的不同可分为(　　)。

A. 设计阶段施工组织设计　　B. 施工招标投标阶段施工组织设计

C. 施工阶段施工组织设计　　D. 单位工程施工组织设计

(3)单位工程施工平面布置图中应包括(　　)。

A. 临时围堰、临时道路等临时设施

B. 生产区、生活福利区的平面位置布置

C. 建设及监理单位的办公场所

D. 各种加工厂,材料、构件、加工半成品、机具、仓库和堆场

(4)下列(　　)是单位工程施工组织设计的主要内容。

A. 工程概况及施工特点　　B. 施工进度计划

C. 工程设备供应商　　D. 施工平面图

6　请你回顾

(1)标前单位工程施工组织设计的作用。

(2)标前单位工程施工组织设计的构成。

任务3　投标报价

1　请你思考

(1)投标报价在投标文件中所处的地位如何?

(2)工程量清单能否改变?

2　请你动手完成

在本任务开始之际填写1~2栏目,在本任务完成之后填写3~5栏目。在你所选项的(　　)中划“√”,请你参与和配合!

序号	内容	完成情况
1	抄写任务标题和思考题	
2	思考后结论	全部会解答(　　);部分会解答(　　);全部不会解答(　　)
3	探索中质疑	
4	探索题完成情况	全部完成(　　);部分完成(　　);全部没有完成(　　)
5	本任务完成情况自我评价	优秀(　　);良好(　　);及格(　　);不及格(　　)

3　请你参考

投标报价编制可以参考招标人编制标底的办法,二者既有联系又有区别。相同的是都必须充分考虑工程技术复杂程度、施工工艺方法、工程量大小、施工条件优劣、市场竞争激烈程度等情况。但投标报价是以投标人自身拥有的施工设备、技术优势和管理水平确定人工、材料、机械的消耗数量,以自己的采购优势确定材料预算价格,以自己的管理水平确定各项取费费率,即投标人报价是体现具体施工企业工效和管理水平的竞争价格;而招标标底是按社会平均先进工效和管理水平编制的价格。

3.1　报价编制基本流程

报价编制流程为投标程序的一部分,具体流程如下。

3.1.1　勘察现场、参加标前会及了解当地材料价格信息

勘察现场常安排在购买招标文件之后,招标单位一般会在招标文件中载明勘察现场的时间及集中出发地点,勘察现场一般由招标单位或招标代理机构主持,设计参与解说,邀请全体投标单位参加。因勘察现场、收集数据对报价编制很重要,报价人员最好能参与活动。在勘察现场中,如有疑问,可直接询问业主或设计代表。

现场勘察完毕后,招标单位可能会组织返回召开标前会,主要解答投标单位在勘察现场中或在翻阅招标文件中发现的问题及不明事项,会后招标单位将以书面形式将标前会解答的问题发给每个投标单位。

标前会完毕后,参与勘察现场的报价人员还有一个重要任务,就是了解当地材料价。材料价的来源主要有两种方式:一是从当地造价部门购买造价信息;二是直接询价。建议先购买造价信息,这样可以获得常规材料的价格,再对一些随市场波动较大的材料单独询价,如柴油、钢筋、水泥等。

3.1.2　阅读、理解招标文件

在报价编制之前,首先要认真阅读、理解招标文件,包括商务条款、技术条款、图纸及补遗文件,并对招标文件中有疑问的地方以书面形式向招标单位去函要求澄清。

3.1.3　确定报价编制原则

在对招标文件有了比较详细的了解后,就可以开始进行报价的编制工作。首先要确

定该工程项目的报价编制原则,即选用何种定额及取费费率等问题。如招标文件对定额及取费费率有要求,就按招标文件要求进行编制;一般情况下对定额的选取及取费费率不作明确要求,可根据企业经验及习惯来确定定额及取费费率的选取。有企业定额的投标人可以依据企业定额进行报价,以便增加报价竞争优势。

3.1.4 基础价格的确定

在确定了报价的编制原则后,需要确定报价的基础价格。基础价格包括人工预算单价和风、水、电及材料预算单价。人工预算单价可由编制原则的具体规定及计算方法来确定,风、水、电预算单价也可由编制原则规定的计算方法结合施工方案来计算而得。材料预算单价则需根据材料的来源确定原价(如果为业主供应材料,业主供应价作为原价),并计入运杂费、采购及保管费等费用。

3.1.5 施工方案交底

当施工方案编制人员在基本方案已初步形成之后,应向报价编制人员进行技术交底,提供报价编制人员编制报价所需的施工工艺、施工手段及其他有关必需数据,以便报价编制人员根据该施工方案编制相应报价。

3.1.6 报价的编制及调整

在上述工作全部完成之后,就可以对具体的单价进行编制,由于编标时间一般较短,加上单价的计算工作比较繁复,为提高效率及计算的准确度,一般采用计算机程序进行报价的编制。采用这种方式只需将基础价格及材料价输入程序,选取相应的费率后,直接从程序中调用定额并自动计算,还可根据需要对报价进行调整。

3.1.7 标书报价的形成

上述计算工作全部完成后,可对报价进行汇总,并完成招标文件要求的所有报价附录及表格,经检验校对无误后即可形成标书报价。

3.1.8 投标前修改报价的编制

在递交标书的截止时间前,如投标单位认为有必要对投标报价进行调整,可以以修改报价书、降价函、调价函等方式来对总价进行调整,招标文件中明确注明不允许调价的除外。一般要求随调价函附上调价后的工程量清单(含单价分析表)。

3.2 单价的编制及工程量清单汇总

建筑、安装工程单价指完成建筑、安装工程单位工程量所耗用的直接工程费、间接费、企业利润和税金四部分的总和,是对应工程量清单的完全费用单价。工程单价是编制水利水电建筑安装工程投资及报价的基础,它直接影响工程总报价的准确程度。

3.2.1 工程单价的编制步骤和方法

3.2.1.1 编制步骤

(1)了解工程概况,熟悉设计图纸,收集基础资料,弄清工程地质条件。

(2)根据工程特征和施工组织设计确定的施工条件、施工方法及设备情况,以及编制原则中已选定额版本正确选用定额子目。

(3)根据本工程的基础单价和有关费用标准,计算直接费、间接费、利润和税金,并加以汇总。

3.2.1.2 编制方法

工程单价的编制通常采用列表法。投标人应按招标文件的要求，编制工程量清单中主要项目的单价分析表，每种单价一份，项目编号和名称应与工程量清单一致。

3.2.2 工程量清单编制

当各分项工程单价计算完毕后，将其填入工程量清单中相应各项目，得到工程量清单的分组报价。

3.2.3 投标报价汇总

将分组报价汇总填入投标报价汇总表，从而得到投标总报价。

3.3 总价承包项目分解表的编制

总价承包项目是指在投标报价中以总价包干形式结算的临时工程项目，通常称“临时工程”、“一般项目”或“措施项目”。这部分项目通常是业主不提供工程量，而由投标人自行编制方案、自行报价，业主在合同中总价包干结算的工程项目。因此，在编制总价承包项目的时候，相应的施工方案设计非常重要，如果设计工程量偏小而实际工程量偏大，往往由于此部分项目是在开工建设初期进行从而导致前期资金紧张，项目施工资金周转陷入不良循环；如果设计工程量过大，使这部分报价过高，从而导致施工总体报价偏高，不利于投标竞争。

一般来说，总价承包项目主要包括进退场，施工前期的临时建设，施工期间安全防护、环境保护等工程项目。此类项目均属于总价包干结算形式，业主在施工单位完成此类项目后分批结算或者在施工单位进场时一次或两次付清，无论施工单位实际施工发生的费用多少，均不再补偿。因此，对于投标单位来说，如何正确列出总价承包项目中所包含的内容及相应内容的工程量是编制总价承包项目的重点。

3.4 常见报价表格的编制

招标文件除要求投标人提供投标报价汇总表、工程量清单和单价分析表外，还需要编制一些投标辅助资料表格，主要有总价承包项目分解表，人工、材料、机械预算单价计算表，混凝土砂浆配合比计算表，计日工表，分组工程报价组成表，资金流估算表，主要材料和水、电需要量计划表等。

3.5 投标报价策略

在目前激烈的水利水电工程市场竞争中，投标报价显得至关重要，其好坏直接关系到企业能否中标与能否赢利。为了做到两方面兼顾，投标报价专业人员应该掌握如下一些投标报价决策方法与技巧。

3.5.1 报价决策

3.5.1.1 高价赢利策略

这是在报价过程中以较大利润为投标目标的策略。这种策略的使用通常基于以下情况：

(1)施工条件差；

(2)专业要求高、技术密集型工程，而本公司在此方面有专有技术以及良好的声誉；

(3)总价较低的小工程；

(4)特殊工程，如港口海洋工程等，需要特别或专有设备；

(5)业主要求苛刻且工期相当紧的工程；

(6)竞争对手少；

(7)支付条件不理想。

3.5.1.2　微利保本策略

微利保本策略指在报价过程中降低甚至不考虑利润。这种策略的使用通常基于以下情况：

(1)工作较为简单,工作量大,但一般公司都可以做,比如大体积的土石方工程；

(2)本公司在此地区干了很多年,现在面临断档,有大量的设备在该地区待处置；

(3)该项目本身前景看好,为本公司创建业绩；

(4)该项目后续项目较多或公司保证能以上乘质量赢得信誉,续签其他项目；

(5)竞争对手多；

(6)有可能在中标后将工程的一部分以更低价格分包给某些专业承包商；

(7)长时间未中标,希望拿下一个项目激励人气,维持日常费用,缓解公司压力。

3.5.1.3　低价亏损策略

低价亏损策略指对某项目的最终报价低于公司的成本价的一种报价策略。使用该投标策略时应注意:第一,报价低在评标时得分较高;第二,这种报价方法属于正当的商业竞争行为。这种报价策略通常只用于以下几种情况：

(1)市场竞争激烈,承包商又急于打入该领域创建业绩；

(2)后续项目多,对前期工程以低价中标,占领阵地,工程完成的好则能获得业主信任,希望后期工程继续承包,补偿前期低价损失；

(3)有信心中标后通过变更索赔弥补损失甚至赢利,但此种报价方式有可能被评标委员会根据招标文件有关条款判为废标。

3.5.2　注重投标报价中的细节

3.5.2.1　认真研究招标文件,理解并"吃透"业主意图

(1)分清承包商的责任和报价范围,不要发生任何遗漏。

(2)及时调查了解工程所在地工、料、机等的市场价格,以免因盲目估价而失误。

(3)工程款支付条件,有无工程预付款、结算方式、拖延付款的责任和利息支付等。

(4)弄清有无特殊材料、设备及施工方法要求,以便采取相应对策措施。

(5)弄清工程量清单中各个工程项目组成的内在含义,防止漏项发生。

(6)弄清总包与分包的规定,以便当自身施工能力不足时便于分包及协作。

(7)弄清施工期限内的涨价补偿规定,以便报价决策时充分考虑利益风险等因素。

(8)对含糊不清的问题,均应及时提请招标单位予以澄清。

3.5.2.2　仔细考察现场

业主通常会在投标单位购买招标文件后组织所有投标单位人员踏勘现场,并召开标前会,现场解答投标单位疑问。仅仅通过一次现场调查很难完全达到这一目的,因此在工程现场考察之前应该做好充分的准备,进行一系列的调查,具体包括政治情况、经济情况、法律情况、生产要素市场情况、交通运输和通信情况、自然条件、施工条件及其他情况调查等。

3.5.2.3 调查竞争对手

在对自身情况和工程环境有了清楚的认识之后就要尽力弄清竞争对手的情况，全面掌握其优势和缺点，明确本次投标的主要竞争对手，有针对性地制订投标方案，选择投标报价技巧，充分发挥自身优势，限制竞争对手，增加中标的把握性。

3.5.2.4 对报价进行周密计算

熟读招标文件之后，应根据本工程特点选取合适的定额及报价编制原则，根据本公司为该工程编制的施工方案，编制出一个完善的满取费报价，一般把此报价作为投标报价决策的上限。

3.5.2.5 对成本价进行准确预测

根据本公司目前的施工水平，并结合当前市场情况，对工程的施工成本予以准确预测。成本总价是项目报价决策的一个重要依据，影响整个项目的投标决策，在测算时一定要准确、全面、务实。如果成本价测算时漏项或部分项目成本考虑得不够，导致成本总价偏低，公司在报价决策时有可能产生以亏损价中标的风险；如果成本价测算时一味保守，最终测算的成本总价高于实际成本，公司在项目决策时就有可能会失去中标机会。

3.5.3 报价技巧

3.5.3.1 不平衡报价法

不平衡报价法是相对通常的平衡报价（正常报价）法而言的，指在总价基本确定以后，通过调整内部清单项目的报价，以期既不提高总价影响中标，又能在结算时得到理想的经济效益。可以提高单价的项目包括：前期结算支付的项目；预计今后工程量会增加的项目；暂定项目中估计要做的项目等。但要注意的是，有些项目评标办法规定对主要单价进行评分，要评分的单价不能采取不平衡报价，以免弄巧成拙。

3.5.3.2 计日工单价法

计日工单价报价时可稍高，因为计日工不属于承包总价的范围，发生时可根据现场签证的实际工日、材料或机械台班实报实销。但如果招标文件中已经给定了计日工的“名义工程量”，并计入总价，则需要具体分析是否提高总报价。

3.5.3.3 突然袭击法

由于投标竞争激烈，为迷惑对方，可在整个报价过程中，仍然按照一般情况进行，甚至有意泄露一些虚假情况，如宣扬自己对该工程兴趣不大，不打算参加投标，或准备投标的价格，表现出无利可图等假象，到投标截止前几小时，突然前往投标，并改变投标价，从而使对手措手不及。

3.5.3.4 联营法

联营法比较常用，即两三家公司，其主营业务类似或相近，单独投标会出现经验、业绩不足或互相竞争压低报价，经两家或更多家商议后，组成联营体共同投标，可以做到优势互补、规避劣势、利益共享、风险共担，又可避免互相竞争压低报价。

3.5.4 注重投标报价人员的素质

公司的决策主要依据报价人员提供的基础数据及有关建议，故在目前激烈的竞争中，每一个水利水电施工单位均应拥有一支优秀的投标报价队伍，建议报价人员在工作实际中注意以下几个方面。

3.5.4.1 认真学习研究，深刻理解招标文件所列各项条款

招标文件许多条款规定对报价起着极其重要的作用，报价时必须理解各条款的含义，以便在投标中严格按照招标文件要求，避免投标文件因未按照招标文件要求而废标，或因未深刻理解招标文件中的某些条款，中标后给投标方造成经济损失等。如有些一次性包死的工程项目，招标文件中就规定：投标人要认真研究招标文件，应在报价中充分考虑到正常施工情况下可能发生的所有费用（如设计变更、现场签证、固定总价时的工程量清单与实际发生的工程量有偏差以及政策性调价等）。对投标人没有填入的项目，招标人认为投标人的报价已经包括，在实施时招标人将不予另行支付。对于这些内容，报价时就要逐项研究分析，并根据工程实际情况将可能发生的设计变更及现场签证费用计入报价中。如不认真研究条款，就有可能将应增加的费用未增加，一旦中标后发生上述情况，因为投标文件中标后将是合同的组成部分，将无法向业主追回相关费用，给企业带来不必要的经济损失。另外，招标文件所列的条款，中标后也将成为合同组成部分，同样具有法律效力。因此，准确理解招标文件中的每一条款，对于确定合理的有竞争力的报价是非常重要的。

3.5.4.2 了解施工方案，做到报价与方案的和谐统一

投标环境就是招标工程施工的自然、经济和社会条件。这些条件是工程制约因素，必然会影响工程成本，投标报价及编制施工方案时必须了解清楚。施工方案是投标报价的一个前提条件，投标单位制订施工方案时必须采用有效的、先进的施工技术提高工效，同时还要针对招标项目施工的重点提出特殊施工方案，做到技术上、工期上对招标单位有吸引力，同时有助于降低施工成本。还要注意施工方案（技术标）和商务标是相互统一的，二者相关内容要表述一致。参与编制施工方案（技术标）的技术人员、商务报价人员要相互兼顾，技术人员在编制施工方案时要有经济意识，商务报价人员编制报价时要熟悉施工过程，以便将费用考虑周全，做到准确报价。所以，只有将商务标与施工方案（技术标）有机结合起来，才能增强投标报价的竞争力。

3.5.4.3 提高投标报价基础计算的准确性

投标计算是投标单位对承建招标工程所要发生的各种费用的计算。投标报价基础性计算的准确与否直接关系到能否制定出正确的投标报价策略，能否作出合理恰当的投标报价决策。所以，计算标价之前，应充分熟悉招标文件和施工图纸，了解设计意图、工程全貌，同时还要了解掌握工程现场情况，对整个计算过程要反复进行审核，保证据以报价的基础和工程总造价的正确无误。

3.5.4.4 建立公司成本资料库

从购买招标文件到投标，一般时间都较紧，报价人员既要准确计算报价，形成完善的投标文件，又要快速准确测算该项目的成本，强度很大，在时间上满足不了要求。因此，有必要建立公司成本资料库，需要时可从库中直接调用或参考、类比。

（1）常规项目单价或工序的成本价格。如土方挖运 1 km 多少费用，增运 1 km 多少费用。

（2）目前的市场价格，包括项目或工序的分包价格。

（3）已完工程结算资料，即根据已建成项目的经验，掌握公司在某些项目上的实际施工成本。

成本库建立后，因市场是不断变化的，报价人员要定期或不定期地对成本库进行增补和更新。

3.5.4.5 提高投标报价人员的自身素质

报价人员应向综合型、复合型方向发展，这也是社会发展的需要。由于报价与技术方案是密切相关的，所以报价人员应懂施工技术，技术人员应懂经营，这样才能不断增强本单位参与投标报价的竞争实力。

4 请你探索

(1)编制投标报价与招标标底的区别。

(2)除以上介绍的投标报价技巧外，还有哪些报价技巧?

5 请你练习

5.1 多项选择题

(1)报价技巧有(　　)。

A.不平衡报价　　B.突然袭击法

C.联营法　　D.串通报价法

E.先亏后盈法

(2)总价承包项目主要包括(　　)。

A.进、退场　　B.施工前期的临时建设

C.主体项目　　D.环境保护

E.施工期间安全防护

(3)下面关于施工方案和投标报价和谐统一的论述正确的有(　　)。

A.施工方案是投标报价的一个前提条件

B.技术人员在编制施工方案时要有经济意识

C.商务报价人员编制报价时要熟悉施工过程

D.施工方案编制人员和投标报价人员分工独立，互不干扰

E.投标报价与施工方案有机结合起来，才能增强投标报价的竞争力

5.2 案例分析

本书示例2为示例1的其中一家投标文件，示例1的工程最高限价为伍佰贰拾贰万陆仟叁佰壹拾贰元叁角玖分(5 226 312.39元)。如果在评标过程中确认的有效报价除示例2的投标人(假设为A)外，另有四家投标人(假设为B、C、D、E)，他们的投标报价分别为4 991 128.33元、5 205 407.14元、4 944 091.52元、4 808 207.40元。

(1)按照示例1中的投标总报价得分计算办法，计算各家总报价得分。

(2)如果将示例1中的投标总报价得分计算办法修改为“投标人的报价高于评标基准价时，以30分为基数，每高1个百分点扣2分，直至扣完。报价低于评标基准价，在-5%~0时，以30分为基数，每低一个百分点加1分；低于-5%时，以30分为起扣点，每再低1个百分点扣2分，直至扣完”。再行计算各家总报价得分。

(3)试比较两种得分计算办法，各家得分的差别。

(4)请说明如果按照修改后的总报价计算办法招标，业主有什么意图？投标人应该注意什么问题？

(5)从报价上推测投标人C可能是什么身份，有什么想法？

6 请你回顾

(1)投标报价的编制步骤。

(2)投标报价的决策与技巧。

任务4 水利水电工程施工投标文件编制

1 请你思考

(1)编制水利水电工程施工投标文件的基本内容是什么？

(2)编制水利水电工程施工投标文件的依据和程序是什么？

(3)编制水利水电工程施工投标文件应注意什么？

2 请你动手完成

在本任务开始之际填写1～2栏目，在本任务完成之后填写3～5栏目。在你所选项的(　)中划"√"，请你参与和配合！

序号	内容	完成情况
1	抄写任务标题和思考题	
2	思考后结论	全部会解答(　)；部分会解答(　)；全部不会解答(　)
3	探索中质疑	
4	探索题完成情况	全部完成(　)；部分完成(　)；全部没有完成(　)
5	本任务完成情况自我评价	优秀(　)；良好(　)；及格(　)；不及格(　)

3 请你参考

3.1 水利水电工程施工投标文件编制的基本内容

3.1.1 投标文件的组成

投标文件是指承包人为完成合同规定的各项工作，在投标时按招标文件的要求向发包人提交的投标报价书、已标价的工程量清单、施工组织设计以及其他文件。投标文件主要包括下列内容。

(1)投标函及投标函附录。

投标函的主要内容是投标报价、质量、工期目标、投标保证金数额等。投标函附录的主要内容是投标人对开工工期、违约金以及招标文件规定其他要求的具体承诺。

(2)法定代表人的身份证明或附有法定代表人身份证明的授权委托书。

(3)投标保证金。投标保证金的形式有现金、支票、汇票和银行保函等,但具体采用何种形式应根据招标文件规定。另外,投标保证金被视作投标文件的组成部分,未及时缴纳投标保证金,该投标文件将被判为废标。

(4)已标价工程量清单与报价表。本部分内容应严格按照招标文件的规定,填写所有表格。尤其注意不允许修改工程量清单中的任何内容。

(5)施工组织设计。施工组织设计的内容一般包括:施工部署,施工方案,总进度计划,资源计划,施工总平面图,季节性施工措施,质量、进度保证措施,安全施工、文明施工、环境保护措施等。

(6)项目管理机构。

(7)资格审查资料。

(8)其他材料。

上述第(1)至(4)项内容组成商务标,第(5)项为技术标的主要内容,第(6)~(8)项内容组成资信标或并入商务标。具体根据招标文件规定。

招标文件中拟定的供投标人投标时填写的一套投标文件格式,详见本任务3.4内容。

3.1.2 投标文件编制的主要依据

(1)招标文件、设计图纸。

(2)施工组织总设计。

(3)施工规范。

(4)国家、部门、地方或企业定额。

(5)国家、部门或地方颁发的各种费用标准。

(6)工程材料、设备的价格及运费。

(7)劳务工资标准。

(8)当地生活物资价格水平等。

3.2 水利水电工程施工投标文件的编制步骤

在投标文件编制之前,必须明确对招标文件提出的实质性要求和条件作出响应(包括技术要求、投标报价要求、评价标准等)。

编制投标文件的一般步骤如下。

3.2.1 编制投标文件的准备工作

编制投标文件的准备工作包括熟悉招标文件、图纸、资料,对图纸及资料有不清楚、不理解的地方,可以用书面形式向招标人询问、澄清;参加招标人组织的施工现场踏勘和答疑会;调查当地材料供应和价格情况,如所采用的规范、特殊施工和施工材料的技术要求等;了解交通运输条件和有关事项。

3.2.2 实质性响应条款的编制

实质性响应条款的编制包括对合同主要条款的响应，对提供资质证明的响应，对采用的技术规范的响应等。如工期、拖期罚款、保函要求、保险、付款条件、货币、提前竣工奖励、争议、仲裁、诉讼法律等。

3.2.3 复核、计算工程量

招标文件是投标的主要依据，应进行仔细分析。分析应主要放在投标人须知、专用条款、设计图纸、工程范围以及工程量清单上，最好有专人或小组研究技术规范和设计图纸，明确特殊要求。

对于招标文件中的工程量清单，投标人一定要进行校核，因为这直接影响中标的机会和投标报价。在校核中如发现工程量相差较大，投标人不能随便改变工程量，而应致函业主进行澄清。投标人在核算工程量时，应结合招标文件中的技术规范明确工程量中每一项具体内容，才不至于在计算工程单价时出现错误。

3.2.4 编制施工组织设计，确定施工方案

施工组织设计是指导拟建工程施工全过程各项活动的技术、经济和组织的综合性文件。

施工组织设计要根据国家的有关技术政策和规定、业主的要求、设计图纸和组织施工的基本原则，从拟建工程施工全局出发，结合工程的具体条件，合理地组织安排，采用科学的管理方法，不断地改进施工技术，有效地使用人力、物力，安排好时间和空间，以期达到耗工少、工期短、质量高和造价低的最优效果。

在投标过程中，必须编制施工组织设计，这件工作对投标报价影响很大。但此时所编制的施工组织设计的深度和范围都比不上中标后由项目部编制的施工组织设计，因此是初步的施工组织设计。初步的施工组织设计一般包括进度计划和施工方案等内容。招标人将根据施工组织设计的内容评价投标人是否采取了充分和合理的措施，保证按期完成工程施工任务。另外，施工组织设计对投标人自己也是十分重要的，因为进度安排是否合理，施工方案选择是否恰当，对工程成本与报价有密切关系。

3.2.5 计算投标报价并投标决策确定最终报价

投标人在研究了招标文件并对现场进行了考察之后，即进入投标报价计算阶段，其方法与编制施工图预算的方法基本相同，但应注意的问题如下。

3.2.5.1 工程量计算

目前，由于各省、市、自治区的预算定额都有自己的规定，从而引起单价、费用、工程项目定额内容不尽相同。参加一个地区的投标报价，必须首先熟悉当地使用的定额及规定，才能将计算工程量时的项目划分清楚。

3.2.5.2 正确分析单价

正确分析单价的基础是要掌握定额单位所包含的工作内容，同时要与其施工工艺和操作过程相一致。这就需要造价人员除掌握定额外，还要对施工组织设计或施工方案有较深的了解。同时，又要熟悉本企业主要项目施工工艺的一般做法。

3.2.5.3 准确计算各种数据

工程量、单价、合价以及各种费用的计算都属于数据的计算，这些数据的运算一般都

比较简单。但是,许多数字是相互关联的,一处错误就会引起一系列的错误。应当指出的是,投标报价是竞争激烈的商务活动,它不同于一般的施工图预算编制,投标人由于计算上的失误而失标,或中标后引起企业亏损的事例很多。因此,精明的投标人在完成计算后,一定要耐心细致地复核,以减少运算上的失误。

以上计算得出的价格只是特定的暂时报价,须经多方面分析后,才能做出最终报价决策。报价时,投标人要客观而慎重地分析本行业的情况和竞争形势,在此基础上,对报价进行深入细致的分析,包括分析竞争对手、市场材料价格、企业盈亏、企业当前任务情况等,最后做出报价决策。确定报价上浮或下浮的比例,决定最终报价。

报价是确定中标人的条件之一,而不是唯一的条件。一般来说,在工期、质量、社会信誉等相同的条件下,招标人选择低价中标。

3.2.6 编制投标书,装订成册

(略)

3.3 水利水电工程施工投标文件编制的注意事项

(1)投标人编制投标文件时必须使用招标文件提供的投标文件表格格式。但表格可以按同样格式扩展。投标保证金、履约保证金的方式按招标文件有关条款的规定可以选择。投标人根据招标文件的要求和条件填写投标文件的空格时,凡要求填写的空格都必须填写,不得空着不填;否则,即被视为放弃意见。重要的项目或数字(如工期、质量等级、价格等)未填写的,将被作为无效或作废的投标文件处理。

(2)当招标文件规定投标保证金为合同总价的某个百分比时,开具投标保函不要太早,以防泄漏报价。但有的投标人提前开出并故意加大保函金额,以麻痹竞争对手的情况也是存在的。

(3)投标文件应严格按照招标文件的要求进行密封,避免由于密封不合格造成废标。

(4)认真对待招标文件中关于废标的条件,以免被判为废标而前功尽弃。

3.4 水利水电工程施工投标文件格式

投标文件包括:

(1)投标函及投标函附录;

(2)授权委托书;

(3)联合体协议书;

(4)投标保证金;

(5)已标价工程量清单;

(6)施工组织设计;

(7)项目管理机构表;

(8)拟分包项目情况表;

(9)资格审查资料;

(10)原件的复印件;

(11)其他材料。

1　投标函及投标函附录

（一）投标函

______________（招标人名称）：

1. 我方已仔细研究了__________（项目名称）__________（标段名称）招标文件的全部内容，愿意以人民币（大写）________元（¥________元）的投标总报价，工期______日历天，按合同约定实施和完成承包工程，修补工程中的任何缺陷，工程质量达到__________。

2. 我方承诺在投标有效期内不补充、修改、替代或者撤回本投标文件。

3. 随同本投标函递交投标保证金一份，金额为人民币（大写）______________元（¥__________元）。

4. 如我方中标：

（1）我方承诺在收到中标通知书后，在中标通知书规定的期限内与你方签订合同；

（2）随同本投标函递交的投标函附录属于合同文件的组成部分；

（3）我方承诺按照招标文件规定向你方递交履约担保；

（4）我方承诺在合同约定的期限内完成并移交全部合同工程。

5. 我方在此声明，所递交的投标文件及有关资料内容完整、真实和准确，且不存在"第2章　投标人须知"第1.4.3款规定的任何一种情形。

6. __________（其他补充说明）。

投标人：____________________（盖单位章）
法定代表人或其委托代理人：__________（签字）
地址：________________________
网址：________________________
电话：________________________
传真：________________________
邮政编码：______________________

________年____月____日

（二）投标函附录

序号	条款名称	合同条款号	约定内容	备注
1	项目经理	1.1.2.4	姓名：______	
2	工期	1.1.4.3	天数：____日历天	
3	缺陷责任期（工程质量保修期）	1.1.4.5		
4	分包	4.3		
5	价格调整的差额计算	16.1.1	见价格指数权重表	
⋮	⋮	⋮	⋮	
⋮	⋮	⋮	⋮	

价格指数权重表

基本价格指数的基准日：

名称		基本价格指数		权重			价格指数来源
		代号	指数值	代号	允许范围	投标人建议值	
定值部分				A			
变值部分	人工费	F_{01}		B_1	___至___		
	钢材	F_{02}		B_2	___至___		
	水泥	F_{03}		B_3	___至___		
	⋮	⋮		⋮	⋮		
	合计					1.00	

注：除另有约定外，可调因子、定值权重和变值权重的允许范围以及基本价格指数的基准日期由招标人在招标文件中确定，变值权重建议值由投标人填写。可调因子的价格指数或价格指数的计算参数的选择由招标人在招标文件中确定。

2 授权委托书

本人________（姓名）系__________（投标人名称）的法定代表人，现委托________（姓名）为我方代理人。代理人根据授权，以我方名义签署、澄清、说明、补正、递交、撤回、修改____________（项目名称）____________（标段名称）投标文件、签订合同和处理有关事宜，其法律后果由我方承担。

委托期限：____________。

代理人无转委托权。

附：法定代表人身份证明

投标人：________________（盖单位章）

法定代表人：______________（签字）

身份证号码：______________

委托代理人：______________（签字）

身份证号码：______________

________年____月____日

3 联合体协议书

______________（所有成员单位名称）自愿组成______________（联合体名称），共同参加__________（项目名称）__________（标段名称）投标。现就联合体投标事宜订立如下协议：

1. ______________（某成员单位名称）为__________（联合体名称）牵头人。

2. 联合体牵头人合法代表联合体各成员负责本标段施工招标投标文件递交和合同谈判活动，并代表联合体提交和接受相关的资料、信息及指示，处理与之有关的一切事务，并负责合同实施阶段的主办、组织和协调工作。

3. 联合体将严格按照招标文件的各项要求,编制投标文件,履行合同,并对外承担连带责任。

4. 联合体内部各成员单位的职责分工如下:________________。

5. 本协议书自签署之日起生效,合同履行完毕后自动失效。

6. 本协议书一式________份,联合体成员和招标人各执一份。

牵头人名称:________________(盖单位章)

法定代表人或其委托代理人:________(签字)

成员单位一名称:________________(盖单位章)

法定代表人或其委托代理人:________(签字)

成员单位二名称:________________(盖单位章)

法定代表人或其委托代理人:________(签字)

……

________年____月____日

注:本协议书由委托代理人签字时,应附法定代表人签字的授权委托书。

4　投标保证金

____________________(招标人名称):

鉴于____________________(投标人名称,以下称"投标人")已于________年____月____日参加____________________(项目名称)________________(标段名称)的投标,________________(担保人名称,以下简称"我方")无条件地、不可撤销地保证:投标人在规定的投标文件有效期内补充、修改、替代或撤回其投标文件的,或者投标人在收到中标通知书后无正当理由拒签合同或拒交规定履约担保的,我方承担保证责任。收到你方书面通知后,在7日内无条件向你方支付人民币(大写)________________元(¥________________元)。

本担保在投标有效期内保持有效。要求我方承担保证责任的书面通知应在投标有效期内送达我方。

担保人:________________(盖单位章)

法定代表人或其委托代理人:________(签字)

地址:________________________

邮政编码:____________________

电话:________________________

________年____月____日

注1:投标保证金采取汇票、电汇、支票的,附上述票据的复印件;采取担保的,应采用上述格式。

注2:委托代理人应附授权委托书。

5　已标价工程量清单

（略）

6　施工组织设计

1. 投标人编制施工组织设计时应采用文字并结合图表形式说明工程的施工组织、施工方法、技术组织措施，同时应对关键工序、复杂环节重点提出相应技术措施，如冬雨季施工技术、减少噪声、降低环境污染、地下管线及其他地上、地下设施的保护加固措施等。施工组织设计还应结合工程特点提出切实可行的工程质量、工程进度、安全生产、防汛度汛、文明施工、水土保持、环境保护管理方案。

施工组织设计应附的文字说明及附图见下表（不限于，仅供参考）。

序号	名称	备注
1	施工围堰设计说明书及附图（包括加高、维护、拆除）	
2	施工排水设计说明书及附图（包括降水方案、场地排水等）	
3	材料采购（黄砂、碎石、块石的产地、矿名等均应明示，钢材、水泥的生产厂家，转运方案：卸料、短驳、运输、道路维护等）	
4	土方工程施工说明书及附图（施工工艺及质量保证措施和有关试验要求，施工进度工期计划等）	
5	基坑支护、地基加固工程施工说明书及附图（施工工艺及质量保证措施和有关试验要求，施工进度工期计划等）	
6	主体建筑物工程施工说明书及附图（施工工艺及质量保证措施和有关试验要求，施工进度工期计划等）	
7	金属结构制造和安装计划、措施及附图	
8	机电设备安装、调试方案，施工进度计划说明书	
9	建筑与装修工程施工说明书（施工工艺及质量保证措施，施工进度工期计划等）	
10	工程质量管理方案	
11	安全生产管理方案	
12	防汛度汛	
13	文明工地建设措施，为其他承包人提供方便的措施等	
14	水土保持、环境保护管理方案	
15	其他有关工程的施工工艺及进度计划	
16	有关施工建议	

2. 施工组织设计除采用文字表述外应附下列图表，图表及格式要求附后（略）。

附件一：拟投入本标段的主要施工设备表

附件二：拟投入本标段的试验和检测仪器设备表

附件三：拟投入本标段的劳动力计划表

附件四：计划开工日期、完工日期和施工进度网络图

附件五：施工总平面图

附件六：临时用地表

7　项目管理机构表

（一）项目管理机构组成表

职务	姓名	职称	执业或职业资格证明					备注
			证书名称	级别	证号	专业	社会保险	

（二）主要人员简历表

姓名		年龄		学历	
执业资格				安全生产考核合格证书	
职称		职务		拟在本合同任职	
毕业学校	年毕业于		学校	专业	
主要施工管理经历					
时间	参加过的类似项目		担任职务	发包人及联系电话	

注：主要人员指项目经理、技术负责人、安全管理人员（专职安全生产管理人员）、质量管理人员、财务负责人及其他主要人员。

8　拟分包项目情况表

分包人名称		地址	
法定代表人		电话	
营业执照号码		资质等级	
拟分包的工程项目	主要内容	预计造价（万元）	已经做过的类似项目

9　资格审查资料

（一）投标人基本情况表

<table>
<tr><td colspan="2">投标人名称</td><td colspan="6"></td></tr>
<tr><td colspan="2">注册地址</td><td colspan="3"></td><td colspan="2">邮政编码</td><td></td></tr>
<tr><td colspan="2" rowspan="2">联系方式</td><td>联系人</td><td colspan="2"></td><td colspan="2">电话</td><td></td></tr>
<tr><td>传真</td><td colspan="2"></td><td colspan="2">网址</td><td></td></tr>
<tr><td colspan="2">组织结构</td><td colspan="6"></td></tr>
<tr><td>法定代表人</td><td>姓名</td><td></td><td colspan="2">技术职称</td><td></td><td>电话</td><td></td></tr>
<tr><td>技术负责人</td><td>姓名</td><td></td><td colspan="2">技术职称</td><td></td><td>电话</td><td></td></tr>
<tr><td colspan="2">成立时间</td><td></td><td colspan="4">员工总人数</td><td></td></tr>
<tr><td colspan="2">企业资质等级</td><td></td><td rowspan="5">其中</td><td colspan="3">项目经理</td><td></td></tr>
<tr><td colspan="2">营业执照号</td><td></td><td colspan="3">高级职称人员</td><td></td></tr>
<tr><td colspan="2">注册资金</td><td></td><td colspan="3">中级职称人员</td><td></td></tr>
<tr><td colspan="2">开户银行</td><td></td><td colspan="3">初级职称人员</td><td></td></tr>
<tr><td colspan="2">账号</td><td></td><td colspan="3">技工</td><td></td></tr>
<tr><td colspan="2">经营范围</td><td colspan="6"></td></tr>
<tr><td colspan="2">备注</td><td colspan="6"></td></tr>
</table>

注：相关材料复印件在“10　原件的复印件”中提供。

（二）近3年财务状况

（近3年指________年_____月至________年_____月）

1. 财务状况表

财务状况表

名称	单位	年	年	年
一、注册资金				
二、净资产				
三、总资产				
四、固定资产				
五、流动资产				
六、流动负债				
七、负债合计				
八、营业收入				
九、净利润				
⋮				

2. 拟投入本项目的流动资金函

拟投入本项目的流动资金函（格式）

____________________（招标人名称）：

我方拟投入____________________（项目名称）__________（标段名称）的流动资金

为__________万元，资金来源于__________，资金来源证明文件附后。

投标人：____________________（盖单位章）

______年____月____日

注：相关材料复印件在“10　原件的复印件”中提供。资金来源填写银行存款、银行信贷或其他形式。

（三）近5年完成的类似项目情况表

（近5年指______年____月至______年____月）

合同名称	
合同项目所在地	
发包人名称	
发包人地址	
发包人电话	
签约合同价	
开工日期	
完工日期	
承担的工作	
工程质量	
项目经理	
技术负责人	
监理人和总监理工程师以及电话	
合同项目描述	
备注	合同项目描述内容至少包括项目概况、本合同在项目中的地位（部位、合同价格所占比例）和合同工程完工验收鉴定书有关验收结论

注：相关材料复印件在“10　原件的复印件”中提供。

（四）正在施工的和新承接的项目情况表

合同名称	
合同项目所在地	
发包人名称	
发包人地址	
发包人电话	
签约合同价	
开工日期	
计划完工日期	
承担的工作	
工程质量	

续表

项目经理	
技术负责人	
监理人和总监理工程师以及电话	
项目描述	
备注	合同所属项目描述内容至少包括项目概况、本合同在项目中的地位(部位、合同价格所占比例)

注:相关材料复印件在“10　原件的复印件”中提供。

(五)近3年发生的诉讼及仲裁情况表

(近3年指______年____月至______年____月)

序号	诉讼或仲裁事项	诉讼或仲裁中的地位	缘由	结果	备注
一	诉讼事项				
二	仲裁事项				

注:相关材料复印件在“10　原件的复印件”中提供。

(六)资格审查自审表

序号	审查因素	审查标准	审查结果	引用的证明材料对应页码
1	营业执照			
2	安全生产许可证			
3	资质证书及等级			
4	财务状况			
5	类似项目业绩			
6	信誉			
7	项目经理资格			
8	联合体协议书			
9	企业主要负责人安全生产考核合格证书			
10	技术负责人资格			
11	委托代理人、安全管理人员(专职安全生产管理人员)、质量管理人员、财务负责人			
	⋮			

10　原件的复印件

序号	名称	备注
1	营业执照	
2	安全生产许可证	
3	资质证书	
4	近3年经审计的财务会计报表	含流动资金来源证明
5	近5年已完成的类似项目业绩(中标通知书、合同协议书、合同工程完工证书或工程竣工证书副本、合同工程完工验收鉴定书有关验收结论)	
6	项目经理注册建造师证、身份证、职称证、学历证、业绩证明材料、社会保险证明、安全生产考核合格证书	
7	联合体(如有)的有关证明材料	
8	企业主要负责人安全生产考核合格证书	
9	委托代理人身份证及社会保险证明	
10	技术负责人身份证、职称证、学历证、业绩证明材料、社会保险证明、安全生产考核合格证书	
11	安全管理人员(专职安全生产管理人员)身份证、职称证、学历证、业绩证明材料、社会保险证明、安全生产考核合格证书	
12	质量管理人员身份证、职称证、学历证、业绩证明材料、社会保险证明	
13	财务负责人身份证、职称证、学历证、业绩证明材料、社会保险证明	
14	法律文书	
15	正在施工的和新承接的项目(中标通知书、合同协议书)	
16	认证体系证书	
17	其他	

11　其他材料

(略)

4　请你探索

(1)如果企业安排你从事水利水电工程施工投标工作,你首先应该从哪些方面着手?

(2)你认为在编制水利水电工程施工投标文件的过程中,编制哪一部分困难最大?你准备如何克服?

5　请你练习

5.1　单项选择题

(1)投标文件的基本内容包括(　　)。

A.商务标+技术标　　　　B.商务标+价格标

C. 价格标＋技术标　　　　　　　　　　D. 商务标＋技术标＋价格标

(2)投标文件的基本内容当中,属于技术标范畴的是(　　)。

A. 施工组织设计　　　　　　　　　　B. 已标价工程量清单与报价表

C. 投标保证金　　　　　　　　　　D. 投标函及投标附录

(3)潜在投标人依据踏勘项目现场及招标人介绍情况作出的判断和决策,由(　　)负责。

A. 招标人　　　　　　　　　　　　B. 项目法人

C. 投标人自行　　　　　　　　　　D. 监理人

(4)递交投标文件时,在投标截止时间与招标文件中规定的投标有效期终止日之间的这段时间内,如投标人准备撤回投标文件,会发生(　　)。

A. 招标人拒绝,必须参与投标　　　　B. 可以撤回,保证金退还

C. 可以撤回,保证金不予退还　　　　D. 不会有任何损失

(5)编制投标文件时,对招标文件提供的表格格式描述正确的是(　　)。

A. 投标人严格按照招标文件表格格式,不允许有任何改变

B. 投标人必须使用招标文件提供的投标文件表格格式,但表格可以按同样格式扩展

C. 投标人参考招标文件提供的投标文件表格格式,表格可以根据施工项目实际情况作删减

D. 可以不用理会招标文件表格格式,可以以多种格式上报投标文件

5.2 多项选择题

(1)开标时招标人不予受理的情况是(　　)

A. 投标文件逾期送达的

B. 投标文件未送达指定地点的

C. 投标法人或法人委托代理人不在场的

D. 未按招标文件要求密封的

E. 未提交投标保证金的

(2)编制投标文件过程中需要对招标文件提出的(　　)作出实质性响应。

A. 技术要求　　　　　　B. 辅助材料　　　　　　C. 评价标准

D. 提供资质证明　　　　E. 合同主要条款

(3)编制投标文件应注意的问题包括(　　)。

A. 投标保证金、履约保证金的方式,按招标文件有关条款的规定可以选择

B. 投标人根据招标文件的要求和条件填写投标文件的空格时,凡要求填写的空格都必须填写,不得空着不填

C. 当招标文件规定投标保证金为合同总价的某个百分比时,开具投标保函不要太早,以防泄漏报价

D. 投标文件如果内外层包封没有按规定密封并加写标志,招标人将承担投标文件错放或提前开封的责任

E. 投标文件密封的内层和外层,外层应写明招标人名称和地址、合同名称、工程名

称、招标编号，并注明开标时间以前不得开封，内层不需要

5.3 简述题

(1)为什么在编制水利水电工程施工投标文件时需要对招标文件中提供的工程量进行复核？

(2)投标文件中编写的施工组织设计能否直接用于指导中标后的施工过程？

6 请你回顾

(1)水利水电工程施工投标文件的基本内容。

(2)水利水电工程施工投标文件的编制步骤。

(3)编制水利水电工程施工投标文件应注意的问题。

单元4 水利水电工程开标、评标及定标

任务 开标、评标及定标

1 请你思考

(1)什么是开标?开标的程序如何?

(2)评标工作的一般程序。

(3)中标的投标人应具备怎样的条件?

2 请你动手完成

在本任务开始之际填写1~2栏目,在本任务完成之后填写3~5栏目。在你所选项的(　　)中划"√",请你参与和配合!

序号	内容	完成情况
1	抄写任务标题和思考题	
2	思考后结论	全部会解答(　　);部分会解答(　　);全部不会解答(　　)
3	探索中质疑	
4	探索题完成情况	全部完成(　　);部分完成(　　);全部没有完成(　　)
5	本任务完成情况自我评价	优秀(　　);良好(　　);及格(　　);不及格(　　)

3 请你参考

3.1 开标

开标是指招标人在投标文件截止接收后依法定程序启封所有投标人投标文件以揭晓其报价等内容的环节。

《招标投标法》第三十四条规定:开标应当在招标文件确定的提交投标文件截止时间的同一时间公开进行,开标地点应当为招标文件中预先确定的地点。第三十五条规定:开标由招标人主持,邀请所有投标人参加。第三十六条规定:开标时,由投标人或者其推选的代表检查投标文件的密封情况,也可以由招标人委托的公证机构检查并公证;经确认无

误后，由工作人员当众拆封，宣读投标人名称、投标价格和投标文件的其他主要内容。招标人在招标文件要求提交投标文件的截止时间前收到的所有投标文件，开标时都应当当众予以拆封、宣读。开标过程应当记录，并存档备查。

《招标投标法实施条例》第四十四条规定：招标人应当按照招标文件规定的时间、地点开标。投标人少于3个的，不得开标；招标人应当重新招标。投标人对开标有异议的，应当在开标现场提出，招标人应当当场做出答复，并制作记录。

《工程建设项目施工招标投标办法》（"七部委"第30号令）第五十条规定：投标文件有下列情形之一的，招标人不予受理：

(1)逾期送达的或者未送达指定地点的；

(2)未按招标文件要求密封的。

该条文明确规定招标人(或其委托的代理机构)能够直接作出不予受理的投标文件只有以上两种情况。

《水利工程建设项目招标投标管理规定》（水利部第14号令）第三十七条规定：开标由招标人主持，邀请所有投标人参加。第三十八条规定：开标应当按招标文件中确定的时间和地点进行。开标人员至少由主持人、监标人、开标人、唱标人、记录人组成，上述人员对开标负责。第三十九条规定了开标的一般程序：

(1)主持人在招标文件确定的时间停止接收投标文件，开始开标；

(2)宣布开标人员名单；

(3)确认投标人法定代表人或授权代表人是否在场；

(4)宣布投标文件开启顺序；

(5)依开标顺序，先检查投标文件密封是否完好，再启封投标文件；

(6)宣布投标要素，并作记录，同时由投标人代表签字确认；

(7)对上述工作进行记录，存档备查。

3.2 评标

评标是依据招标文件的规定和要求，对投标文件进行审查、评审和比较，是科学、公正、公平、择优选择中标候选人的必经程序。

3.2.1 组建评标委员会

《评标专家和评标专家库管理暂行办法》（国家发展计划委员会第29号令）第八条规定：评标委员会由招标人负责组建。评标委员会成员名单一般应于开标前确定。评标委员会成员名单在中标结果确定前应当保密。

第九条规定：评标委员会由招标人或其委托的招标代理机构熟悉相关业务的代表，以及有关技术、经济等方面的专家组成，成员人数为五人以上单数，其中技术、经济等方面的专家不得少于成员总数的三分之二。

第十一条规定了评标专家应符合的条件：

(1)从事相关专业领域工作满八年并具有高级职称或者同等专业水平；

(2)熟悉有关招标投标的法律、法规，并具有与招标项目相关的实践经验；

(3)能够认真、公正、诚实、廉洁地履行职责。

第十二条规定，有下列情形之一的，不得担任评标委员会成员：

(1)投标人或者投标人主要负责人的近亲属;

(2)项目主管部门或者行政监督部门的人员;

(3)与投标人有经济利益关系,可能影响对投标公正评审的;

(4)曾因在招标、评标以及其他与招标投标有关活动中从事违法行为而受过行政处罚或刑事处罚的。评标委员会成员有前款规定情形之一的,应当主动提出回避。

《水利工程建设项目招标投标管理规定》(水利部第14号令)第四十条规定:评标工作由评标委员会负责。评标委员会由招标人的代表和有关技术、经济、合同管理等方面的专家组成,成员人数为七人以上单数,其中专家(不含招标人代表人数)不得少于成员总数的三分之二。

第四十三条规定:评标委员会成员不得与投标人有利害关系。所指利害关系包括:是投标人或其代理人的近亲属,在5年内与投标人曾有工作关系,或有其他社会关系或经济利益关系。评标委员会成员名单在招标结果确定前应当保密。

3.2.2 评标程序

《标准施工招标文件》(2007年版)中将评标程序分为初步评审和详细评审。

《水利工程建设项目招标投标管理规定》(水利部第14号令)第四十四条规定:评标工作一般按以下程序进行:

(1)招标人宣布评标委员会成员名单并确定主任委员;

(2)招标人宣布有关评标纪律;

(3)在主任委员主持下,根据需要,讨论通过成立有关专业组和工作组;

(4)听取招标人介绍招标文件;

(5)组织评标人员学习评标标准和方法;

(6)经评标委员会讨论,并经二分之一以上委员同意,提出需投标人澄清的问题,以书面形式送达投标人;

(7)对需要文字澄清的问题,投标人应当以书面形式送达评标委员会;

(8)评标委员会按招标文件确定的评标标准和方法,对投标文件进行评审,确定中标候选人推荐顺序;

(9)在评标委员会三分之二以上委员同意并签字的情况下,通过评标委员会工作报告,并报招标人。评标委员会工作报告附件包括有关评标的往来澄清函、有关评标资料及推荐意见等。

3.2.3 评标的准备与初步评审

《评标专家和评标专家库管理暂行办法》(国家发展计划委员会第29号令)第十五条规定:评标委员会成员应当编制供评标使用的相应表格,认真研究招标文件,至少应了解和熟悉以下内容:

(1)招标的目标;

(2)招标项目的范围和性质;

(3)招标文件中规定的主要技术要求、标准和商务条款;

(4)招标文件规定的评标标准、评标方法和在评标过程中考虑的相关因素。

第十七条规定:评标委员会应当根据招标文件规定的评标标准和方法,对投标文件进行系统的评审和比较。招标文件中没有规定的标准和方法不得作为评标的依据。

第十九条规定:评标委员会可以书面方式要求投标人对投标文件中含义不明确、对同类问题表述不一致或者有明显文字和计算错误的内容作必要的澄清、说明或者补正。澄清、说明或者补正应以书面方式进行并不得超出投标文件的范围或者改变投标文件的实质性内容。

投标文件中的大写金额和小写金额不一致的,以大写金额为准;总价金额与单价金额不一致的,以单价金额为准,但单价金额小数点有明显错误的除外;对不同文字文本投标文件的解释发生异议的,以中文文本为准。

第二十一条规定:在评标过程中,评标委员会发现投标人的报价明显低于其他投标报价或者在设有标底时明显低于标底,使得其投标报价可能低于其个别成本的,应当要求该投标人作出书面说明并提供相关证明材料。投标人不能合理说明或者不能提供相关证明材料的,由评标委员会认定该投标人以低于成本报价竞标,其投标应作废标处理。

第二十三条规定:评标委员会应当审查每一投标文件是否对招标文件提出的所有实质性要求和条件作出响应。未能在实质上响应的投标,应作废标处理。

评标委员会否决不合格投标或者界定为废标后,因有效投标不足三个使得投标明显缺乏竞争的,评标委员会可以否决全部投标。投标人少于三个或者所有投标被否决的,招标人应当依法重新招标。

《水利水电工程标准施工招标文件》(2009 年版)中确定的初步评审标准如下。

(1)形式评审标准:

①投标人名称应与营业执照、资质证书、安全生产许可证一致;

②投标文件的签字盖章符合规定;

③投标文件格式符合要求;

④联合体投标人应提交联合体协议书,并明确联合体牵头人;

⑤只能有一个报价;

⑥投标文件的正本、副本数量符合规定;

⑦投标文件的印刷与装订符合规定;

⑧形式评审其他标准。

(2)资格评审标准(适用于未进行资格预审的):

①具备有效的营业执照;

②具备有效的安全生产许可证;

③具备有效的资质证书且资质等级符合规定;

④财务状况符合规定;

⑤业绩符合规定;

⑥信誉符合规定;

⑦项目经理资格符合规定;

⑧联合体投标人符合规定;

⑨企业主要负责人具备有效的安全生产考核合格证书;

⑩技术负责人资格符合规定;

⑪委托代理人、安全管理人员(专职安全生产管理人员)、质量管理人员、财务负责人应是投标人本单位人员,其中安全管理人员(专职安全生产管理人员)具备有效的安全生产考核合格证书;

⑫资格评审其他标准。

(3)响应性评审标准:

①投标范围符合规定;

②计划工期符合规定;

③工程质量符合规定;

④投标有效期符合规定;

⑤投标保证金符合规定;

⑥权利义务符合合同条款及格式规定的权利义务;

⑦已标价工程量清单符合有关要求;

⑧技术标准和要求符合规定;

⑨响应性评审其他标准。

《招标投标法实施条例》第五十一条规定:有下列情形之一的,评标委员会应当否决其投标:

(1)投标文件未经投标单位盖章和单位负责人签字;

(2)投标联合体没有提交共同投标协议;

(3)投标人不符合国家或者招标文件规定的资格条件;

(4)同一投标人提交两个以上不同的投标文件或者投标报价,但招标文件要求提交备选投标的除外;

(5)投标报价低于成本或者高于招标文件设定的最高投标限价;

(6)投标文件没有对招标文件的实质性要求和条件作出响应;

(7)投标人有串通投标、弄虚作假、行贿等违法行为。

3.2.4 详细评审

《评标专家和评标专家库管理暂行办法》(国家发展计划委员会第29号令)规定,经初步评审合格的投标文件,评标委员会应当根据招标文件确定的评标标准和方法,对其技术部分和商务部分作进一步评审、比较。

评标方法包括经评审的最低投标价法、综合评估法,或者法律、行政法规允许的其他评标方法。

经评审的最低投标价法一般适用于具有通用技术、性能标准或者招标人对其技术、性能没有特殊要求的招标项目。根据经评审的最低投标价法,能够满足招标文件的实质性要求,并且经评审的最低投标价的投标,应当推荐为中标候选人。

不宜采用经评审的最低投标价法的招标项目,一般应当采取综合评估法进行评审。根据综合评估法,最大限度地满足招标文件中规定的各项综合评价标准的投标,应当推荐为中标候选人。衡量投标文件是否最大限度地满足招标文件中规定的各项评价标准,可以采取折算为货币的方法、打分的方法或者其他方法。需量化的因素及其权重应当在招标文件中明确规定。评标委员会对各个评审因素进行量化时,应当将量化指标建立在同一基础或者同一标准上，使各投标文件具有可比性。对技术部分和商务部分进行量化后，评标委员会应当对这两部分的量化结果进行加权，计算出每一投标的综合评估价或者综合评估分。

《水利水电工程标准施工招标文件》(2009 年版)中对详细评审规定如下(综合评估法)：

(1)评标委员会按规定的量化因素和分值进行打分，并计算出综合评估得分。

①按规定的量化因素和分值对施工组织设计计算出得分 A；

②按规定的量化因素和分值对项目管理机构计算出得分 B；

③按规定的量化因素和分值对投标报价计算出得分 C；

④按规定的量化因素和分值对其他部分计算出得分 D。

(2)评分分值计算保留至小数点后两位，小数点后第三位“四舍五入”。

(3)投标人得分 $=A+B+C+D$。

(4)评标委员会发现投标人的报价明显低于其他投标报价，或者在设有标底时明显低于标底，使得其投标报价可能低于其个别成本的，应当要求该投标人作出书面说明并提供相应的证明材料。投标人不能合理说明或者不能提供相应证明材料的，由评标委员会认定该投标人以低于成本报价竞标，其投标作废标处理。

3.2.5 评标报告的撰写和提交

根据《招标投标法》第四十条规定和《评标委员会和评标方法暂行规定》中相关要求，评标委员会完成评标后，应当向招标人提出书面评标报告，并推荐合格的中标候选人。评标委员会推荐的中标候选人应当限定在一至三人，并标明排列顺序。

招标人根据评标委员会提出的书面评标报告和推荐的中标候选人确定中标人。招标人也可以授权评标委员会直接确定中标人。

评标报告应当如实记载以下内容：

(1)基本情况和数据表；

(2)评标委员会成员名单；

(3)开标记录；

(4)符合要求的投标一览表；

(5)废标情况说明；

(6)评标标准、评标方法或者评标因素一览表；

(7)经评审的价格或者评分比较一览表；

(8)经评审的投标人排序；

(9)推荐的中标候选人名单与签订合同前要处理的事宜；

(10)澄清、说明、补正事项纪要。

评标报告由评标委员会全体成员签字。对评标结论持有异议的评标委员会成员可以书面方式阐述其不同意见和理由。评标委员会成员拒绝在评标报告上签字且不陈述其不同意见和理由的，视为同意评标结论。评标委员会应当对此作出书面说明并记录在案。

3.3 定标

《招标投标法》中规定有关中标人的投标应当符合下列条件之一：

(1)能够最大限度地满足招标文件中规定的各项综合评价标准；

(2)能够满足招标文件的实质性要求，并且经评审的投标价格最低，但是投标价格低于成本的除外。

中标人确定后，招标人应当向中标人发出中标通知书，并同时将中标结果通知所有未中标的投标人。中标通知书对招标人和中标人具有法律效力。中标通知书发出后，招标人改变中标结果的，或者中标人放弃中标项目的，应当依法承担法律责任。

招标人和中标人应当自中标通知书发出之日起30日内，按照招标文件和中标人的投标文件订立书面合同。招标人和中标人不得再行订立背离合同实质性内容的其他协议。

《评标专家和评标专家库管理暂行办法》第四十八条规定，使用国有资金投资或者国家融资的项目，招标人应当确定排名第一的中标候选人为中标人。排名第一的中标候选人放弃中标、因不可抗力提出不能履行合同，或者招标文件规定应当提交履约保证金而在规定的期限内未能提交的，招标人可以确定排名第二的中标候选人为中标人。排名第二的中标候选人因前款规定的同样原因不能签订合同的，招标人可以确定排名第三的中标候选人为中标人。

《水利工程建设项目招标投标管理规定》第五十一条规定：招标人可授权评标委员会直接确定中标人，也可根据评标委员会提出的书面评标报告和推荐的中标候选人顺序确定中标人。当招标人确定的中标人与评标委员会推荐的中标候选人顺序不一致时，应当有充足的理由，并按项目管理权限报水行政主管部门备案。

《招标投标法实施条例》第五十四条规定：依法必须进行招标的项目，招标人应当自收到评标报告之日起3日内公示中标候选人，公示期不得少于3日。投标人或者其他利害关系人对依法必须进行招标的项目的评标结果有异议的，应当在中标候选人公示期间提出。招标人应当自收到异议之日起3日内作出答复；作出答复前，应当暂停招标投标活动。

第五十六条规定：中标候选人的经营、财务状况发生较大变化或者存在违法行为，招标人认为可能影响其履约能力的，应当在发出中标通知书前由原评标委员会按照招标文件规定的标准和方法审查确认。

第五十七条规定：招标人和中标人应当依照招标投标法和本条例的规定签订书面合同，合同的标的、价款、质量、履行期限等主要条款应当与招标文件和中标人的投标文件的内容一致。招标人和中标人不得再行订立背离合同实质性内容的其他协议。

招标人最迟应当在书面合同签订后5日内向中标人和未中标的投标人退还投标保证金及银行同期存款利息。

4 请你探索

施工投标文件如果采用综合评估法进行详细评审，怎样才能尽量取得最高分？

5 请你练习

5.1 单项选择题

(1)同一专业的单位组成联合体投标，按照(　　)单位确定资质等级。

A. 资质等级较高的　　B. 资质等级较低的

C. 联合体主办者的　　D. 承担主要任务的

(2)开标应当在招标文件确定的提交投标文件截止时间的(　　)进行。

A. 当天公开　　B. 当天不公开

C. 同一时间公开　　D. 同一时间不公开

(3)在评标委员会的成员中,无须回避的是(　　)。

A. 投标人主要负责人的近亲属　　B. 项目主管部门的人员

C. 项目行政监督部门的人员　　D. 招标人代表

(4)招标人在某次招标投标活动中确定了某施工单位为中标人,则下列表述中正确的是(　　)。

A. 不必将中标结果通知未中标人,但须退还未中标人的投标保证金及银行同期存款利息

B. 同时将中标结果通知未中标人,但无须退还未中标人的投标保证金及银行同期存款利息

C. 不必将中标结果通知未中标人,且无须退还未中标人的投标保证金及银行同期存款利息

D. 同时将中标结果通知未中标人,且须退还未中标人的投标保证金及银行同期存款利息

5.2　多项选择题

(1)评标专家应当符合《招标投标法》、《评标委员会和评标方法暂行规定》(国家计委第12号令)和《评标专家和评标专家库管理暂行办法》(国家发展计划委员会第29号令)规定的条件:下列对评标专家的条件描述正确的有(　　)。

A. 从事相关领域工作满8年并具有中级职称或同等专业水平

B. 从事相关领域工作满5年并具有高级职称或同等专业水平

C. 能够认真、公正、诚实、廉洁地履行职责

D. 从事相关领域工作满8年并具有高级职称或同等专业水平

E. 身体健康,能够承担评标工作

(2)某建设项目招标,评标委员会由两位招标人代表和三名技术、经济等方面的专家组成,这一组成不符合《招标投标法》的规定,则下列关于评标委员会重新组成的做法中,正确的有(　　)。

A. 减少一名招标人代表,专家不再增加

B. 减少一名招标人代表,再从专家库中抽取一名专家

C. 不减少招标人代表,再从专家库中抽取一名专家

D. 不减少招标人代表,再从专家库中抽取两名专家

E. 不减少招标人代表,再从专家库中抽取三名专家

(3)招标过程中,招标人有权没收投标人投标保证金的情形有(　　)。

A. 投标人在投标有效期内撤回投标文件

B. 投标人在开标前撤回投标文件

C. 中标人拒绝提交履约保证金

D. 投标人拒绝招标人延长投标有效期要求

E. 中标人拒绝签订合同

(4)在某大型基础设施工程的招标活动中存在下述现象,其中属于投标人与招标人串通投标的行为有( )。

A. 招标人组织投标人踏勘项目现场

B. 招标人向其中的某投标人透露标底

C. 招标人在开标前开启了标书,并将投标情况透露给了某投标人

D. 招标人与投标人商定,在招标投标时压低标价,中标后再给投标人一定的额外补偿

E. 招标人在要求某投标人就其投标文件澄清时,故意作引导性提问,促使其中标

5.3 案例分析

某实行公开招标的房屋建筑工程施工项目,某合同预算价为3 800万元,可由具备房屋建筑工程施工总承包二级及以上企业承包。招标人采用资格后审方式。按《标准施工招标文件》(2007年版)编制了招标文件。计划开标、评标、定标及合同签订需要90日。其招标文件中设置的初步评标标准见下表。

初步评审因素	评标标准
营业场所	外省市企业须在本市有500 m^2 以上的营业场所
报价唯一性	只接受唯一报价
联合体投标	不接受联合体投标
资质等级	房屋建筑工程施工总承包特级资质
项目经理	有二级建造师执业资格证书
工期	计划工期380日,投标工期不得少于计划工期
工程质量	合格
投标有效期	60日
投标保证金	80万元

招标人组建了总人数5人的评标委员会,其中招标人代表1人,从省政府组建的综合性评标专家库中抽取专家4人。评标过程如下:

(1)评标委员会成员签到;

(2)选举评标委员会的主任委员;

(3)对投标文件的密封情况进行检查,确认密封合格后进行评审;

(4)按招标文件中的评标办法对投标报价、项目管理机构、施工组织设计等评标因素进行了评审打分;

(5)个人评标结果完成前,专家Y突发急病,招标人组织有关人员将Y专家送到了附近医院抢救;

(6)汇总除Y专家以外成员的评标结果,推荐中标候选人;

(7)完成并签署了评标报告,其中Y专家的签字由招标人代表代签。

问题:

(1)上表中评标标准存在哪些不妥之处?说明理由。

(2)评标委员会的组成是否妥当?说明理由。

(3)评标过程中存在哪些不妥之处?说明理由。

6 请你回顾

《水利工程建设项目招标投标管理规定》中关于开标、评标及定标的相关规定。

示例1　水利水电工程施工招标文件

第1卷

第1章　招标公告

××县××河治理工程招标公告

1　招标条件

××县××河治理工程,已由××省水利厅以×水行许字[2009]×××号文批复,资金来源已落实。受业主单位××县中小河流治理工程建设管理局的委托,××××工程管理有限公司现对该工程监理和施工进行国内公开招标。

2　项目概况及招标范围

××河治理工程位于××河上游××镇北沟口至××乡西河之间,该治理区段防洪标准应为20年一遇,属Ⅳ级堤防,主要建筑物级别为4级,次要建筑物级别为5级。

根据××河河道河段堤岸现状,确定本次设计治理范围为××河××镇北沟口至××乡西河之间,布置护岸总长10.86 km,其中支沟口护岸共向支沟口上游延长460 m。主要工程量:土方开挖167 546 m^3,碎石土开挖49 147 m^3,土方回填153 154 m^3,M7.5浆砌石78 315 m^3,C20混凝土363 m^3。

本工程按一个监理标段和四个施工标段划分。

监理标:施工标段的全部工程内容。

施工Ⅰ标:位于××镇张盘村、陶湾村、常湾村,施工内容为土方开挖、碎石土开挖、土方回填、混凝土护坡、浆砌石护岸。

施工Ⅱ标:位于××镇上元村至光明村,施工内容为土方开挖、碎石土开挖、土方回填、浆砌石护岸。

施工Ⅲ标:位于××镇光明村、下元、石庙村,施工内容为土方开挖、碎石土开挖、土方回填、浆砌石护岸。

施工Ⅳ标:位于××乡双堂村至西河村,施工内容为土方开挖、碎石土开挖、土方回填、浆砌石护岸。

具体工程内容以工程量清单和施工平面图为准,拟定工期5个月。

3　投标人资格要求

监理标:

(1)具备独立法人资格。

(2)企业具有水利工程施工管理丙级及以上资质。

(3)2007 年 10 月 1 日以来承接过类似工程,拟任总监理工程师须持有水利总监理工程师岗位证书且具有类似工程监理经历。

(4)监理人员需 2 人(其中 1 人为总监)具有水行政主管部门颁发的安全生产培训证书。

(5)财务状况良好。

施工标:

(1)具备独立法人资格。

(2)具有水利水电工程施工总承包Ⅲ级及以上或者堤防工程专业承包、河湖整治工程专业承包Ⅲ级及以上施工企业。

(3)2007 年 10 月 1 日以来具有类似工程施工经历,拟任项目经理应具备水利工程二级建造师及以上资格(含建造师临时执业资格),技术负责人应具有中级及以上技术职称,企业主要负责人、项目经理及专职安全员应取得水行政主管部门核发的安全生产考核合格证。

(4)财务状况良好。

资格审查采用后审办法,资格审查的具体要求见招标文件,后审不合格的投标人,其投标文件按废标处理。

4 招标文件的获取

报名时间:2010 年 11 月 19 ~ 26 日,08:30 ~ 12:00,14:30 ~ 17:30。

报名方式:传真至××××××,注明工程名称、企业名称、资质等级、联系人、联系电话、传真及邮箱、拟购标段等内容。报名表格式见附件。

凡有意参加投标者,请派代表于 2010 年 11 月 19 ~ 26 日,08:30 ~ 12:00,14:30 ~ 17:30(节假日除外),持授权委托书到××××××购买招标文件。

监理标招标文件售价 2 000 元/套,施工招标文件售价 3 000 元/套,现金支付,售后不退。

5 投标文件递交时间

投标文件递交时间为 2010 年 12 月 21 日上午 09:00,递交地点详见招标文件。

逾期送达或未送达指定地点的投标文件,招标人或招标代理人将不予受理。

6 踏勘现场

2010 年 11 月 27 日上午 09:00,在××县中小河流治理工程建设管理局集中,由招标人统一组织投标人进行现场踏勘,交通工具自备。

7 发布媒介

本公告同时在中国采购与招标网和××省水利网上发布。

8 联系方式

招标人:××县中小河流治理工程建设管理局

地址:××省××县城××西路水利局二楼

联系人:×××

电　话:××××××

代理人：××××工程管理有限公司

地址：××市××路××号

联系人：×××

电话：××××××

第2章　投标人须知

投标人须知前附表

条款号	条款名称	编列内容
1.1.2	招标人	××县中小河流治理工程建设管理局
1.1.3	招标代理机构	××××工程管理有限公司
1.1.4	项目名称	××县××河治理工程
1.1.5	建设地点	××河上游××镇北沟口至××乡西河之间
1.1.6	现场管理机构	××县中小河流治理工程建设管理局
1.1.7	设计人	××市水利勘测设计院
1.1.8	监理人	
1.1.9	代建机构	无
1.2.1	资金来源	国内政府资金及地方配套资金
1.2.2	出资比例	中央80%，省、市、县按3:4:3的比例配套20%
1.2.3	资金落实情况	工程建设资金已经到位
1.3.1	招标范围	详见《技术条款》第1章1.2.1
1.3.2	计划工期	计划工期：5个月 计划开工日期：2011年1月1日 计划竣工日期：2011年5月30日
1.3.3	质量要求	达到国家验收规范规定的合格标准
1.4.1	投标人资质条件、能力和信誉	资质要求：具有水利水电工程施工总承包Ⅲ级及以上或者堤防工程专业承包、河湖整治工程专业承包Ⅲ级及以上施工企业
		财务要求：近三年财务状况良好
		业绩要求：2007年10月1日以来具有类似工程施工经历
		项目经理应具备水利工程二级建造师及以上资格（含建造师临时执业资格），技术负责人具有中级及以上技术职称
		其他要求：企业主要负责人、项目经理及专职安全员应取得水行政主管部门核发的安全生产考核合格证
1.4.2	是否接受联合体投标	☑不接受 □接受，应满足下列要求：
1.9	踏勘现场	☑组织 □不组织
1.10	投标预备会	☑召开 □不召开
1.10.3	投标截止时间	2010年12月21日09:00

续表

条款号	条款名称	编列内容
1.11	分包	□允许，分包内容要求： 分包金额要求： 接受分包的第三人资质要求： ☑不允许
1.12	偏离	偏离允许幅度及其处理方法：不允许，无
3.2.3	招标人工程最高限价	于2010年12月17日，在××省水利网及中国采购与招标网公示
3.3.1	投标有效期	开标后56天(日历天)
3.4.1	投标保证金	投标保证金的形式：电汇或转账支票进账单 投标保证金的金额：伍万元 收取投标保证金户名：××××工程管理有限公司 收取投标保证金开户行：××银行××××支行 收取投标保证金账号：×××××××××
4.2.2	递交投标文件地点	××市××宾馆(××路与××路交叉口东100米)
5.1	开标时间和地点	开标时间：2010年12月21日09:00 开标地点：××市××宾馆
5.2	开标程序	投标文件的密封检查：由投标人进行密封检查
6.1.1	评标委员会的组建	评标委员会构成：7人； 评标专家确定方式：××省水利工程建设项目招标投标评标专家库随机抽取
7.1	定标方式	投标人可以就多个标段内容进行投标，但只能中一个标段，如出现同一投标人为多个标段第一中标候选人，应按照标段先后顺序，确定中标人
7.3.1	履约担保	履约担保的形式：履约保函 履约担保的金额：合同价格的10%
10	需要补充的其他内容	
10.1	类似项目	指中标价(或工程规模)100万元以上的河道治理项目
10.2	已标价工程量清单电子版	份数：__1__； 格式：应采用Word、Excel、AutoCAD、Photoshop、Project、Visio常用软件编制，并保证能正常打开。内容包含所有投标文件的内容(光盘、移动存储均可)，并单独密封
10.3	原件	☑提交 □不提交
10.4	中标后须提交的投标文件	副本份数：__3__份

1　总则

1.1　项目概况

1.1.1　根据《招标投标法》等有关法律、法规和规章的规定，本招标项目已具备招标条件，现对本标段施工进行招标。

1.1.2　本招标项目招标人：见投标人须知前附表。

1.1.3　本标段招标代理机构：见投标人须知前附表。

1.1.4　本招标项目名称：见投标人须知前附表。

1.1.5　本标段建设地点：见投标人须知前附表。

1.1.6　本招标项目现场管理机构：见投标人须知前附表。

1.1.7　本招标项目设计人：见投标人须知前附表。

1.1.8　本招标项目监理人：见投标人须知前附表。

1.1.9　本招标项目代建机构：见投标人须知前附表。

1.2　资金来源和落实情况

1.2.1　本招标项目的资金来源：见投标人须知前附表。

1.2.2　本招标项目的出资比例：见投标人须知前附表。

1.2.3　本招标项目的资金落实情况：见投标人须知前附表。

1.3　招标范围、计划工期和质量要求

1.3.1　本次招标范围：见投标人须知前附表。

1.3.2　本标段的计划工期：见投标人须知前附表。

1.3.3　本标段的质量要求：见投标人须知前附表。

1.4　投标人资格要求

1.4.1　投标人应具备承担本标段施工的资质条件、能力和信誉。

(1)资质条件：见投标人须知前附表；

(2)财务要求：见投标人须知前附表；

(3)业绩要求：见投标人须知前附表；

(4)信誉要求：见投标人须知前附表；

(5)项目经理资格：见投标人须知前附表；

(6)其他要求：见投标人须知前附表。

1.4.2　投标人须知前附表规定接受联合体投标的，除应符合本章第1.4.1项和投标人须知前附表的要求外，还应遵守以下规定：

(1)联合体各方应按招标文件提供的格式签订联合体协议书，明确联合体牵头人和各方权利义务；

(2)由同一专业的单位组成的联合体，按照资质等级较低的单位确定资质等级；

(3)联合体各方不得再以自己的名义单独或参加其他联合体在同一标段中投标。

1.4.3　投标人不得存在下列情形之一：

(1)为招标人不具有独立法人资格的附属机构(单位)；

(2)为本标段前期准备提供设计或咨询服务的，但设计施工总承包的除外；

(3)为本标段的监理人；

(4)为本标段的代建人；

(5)为本标段提供招标代理服务的；

(6)与本标段的监理人或代建人或招标代理机构同为一个法定代表人的；

(7)与本标段的监理人或代建人或招标代理机构相互控股或参股的；

(8)与本标段的监理人或代建人或招标代理机构相互任职或工作的；

(9)被责令停业的；

(10)被暂停或取消投标资格的；

(11)财产被接管或冻结的；

(12)在最近3年内有骗取中标或严重违约或存在重大工程质量问题的。

1.5 费用承担

投标人准备和参加投标活动发生的费用自理。

1.6 保密

参与招标投标活动的各方应对招标文件和投标文件中的商业和技术等秘密保密，违者应对由此造成的后果承担法律责任。

1.7 语言文字

除专用术语外，与招标投标有关的语言均使用中文。必要时专用术语应附有中文注释。

1.8 计量单位

所有计量均采用中华人民共和国法定计量单位。

1.9 踏勘现场

1.9.1 投标人须知前附表规定组织踏勘现场的，招标人按照招标公告(或投标邀请书)规定的时间和地点组织踏勘现场。

1.9.2 投标人踏勘现场发生的费用自理。

1.9.3 除招标人的原因外，投标人自行负责在踏勘现场中所发生的人员伤亡和财产损失。

1.9.4 招标人在踏勘现场中介绍的工程场地和相关的周边环境情况，供投标人在编制投标文件时参考，招标人不对投标人据此作出的判断和决策负责。

1.10 投标预备会

1.10.1 投标人须知前附表规定召开投标预备会的，招标人按照招标公告(或投标邀请书)规定的时间和地点召开投标预备会。

1.10.2 在投标预备会召开前，投标人应以书面形式(包括信函、电报、传真等可以有形地表现所载内容的形式，下同)将需要招标人澄清的问题送达招标人。

1.10.3 在投标人须知前附表规定的投标截止时间15天前，招标人将对投标人所提问题的澄清，以书面形式通知所有购买招标文件的投标人。该澄清通知为招标文件的组成部分。

1.11 分包

投标人须知前附表规定允许分包的，分包的内容、分包金额、接受分包的第三人资质要求见投标人须知前附表。投标人应在投标文件中明确是否在中标后将中标项目的部分非主体、非关键性工作进行分包。投标人拟分包时,分包人应具备与分包工程的标准和规模相适应的资质和业绩,在人力、设备、资金等方面具有承担分包工程施工的能力。投标人应在投标文件中提供分包协议、分包人的资质证书及营业执照复印件、人员、设备和业绩资料表、分包的工程项目和工程量。

1.12　偏离

投标文件不允许偏离招标文件的实质性要求和条件。投标文件偏离招标文件的非实质性要求和条件的,其处理方式见投标人须知前附表。

2　招标文件

2.1　招标文件的组成

本招标文件包括:

(1)投标邀请书;

(2)投标人须知;

(3)评标办法;

(4)合同条款及格式;

(5)工程量清单;

(6)图纸;

(7)技术标准和要求;

(8)投标文件格式;

(9)投标人须知前附表规定的其他材料。

根据本章第1.10款、第2.2款和第2.3款对招标文件所作的澄清、修改,构成招标文件的组成部分。

2.2　招标文件的澄清

2.2.1　投标人应仔细阅读和检查招标文件的全部内容。如发现缺页或附件不全,应及时向招标人提出,以便补齐。如有疑问,应在投标截止时间17天前以书面形式提出澄清申请,要求招标人对招标文件予以澄清。

2.2.2　招标文件的澄清将在投标截止时间15天前,以书面形式通知所有购买招标文件的投标人,但不指明澄清问题的来源。如果澄清通知发出的时间距投标截止时间不足15天,投标截止时间应相应延长。

2.2.3　投标人在收到澄清通知后,应在1天内以书面形式告知招标人,确认已收到该澄清通知。

2.3　招标文件的修改

2.3.1　在投标截止时间15天前,招标人可以书面形式修改招标文件,并通知所有已购买招标文件的投标人。如果修改招标文件的时间距投标截止时间不足15天,相应延长投标截止时间。

2.3.2　投标人收到修改通知后,应在1天内以书面形式告知招标人,确认已收到该修改通知。

3　投标文件

3.1　投标文件的组成

3.1.1　投标文件应包括下列内容：

(1)投标函及投标函附录；

(2)法定代表人身份证明或附有法定代表人身份证明的授权委托书；

(3)联合体协议书；

(4)投标保证金；

(5)已标价工程量清单；

(6)施工组织设计；

(7)项目管理机构；

(8)拟分包项目情况表；

(9)资格审查资料；

(10)投标人须知前附表规定的其他材料。

3.1.2　投标人须知前附表规定不接受联合体投标的，或投标人没有组成联合体的，投标文件不包括本章第3.1.1(3)目所指的联合体协议书。

3.2　投标报价

3.2.1　投标人应按“第5章工程量清单”的要求填写相应表格。

3.2.2　投标人在投标截止时间前修改投标函中的投标总报价，应同时修改“第5章工程量清单”中的相应报价。此修改须符合本章第4.3款的有关要求。

3.2.3　投标人的投标报价不能超过招标人公布的工程最高限价。招标人公布的工程最高限价将于2010年12月17日，在××省水利网及中国采购与招标网公布。

3.3　投标有效期

3.3.1　在投标人须知前附表规定的投标有效期内，投标人不得要求撤销或修改其投标文件。

3.3.2　出现特殊情况需要延长投标有效期的，招标人以书面形式通知所有投标人延长投标有效期。投标人同意延长的，应相应延长其投标保证金的有效期，但不得要求或被允许修改或撤销其投标文件；投标人拒绝延长的，其投标失效，但投标人有权收回其投标保证金。

3.4　投标保证金

3.4.1　投标人在递交投标文件的同时，应按投标人须知前附表规定的金额、担保形式和“第8章投标文件格式”规定的投标保证金格式递交投标保证金，并作为其投标文件的组成部分。联合体投标的，其投标保证金由牵头人递交，并应符合投标人须知前附表的规定。

3.4.2　投标人不按本章第3.4.1项要求提交投标保证金的，其投标文件作废标处理。

3.4.3　招标人与中标人签订合同后5个工作日内，向未中标的投标人和中标人退还投标保证金。

3.4.4　有下列情形之一的，投标保证金将不予退还：

(1)投标人在规定的投标有效期内撤销或修改其投标文件;

(2)中标人在收到中标通知书后,无正当理由拒签合同协议书或未按招标文件规定提交履约担保。

3.5 资格审查资料

3.5.1 "投标人基本情况表"应附投标人营业执照副本及其年检合格的证明材料、资质证书副本和安全生产许可证等材料的复印件。

3.5.2 "近3年财务状况"应附流动资金来源证明及经会计师事务所或审计机构审计的财务会计报表,包括资产负债表、现金流量表、利润表和财务情况说明书的复印件。

3.5.3 "近3年完成的类似项目情况表"应附中标通知书、合同协议书以及合同工程完工证书(工程竣工证书副本)的复印件。每张表格只填写一个项目,并标明序号。

3.5.4 "正在施工和新承接的项目情况表"应附中标通知书和(或)合同协议书复印件。每张表格只填写一个项目,并标明序号。

3.5.5 "近3年发生的诉讼及仲裁情况表"应说明相关情况,并附法院或仲裁机构作出的判决、裁决等有关法律文书复印件。

3.6 备选投标方案

投标人可以递交备选投标方案,只有中标人所递交的备选投标方案方可予以考虑。评标委员会认为中标人递交的备选投标方案优于其按照招标文件要求编制的投标方案时,招标人可以接受该备选投标方案。

3.7 投标文件的编制

3.7.1 投标文件应按"第8章投标文件格式"进行编写,如有必要,可以增加附页,作为投标文件的组成部分。其中,投标函附录在满足招标文件实质性要求的基础上,可以提出比招标文件要求更有利于招标人的承诺。

3.7.2 投标文件应当对招标文件有关工期、投标有效期、质量要求、技术标准和要求、招标范围等实质性内容作出响应。

3.7.3 投标文件应采用不褪色的材料书写或打印。投标文件正本除封面、封底、目录、分隔页外,其余每一页均应加盖投标人单位公章,并由投标人的法定代表人或其委托代理人签字。已标价的工程量清单还应加盖注册水利工程造价工程师执业印章。投标文件应尽量避免涂改、行间插字或删除。如果出现上述情况,修改之处应加盖投标人单位公章或由投标人的法定代表人或其委托代理人签字确认。

3.7.4 投标文件正本1份,副本5份。正本和副本的封面上应清楚地标记"正本"或"副本"的字样。当副本和正本不一致时,以正本为准。

3.7.5 投标文件的正本与副本应采用A4纸印刷(图表页可例外),分别装订成册,编制目录和页码,并不得采用活页装订。

4 投标

4.1 投标文件的密封和标识

4.1.1 投标文件的正本与副本应分开包装,加贴封条,并在封套的封口处加盖投标人单位章。

4.1.2 投标文件的封套上除应清楚地标记"正本"或"副本"字样外,封套还应写明以下内容：

(1)所投标段名称和合同编号；

(2)招标人的名称和通信地址；

(3)投标人的名称和通信地址，并加盖单位章(投标人为联合体形式时，须注明联合体名称，联合体牵头人的名称、地址，加盖联合体牵头人单位章)；

(4)"在投标截止时间之前不得拆封"的声明。

4.2 投标文件的递交

4.2.1 投标人应在本章第2.2.2项规定的投标截止时间前递交投标文件。

4.2.2 投标人递交投标文件的地点：见投标人须知前附表。

4.2.3 除投标人须知前附表另有规定外，投标人所递交的投标文件不予退还。

4.2.4 招标人收到投标文件后，向投标人出具签收凭证。

4.2.5 逾期送达的或者未送达指定地点的投标文件，招标人不予受理。

4.3 投标文件的修改与撤回

4.3.1 在本章第2.2.2项规定的投标截止时间前，投标人可以修改或撤回已递交的投标文件，但应以书面形式通知招标人。

4.3.2 投标人修改或撤回已递交投标文件的书面通知应按照本章第3.7.3项的要求签字或盖章。招标人收到书面通知后，向投标人出具签收凭证。

4.3.3 修改的内容为投标文件的组成部分。修改的投标文件应按照本章第3条、第4条规定进行编制、密封、标记和递交，并标明"修改"字样。

5 开标

5.1 开标时间和地点

招标人在本章第1.10.3款规定的投标截止时间(开标时间)和投标人须知前附表规定的地点公开开标，并邀请所有投标人的法定代表人或其委托代理人准时参加。投标人的法定代表人或其委托代理人未参加开标会的，招标人可将其投标文件按无效标处理。

5.2 开标程序

主持人按下列程序进行开标：

(1)宣布开标纪律；

(2)公布在投标截止时间前递交投标文件的投标人名称，并确认投标人法定代表人或其委托代理人是否在场；

(3)宣布主持人、开标人、唱标人、记录人、监标人等有关人员姓名；

(4)除投标人须知前附表另有约定外，由投标人推荐的代表检查投标文件的密封情况；

(5)宣布投标文件开启顺序：按递交投标文件的先后顺序的逆序；

(6)设有标底的，公布标底；

(7)按照宣布的开标顺序当众开标，公布投标人名称、标段名称、投标保证金的递交情况、投标报价、质量目标、工期及其他招标文件规定开标时公布的内容，并进行文字记录；

(8)主持人、开标人、唱标人、记录人、监标人、投标人的法定代表人或其委托代理人等有关人员在开标记录上签字确认；

(9)开标结束。

6 评标

6.1 评标委员会

6.1.1 评标由招标人依法组建的评标委员会负责。评标委员会由招标人或其委托的招标代理机构熟悉相关业务的代表，以及有关技术、经济等方面的专家组成。评标委员会成员人数以及技术、经济等方面专家的确定方式见投标人须知前附表。

6.1.2 评标委员会成员有下列情形之一的，应当回避：

(1)招标人或投标人的主要负责人的近亲属；

(2)项目主管部门或者行政监督部门的人员；

(3)与投标人有经济利益关系，可能影响对投标公正评审的；

(4)曾因在招标、评标以及其他与招标投标有关活动中从事违法行为而受过行政处罚或刑事处罚的。

6.2 评标原则

评标活动遵循公平、公正、科学和择优的原则。

6.3 评标

评标委员会按照“第3章评标办法”规定的方法、评审因素、标准和程序对投标文件进行评审。“第3章评标办法”没有规定的方法、评审因素和标准，不作为评标依据。

7 合同授予

7.1 定标方式

评标委员会推荐3名中标候选人，并标明排列顺序。招标人依据评标委员会推荐的中标候选人确定中标人。

7.2 中标通知

在本章第3.3款规定的投标有效期内，招标人以书面形式向中标人发出中标通知书，同时将中标结果通知未中标的投标人。

7.3 履约担保

7.3.1 在签订合同前，中标人应按投标人须知前附表规定的金额、担保形式和招标文件“第4章合同条款及格式”规定的履约担保格式向招标人提交履约担保。联合体中标的，其履约担保由牵头人递交，并应符合投标人须知前附表规定的金额、担保形式和招标文件“第4章合同条款及格式”规定的履约担保格式要求。

7.3.2 中标人不能按本章第7.3.1项要求提交履约担保的，视为放弃中标，其投标保证金不予退还，给招标人造成的损失超过投标保证金数额的，中标人还应当对超过部分予以赔偿。

7.4 签订合同

7.4.1 招标人和中标人应当自中标通知书发出之日起30天内，根据招标文件和中标人的投标文件订立书面合同。中标人无正当理由拒签合同的，招标人取消其中标资格，其投标保证金不予退还；给招标人造成的损失超过投标保证金数额的，中标人还应当对超过部分予以赔偿。

7.4.2　发出中标通知书后，招标人无正当理由拒签合同的，招标人向中标人退还投标保证金，并按投标保证金双倍的金额补偿投标人损失。

8　重新招标或经批准不招标

8.1　重新招标

有下列情形之一的，招标人将重新招标：

(1)投标截止时间止，投标人少于3个的；

(2)经评标委员会评审后否决所有投标的；

(3)评标委员会否决不合格投标或者界定为废标后因有效投标不足3个使得投标明显缺乏竞争，评标委员会决定否决全部投标的；

(4)同意延长投标有效期的投标人少于3个的；

(5)中标候选人均未与招标人签订合同的。

8.2　不再招标

重新招标后，仍出现本章第8.1款规定情形之一的，属于必须审批的水利工程建设项目，经行政监督部门批准后不再进行招标。

9　纪律和监督

9.1　对招标人的纪律要求

招标人不得泄漏招标投标活动中应当保密的情况和资料，不得与投标人串通损害国家利益、社会公共利益或者他人合法权益。

下列行为均属招标人与投标串通投标：

(1)招标人在开标前开启投标文件，并将投标情况告知其他投标人，或者协助投标人撤换投标文件，更改报价；

(2)招标人向投标人泄露标底；

(3)招标人与投标人商定，投标时压低或抬高标价，中标后再给投标人或招标人额外补偿；

(4)招标人预先内定中标人；

(5)其他串通投标行为。

9.2　对投标人的纪律要求

投标人不得相互串通投标或者与招标人串通投标，不得向招标人或者评标委员会成员行贿谋取中标，不得以他人名义投标或者以其他方式弄虚作假骗取中标；投标人不得以任何方式干扰、影响评标工作。

9.2.1　下列行为均属以他人名义投标：

(1)投标人挂靠其他施工单位；

(2)投标人从其他施工单位通过转让或租借的方式获取资格或资质证书；

(3)由其他单位及法定代表人在自己编制的投标文件上加盖印章和签字的行为。

9.2.2　下列行为，视为允许他人以本单位名义承揽工程：

(1)投标人的法定代表人的委托代理人不是投标人本单位人员；

(2)投标人拟在施工现场所设项目管理机构的项目经理、技术负责人、财务负责人、质量管理人员、安全管理人员(专职安全生产管理人员)不是本单位人员。

投标人本单位人员，必须同时满足以下条件：

(1)聘任合同必须由投标人单位与之签订；

(2)与投标人单位有合法的工资关系；

(3)投标人单位为其办理社会保险关系，或具有其他有效证明其为本单位人员身份的文件。

9.2.3 下列行为均属投标人串通投标报价：

(1)投标人之间相互约定抬高或压低投标报价；

(2)投标人之间相互约定，在招标项目中分别以高、中、低价位报价；

(3)投标人之间先进行内部总价，内定中标人，然后参加投标；

(4)投标人之间其他串通投标报价的行为。

9.3 对评标委员会成员的纪律要求

评标委员会成员不得收受他人的财物或者其他好处，不得向他人透漏对投标文件的评审和比较、中标候选人的推荐情况以及与评标有关的其他情况。在评标活动中，评标委员会成员不得擅离职守，影响评标程序正常进行，不得使用"第3章评标办法"没有规定的评审因素和标准进行评标。

9.4 对与评标活动有关的工作人员的纪律要求

与评标活动有关的工作人员不得收受他人的财物或者其他好处，不得向他人透漏对投标文件的评审和比较、中标候选人的推荐情况以及与评标有关的其他情况。在评标活动中，与评标活动有关的工作人员不得擅离职守，影响评标程序正常进行。

9.5 投诉

投标人和其他利害关系人认为本次招标活动违反法律、法规和规章规定的，有权向有关行政监督部门投诉。

10 需要补充的其他内容

10.1 类似项目

类似项目的含义见投标人须知前附表。

10.2 已标价工程量清单电子版

投标人递交投标文件时，应同时提交已标价工程量清单电子版，份数及格式见投标人须知前附表。

10.3 原件

投标人须知前附表要求投标人递交原件的，投标人应在递交投标文件时按第8章投标文件格式中"十 原件的复印件"所列清单提交原件。原件经查验后退回投标人。

10.4 中标人的投标文件

中标人须在签订合同前向招标人另行提交投标人须知前附表规定份数的投标文件副本。

10.5 评标结果公示

招标人评标结束后将在××省水利网站和中国采购与招标网公示评标结果。

10.6 招标代理服务费

招标代理服务费执行国家发展计划委员会《招标代理服务收费管理暂行办法》(计价

格[2002]1980 号)和《国家发展和改革委员会办公厅关于招标代理服务费有关问题的通知》(发改办价格[2003]857 号)的规定,费用应摊入投标报价中。招标代理服务费由中标人支付。

第3章　评标办法

评标办法前附表

<table>
<tr><th>条款号</th><th>条款内容</th><th>评审因素</th><th>评审标准</th></tr>
<tr><td>2.1.1(8)</td><td>形式评审其他标准</td><td>无</td><td>无</td></tr>
<tr><td>2.1.2(12)</td><td>资格评审其他标准</td><td>无</td><td>无</td></tr>
<tr><td>2.1.3(9)</td><td>响应性评审其他标准</td><td>无</td><td>无</td></tr>
<tr><th>条款号</th><th>条款内容</th><th colspan="2">编列内容</th></tr>
<tr><td>2.2.1</td><td>分值构成
(总分 100 分)</td><td colspan="2">施工组织设计:35 分
投标报价:45 分
项目管理机构:10 分
其他评分因素:10 分</td></tr>
<tr><td>2.2.2</td><td>评标基准价计算公式</td><td colspan="2">招标人公布的最高限价 T;
投标人有效报价 a_i 指投标人报价实质性响应招标文件要求且报价在“$1T \geqslant$ 投标人报价 $\geqslant 0.95T$”范围内;
若所有投标人的投标报价都不在该区间内,则以 T 为评标基准价;
招标人公布的最高限价在评标基准价中所占的权重 $A = 50\%$</td></tr>
<tr><td>3.4.1</td><td>投标人最终得分的计算方法</td><td colspan="2">评标委员会所有成员打分的算术平均值加上奖惩项目得分(计算评分值均保留两位小数)</td></tr>
</table>

1　评标方法

本次评标采用综合评估法。评标委员会对满足招标文件实质性要求的投标文件,按照本章第 2.2 款规定的评分标准进行打分,并按得分由高到低的顺序推荐中标候选人,或根据招标人授权直接确定中标人,但投标报价低于其成本的除外。综合评分相等时,以投标报价低的优先;投标报价也相等的,由招标人自行确定。

2　评审标准

2.1　初步评审标准

2.1.1　形式评审标准

(1)投标人名称与营业执照、资质证书、安全生产许可证一致。

(2)投标文件的签字盖章符合“第 2 章投标人须知”第 3.7.3 项规定。

(3)投标文件格式符合“第 8 章投标文件格式”的要求。

(4)联合体投标人须提交联合体协议书,并明确联合体牵头人。

(5)只能有一个报价。

(6)投标文件的正本、副本数量符合“第2章投标人须知”第3.7.4项规定；

(7)投标文件的印刷和装订符合“第2章投标人须知”第3.7.5项规定；

(8)形式评审其他标准见评标办法前附表。

2.1.2　资格评审标准

(1)具备有效的营业执照。

(2)具备有效的安全生产许可证。

(3)具备有效的资质证书且资质等级符合“第2章投标人须知”第1.4.1项规定。

(4)财务状况符合“第2章投标人须知”第1.4.1项规定。

(5)业绩符合“第2章投标人须知”第1.4.1项规定。

(6)项目经理资格符合“第2章投标人须知”第1.4.1项规定。

(7)联合体投标人符合“第2章投标人须知”第1.4.2项规定。

(8)企业主要负责人具备有效的安全生产考核合格证书。

(9)技术负责人资格符合“第2章投标人须知”第1.4.1项规定。

(10)委托代理人、安全管理人员(专职安全生产管理人员)、项目经理、技术负责人应是投标人本单位人员(社保证明等),其中安全管理人员(专职安全生产管理人员)具备有效的安全生产考核合格证书。

(11)资格评审其他标准见评标办法前附表。

以上资格审查资料以投标人提供的原件为准。

2.1.3　响应性评审标准

(1)投标范围符合“第2章投标人须知”第1.3.1项规定。

(2)计划工期符合“第2章投标人须知”第1.3.2项规定。

(3)工程质量符合“第2章投标人须知”第1.3.3项规定。

(4)投标有效期符合“第2章投标人须知”第3.3.1项规定。

(5)投标保证金符合“第2章投标人须知”第3.4款规定。

(6)权利义务符合“第4章合同条款及格式”规定的权利义务。

(7)已标价工程量清单符合“第5章工程量清单”填报的要求。

(8)技术标准和要求符合“第7章技术标准和要求(合同技术条款)”的规定。

(9)响应性评审其他标准见评标办法前附表。

2.2　分值构成与评分标准

2.2.1　分值构成

(1)施工组织设计见评标办法前附表。

(2)项目管理机构见评标办法前附表。

(3)投标报价见评标办法前附表。

(4)其他评分因素见评标办法前附表。

2.2.2　采用复合标底确定评标基准价

$$S = T \times A + \frac{a_1 + a_2 + \cdots + a_n}{n}(1 - A)$$

式中 S——评标基准价；

a_i——投标人的有效报价($i=1,2,\cdots,n$)，有效报价约定见评标办法前附表；

T——招标人标底；

A——招标人标底在评标基准价中所占的权重，权重约定见评标办法前附表；

n——有效报价的投标人个数。

2.2.3 投标报价的偏差率计算方法：

$$\text{偏差率}=\frac{\text{投标人报价}-\text{评标基准价}}{\text{评标基准价}}\times 100\%$$

2.2.4 评分标准

评分标准详见下表。

评分标准

评分项目			赋分	评分说明
A 施工组织设计(35分)	一	施工方案	15	
	1	施工总布置	5	重点评价对工程的理解、施工总布置的合理性，合理得3～5分，基本合理得1～3分
	2	主要施工方法及技术措施	10	评价主要施工方法、施工工序、主要技术措施的合理性。合理得8～10分，基本合理得4～8分，一般得1～4分
	二	施工进度计划安排的合理性	5	施工进度计划安排合理、保证措施得力得5分，否则酌情赋分
	三	配备的施工设备的数量和性能	6	对拟投入本工程施工的机械设备类型、型号、数量及适用性、可靠性进行综合评审，优良得4～6分，一般得1～4分
	四	质量保证体系及质量保证措施	5	综合评价质量目标、质量保证体系是否健全，质量保证措施是否合理有效并具有针对性，合理得3～5分，基本合理得1～3分
	五	安全生产保证措施	2	评价安全生产保证体系及措施是否健全，合理得2分，否则酌情赋分
	六	文明施工和环境保护措施	2	评价文明施工和环境保护，措施得力得2分，否则酌情赋分
B 项目管理机构(10分)	七	组织机构及主要管理人员	10	
	1	组织机构及人员配备	3	对组织机构和专业的完整性、人员配备的合理性进行综合评审，合理得2～3分、基本合理得1～2分
	2	项目经理	4	具有大专及以上学历、水利中级及以上职称的得2分，少一项扣1分，扣完为止；2007年10月1日以来有类似工程经历，每一项得1分，最多得2分
	3	技术负责人	3	具有大专及以上学历的得1分；2007年10月1日以来有类似工程经历，且完成投资额累计在100万元以上的，每一项得1分，最多得2分

续表

<table>
<tr><th colspan="3">评分项目</th><th>赋分</th><th>评分说明</th></tr>
<tr><td rowspan="4">C 投标报价(45分)</td><td>八</td><td>投标总报价</td><td>35</td><td>投标人的报价高于评标基准价时,以30分为基数,每高1个百分点扣2分,直至扣完。报价低于评标基准价,在0～-5%时,以30分为基数,每低1个百分点加1分;低于-5%时,以35分为起扣点,每再低1个百分点扣2分,直至扣完(注:评标基准价的计算方法详见评标办法前附表)</td></tr>
<tr><td>九</td><td>投标报价的合理性</td><td>10</td><td></td></tr>
<tr><td>1</td><td>单价分析及取费合理性</td><td>6</td><td>根据土石方、砌体、伸缩缝等工程单价分析合理性酌情赋分</td></tr>
<tr><td>2</td><td>措施项目报价的合理性</td><td>4</td><td>评价措施项目分解是否符合实际、报价是否合理,酌情赋分</td></tr>
<tr><td rowspan="2">D 其他评分因素(10分)</td><td>1</td><td>2007年10月1日以来完成的类似工程施工经验</td><td>8</td><td>2007年10月1日以来承担过类似工程项目的,每一项得2分,最多得8分;2007年10月1日以来所承担的类似工程项目已验收合格投入运行、用户反映良好的,每一项得2分,最多得4分(注:本项累计得分最多8分)</td></tr>
<tr><td>2</td><td>近3年财务状况</td><td>2</td><td>评价近3年财务状况,酌情赋分</td></tr>
<tr><td>合计</td><td colspan="2">$A+B+C+D$</td><td>100</td><td></td></tr>
<tr><td>奖惩情况</td><td colspan="4">(1)加分情况由投标人提供获奖证书复印件(原件备查):
①近3年(指2007年10月1日以来,下同)承建的工程获得省级及以上水行政主管部门颁发的文明工地称号一次的,加1分;
②承建的工程近3年获得省级及以上水行政主管部门或委托的有关协会颁发的优质工程(优秀施工)奖一次的,加1分;
③近3年承建的工程获得省级及以上有关行政主管部门或有关协会颁发的优质工程(优秀施工)奖一次的,加1分;
④上述加分,对同一工程获得不同级别,不同部门颁发的同类奖项的不累计记分,①～③项累计加分最多不超过3分,超过3分的按3分计。
(2)减分情况由招标人或招标代理机构从中华人民共和国水利部网站(http://www.mwr.gov.cn)、××省水利网及其他省级有关行政主管部门网站上收集并向评标委员会提供。
①近3年承建的工程发生过较大及以上施工质量事故的,一次扣5分;
②近3年承建的工程发生过重大及以上(安全生产)事故的,一次扣5分;
③近3年有不良行为记录的扣2分;
④无××省水利施工企业信用系统档案的,扣5分</td></tr>
</table>

注:1. 投标人应根据评分项目,按照评分标准表项目内容顺序(评标要素索引表)列出在投标文件中相应的页码范围,并附在投标文件的目录前。

2. 评分分值精确到小数点后2位。

3 评标程序

3.1 初步评审

3.1.1 评标委员会可以要求投标人提交"第2章投标人须知"第3.5.1项至第3.5.5项规定的有关证明和证件的原件,以便核验。评标委员会依据本章第2.1款规定的标准对投标文件进行初步评审。有一项不符合评审标准的，作废标处理。

3.1.2 投标人有以下情形之一的，其投标作废标处理：

(1)"第2章投标人须知"第1.4.3项规定的任何一种情形的；

(2)串通投标或弄虚作假或有其他违法行为的；

(3)不按评标委员会要求澄清、说明或补正的。

3.1.3 投标报价有算术错误的，评标委员会按以下原则对投标报价进行修正，修正的价格经投标人书面确认后具有约束力。投标人不接受修正价格的，其投标作废标处理。

(1)投标文件中的大写金额与小写金额不一致的，以大写金额为准；

(2)总价金额与依据单价计算出的结果不一致的，以单价金额为准修正总价，但单价金额小数点有明显错误的除外。

3.2 详细评审

3.2.1 评标委员会按本章第2.2款规定的量化因素和分值进行打分，并计算出综合评估得分。

(1)按本章第2.2.4(1)目规定的评审因素和分值对施工组织设计计算出得分A；

(2)按本章第2.2.4(2)目规定的评审因素和分值对项目管理机构计算出得分B；

(3)按本章第2.2.4(3)目规定的评审因素和分值对投标报价计算出得分C；

(4)按本章第2.2.4(4)目规定的评审因素和分值对其他部分计算出得分D。

3.2.2 评分分值计算保留至小数点后两位，小数点后第三位"四舍五入"。

3.2.3 投标人得分$=A+B+C+D$。

3.2.4 评标委员会发现投标人的报价明显低于其他投标报价，或者在设有标底时明显低于标底，使得其投标报价可能低于其个别成本的，应当要求该投标人作出书面说明并提供相应的证明材料。投标人不能合理说明或者不能提供相应证明材料的，由评标委员会认定该投标人以低于成本报价竞标，其投标作废标处理。

3.3 投标文件的澄清和补正

3.3.1 在评标过程中，评标委员会可以书面形式要求投标人对所提交投标文件中不明确的内容进行书面澄清或说明，或者对细微偏差进行补正。评标委员会不接受投标人主动提出的澄清、说明或补正。

3.3.2 澄清、说明或补正不得改变投标文件的实质性内容(算术性错误修正的除外)。投标人的书面澄清、说明和补正属于投标文件的组成部分。

3.3.3 评标委员会对投标人提交的澄清、说明或补正有疑问的，可以要求投标人进一步澄清、说明或补正，直至满足评标委员会的要求。

3.4 评标结果

3.4.1 评标委员会依据本章第2.2款评分标准进行评分，按评标办法前附表的约定计算投标人最终得分，根据得分由高到低的顺序推荐3名中标候选人，并标明推荐顺序。

3.4.2 评标委员会完成评标后，应当向招标人提交书面评标报告。

第4章 合同条款及格式

(略)

第5章　工程量清单

1　说明

1.1　工程量清单应与招标文件中的投标人须知、通用合同条款、专用合同条款、技术标准和要求(合同技术条款)及图纸等一起阅读和理解。

1.2　工程量清单仅是投标人投标报价的共同基础。除另有约定外,工程量清单中的工程量是根据招标设计图纸计算的用于投标报价的估算工程量,不作为最终结算工程量。最终结算工程量是承包人实际完成并符合技术标准和要求(合同技术条款)规定,按施工图纸计算的有效工程量。

1.3　工程量清单中各项目的工作内容和要求应符合相关技术标准和要求(合同技术条款)的规定。

1.4　工程价款的支付遵循合同条款的约定。

1.5　工程报价编制中几个问题的说明

1.5.1　工程报价中建筑工程、安装工程预算定额的选用,招标人不作统一规定,由投标人根据自身的情况和水利水电工程的有关规定,选用水利水电工程的有关定额。

1.5.2　临时设施建设费按照国家和有关部门的规定及投标人的施工组织设计由投标人自行编制。

1.5.3　其他费用中涉及的计划利润、税金等费用按照有关规定计列。

1.5.4　施工用地按照×水计字[1991]×××号文《××省水利工程建设用地管理细则》计列。

1.5.5　临时设施建设、施工用地采用总价承包。投标人在投标报价时,须按工程量清单中清淤疏浚工程和桥梁工程列出对应的临时设施建设、施工用地总价承包项目分解表。否则,按废标处理。

2　投标报价说明

2.1　工程量清单报价表

(1)投标总价。

(2)工程项目总价表。

(3)分组工程量清单报价表。

(4)计日工项目报价表。

(5)工程单价汇总表。

(6)工程单价费(税)率汇总表。

(7)投标人生产电、风、水、砂石基础单价汇总表。

(8)投标人生产混凝土配合比材料费表。

(9)招标人供应材料价格汇总表(若招标人提供)。

(10)投标人自行采购主要材料预算价格汇总表。

(11)招标人提供施工机械台时(班)费汇总表(若招标人提供)。

(12)投标人自备施工机械台时(班)费汇总表。

(13)总价项目分解表。

(14)工程单价计算表。

(15)人工费单价汇总表。

2.2　工程量清单报价表填写规定

(1)除招标文件另有规定外,投标人不得随意增加、删除或涂改招标文件工程量清单中的任何内容。工程量清单中列明的所有需要填写的单价和合价,投标人均应填写;未填写的单价和合价,视为已包括在工程量清单的其他单价和合价中。

(2)工程量清单中的工程单价是完成工程量清单中一个质量合格的规定计量单位项目所需的直接工程费、间接费、企业利润和税金,并考虑到风险因素。投标人应根据规定的工程单价组成内容确定工程单价。除另有规定外,对有效工程量以外的超挖、超填工程量,施工附加量,加工、运输损耗量等,所消耗的人工、材料和机械费用,均应摊入相应有效工程量的工程单价内。

(3)投标金额(价格)均应以人民币表示。

(4)投标总价应按工程项目总价表合计金额填写。

(5)工程项目总价表中组号和工程项目名称按招标文件工程量清单中的相应内容填写,并按分组工程量清单报价表中相应项目合计金额填写。暂列金额按招标文件工程项目总价表中的相应内容填写。

(6)分组工程量清单报价表中的序号、项目名称、计量单位、工程数量,按招标文件分组工程量清单报价表的相应内容填写,并填写相应项目的单价和合价。

(7)计日工项目报价表的序号、人工、材料、机械的名称、型号规格以及计量单位,按招标文件计日工项目清单报价表中的相应内容填写,并填写相应项目单价。

(8)辅助表格填写:

①工程单价汇总表,按工程单价计算表中的相应内容、价格(费率)填写。

②工程单价费(税)率汇总表,按工程单价计算表中的相应内容、费(税)率填写。

③投标人生产电、风、水、砂石基础单价汇总表,按基础单价分析计算成果的相应内容、价格填写,并附相应基础单价的分析计算书。

④投标人生产混凝土配合比材料费表,按表中工程部位、混凝土强度等级(附抗渗、抗冻等级)、水泥强度等级、级配、水灰比、相应材料用量和单价填写,填写的单价必须与工程单价计算表中采用的相应混凝土材料单价一致。

⑤招标人供应材料价格汇总表,按招标人供应的材料名称、型号规格、计量单位和供应价格填写,并填写经分析计算后的相应材料预算价格,填写的预算价格必须与工程单价计算表中采用的相应材料预算价格一致(若招标人提供)。

⑥投标人自行采购主要材料预算价格汇总表,按表中的序号、材料名称、型号规格、计量单位和填写的预算价格,填写的预算价格必须与工程单价计算表中采用的相应材料预算价格一致。

⑦招标人提供施工机械台时(班)费汇总表,按招标人提供的机械名称、型号规格和招标人收取的台时(班)折旧费填写;投标人填写的台时(班)费合计金额必须与工程单价计算表中相应的施工机械台时(班)费单价一致(若招标人提供)。

⑧投标人自备施工机械台时(班)费汇总表,按表中的序号、机械名称、型号规格、一

类费用和二类费用填写，填写的台时（班）费合计金额必须与工程单价计算表中相应的施工机械台时（班）费单价一致。

⑨投标人应对工程量清单中的总价项目编制总价项目分解表，每个总价项目一份，项目编号和名称应与工程量清单一致。

⑩投标金额大于或等于投标总标价万分之五的工程项目，必须编报工程单价计算表。工程单价计算表，按表中的施工方法、序号、名称、型号规格、计量单位、数量、单价、合价填写，填写的人工、材料和机械等基础价格，必须与人工费单价汇总表、基础材料单价汇总表、主要材料预算价格汇总表及施工机械台时（班）费汇总表中的单价相一致，填写的其他直接费、现场经费、间接费、企业利润和税金等费（税）率必须与工程单价费（税）率汇总表中的费（税）率相一致。

⑪人工费单价汇总表应按人工费单价计算表的内容、价格填写，并附相应的人工费单价计算表。

工程项目总价表

合同编号：LCYYHZHL－SG－02

工程名称：××县××河治理工程

组号	项目分组名称	金额（元）	备注
1	建筑工程		
2	临时工程		
	合计（A）		

暂列金额（B）＿无＿

投标总报价（A）＋（B）＿＿＿＿

（填入投标报价书）

分组工程量清单报价表

合同编号：LCYYHZHL－SG－02

工程名称：××县××河治理工程

组号：1　　分组名称：建筑工程

序号	项目名称	计量单位	工程数量	单价（元）	合价（元）	备注
壹	第一部分　建筑工程					
（一）	河道工程（6＋030～9＋070）					
1	土方开挖	m^3	574.94			
2	土方开挖（运0.5 km）	m^3	12 648.68			
3	砂卵石开挖	m^3	44 270.38			
4	砂卵石回填	m^3	56 644.00			
5	M7.5浆砌石挡土墙	m^3	18 396.00			
6	硬质塑料泡沫板	m^2	3 375.00			
7	PVC排水管（直径50 mm）	m	1 679.00			
	合计					

分组工程量清单报价表

合同编号:LCYYHZHL－SG－02

工程名称:××县××河治理工程

组号:2　　　　分组名称:临时工程

序号	项目名称	计量单位	工程数量	单价(元)	合价(元)	备注
肆	第四部分　临时工程					
一	导流工程					
	土围堰	m^3	1 284.11			
	编织袋黏土	m^3	180.11			
	围堰拆除	m^3	1 284.11			
二	施工交通工程					总价承包
	临时道路	km	0.60			
三	施工房屋建筑工程					
	施工仓库	m^2	50			
	办公生活及文化福利建筑工程	项	1			
四	其他施工临时工程	项	1			
	合计					

第2卷

第6章　图纸(招标图纸)

(略)

第3卷

第7章　技术标准和要求

(见《水利水电工程标准施工招标文件技术标准和要求》(2009年版))

第4卷

第8章　投标文件格式

(见《水利水电工程标准施工招标文件》(2009年版)或本书单元3任务4)

示例2　水利水电工程施工投标文件

一、投标函

投标函

××县中小河流治理工程建设管理局：

我方已仔细研究了××县××河治理工程施工Ⅱ标招标文件的全部内容，愿意以人民币（大写）肆佰玖拾万零贰仟贰佰捌拾壹元叁角玖分（¥4 902 281.39）的投标总报价，工期150日历天，按合同约定实施和完成承包工程，修补工程中的任何缺陷，工程质量达到合格。

我方承诺在投标有效期内不补充、修改、替代或者撤回本投标文件。

随同本投标函提交投标保证金一份，金额为人民币（大写）伍万元（¥50 000元）。

如我方中标：

(1)我方承诺在收到中标通知书后，在中标通知书规定的期限内与你方签订合同。

(2)随同本投标函递交的投标函附录属于合同文件的组成部分。

(3)我方承诺按照招标文件规定向你方递交履约担保。

(4)我方承诺在合同约定的期限内完成并移交全部合同工程。

我方在此声明，所递交的投标文件及有关资料内容完整、真实和准确，且不存在"第2章投标人须知"第1.4.3项规定的任何一种情形。

我方完全理解你方不保证投标价最低的投标人中标，并同意承担投标所发生的一切费用。

投　标　人：××××××工程有限公司（盖单位章）
法定代表人或其委托代理人：______________（签字）
地　　址：______________
网　　址：______________
电　　话：______________
传　　真：______________
邮政编码：______________

2010年12月21日

二、授权委托书

本人×××系××××××工程有限公司的法定代表人，现委托×××为我方代理人。代理人根据授权，以我方名义签署、澄清、说明、补正、递交、撤回、修改××县××河治理工程施工Ⅱ标投标文件、签订合同和处理有关事宜，其法律后果由我方承担。

委托期限:2010 年 12 月 21 日至 2011 年 2 月 17 日。

代理人无转委托权。

附:法定代表人身份证明

投　标　人:××××××工程有限公司(盖单位章)

法定代表人:＿＿＿＿＿＿＿＿＿＿＿＿(签字)

身份证号码:＿＿＿＿＿＿＿＿＿＿＿＿＿＿＿

委托代理人:＿＿＿＿＿＿＿＿＿＿＿＿(签字)

身份证号码:＿＿＿＿＿＿＿＿＿＿＿＿＿＿＿

2010 年12 月21 日

三、投标保证金

2010 年××月××日

<table>
<tr><td rowspan="3">出票人</td><td>全　称</td><td>××××工程有限公司</td><td rowspan="3">收款人</td><td colspan="4">全　称</td><td colspan="6">××工程管理有限公司</td></tr>
<tr><td>账　号</td><td>×××××××××</td><td colspan="4">账　号</td><td colspan="6">××××××××</td></tr>
<tr><td>开户银行</td><td>×××××××××</td><td colspan="4">开户银行</td><td colspan="6">××××××××</td></tr>
<tr><td rowspan="2">金额</td><td colspan="2" rowspan="2">人民币 50 000.00 元
(大写)伍万元</td><td>亿</td><td>千</td><td>百</td><td>十</td><td>万</td><td>千</td><td>百</td><td>十</td><td>元</td><td>角</td><td>分</td></tr>
<tr><td></td><td></td><td></td><td></td><td>5</td><td>0</td><td>0</td><td>0</td><td>0</td><td>0</td><td>0</td></tr>
</table>

<table>
<tr><td>票据种类</td><td></td><td>票据张数</td><td></td><td rowspan="3">开户银行签章</td></tr>
<tr><td>票据号码</td><td colspan="3"></td></tr>
<tr><td colspan="4">复核　　　　记账</td></tr>
</table>

投标人:　××××××工程有限公司　(盖单位章)

法定代表人(或委托代理人):＿＿＿＿(签名)

2010 年12 月21 日

四、已标价工程量清单

(一)工程量清单说明

1　说明

1.1　工程量清单应与招标文件中的投标人须知、通用合同条款、专用合同条款、技术标准和要求(合同技术条款)及图纸等一起阅读和理解。

1.2　工程量清单仅是投标人投标报价的共同基础，除另有约定外，工程量清单中的工程量是根据招标设计图纸计算的用于投标报价的估算工程量，不作为最终结算工程量。最终结算工程量是承包人实际完成并符合技术标准和要求（合同技术条款）规定，按施工图纸计算的有效工程量。

1.3　工程量清单中各项目的工作内容和要求应符合相关技术标准和要求（合同技术条款）的规定。

1.4 工程价款的支付遵循合同条款的约定。

1.5　工程报价编制中几个问题的说明

1.5.1　工程报价中建筑工程、安装工程预算定额的选用，我方根据自身的情况和水利水电工程的有关规定，选用水利水电工程的有关定额。

1.5.2　临时设施建设费按照国家和有关部门的规定及我方的施工组织设计由我方自行编制。

1.5.3　其他费用中涉及的计划利润、税金等费用按照有关规定计列。

2　投标报价说明

2.1　工程量清单报价表由以下表格组成：

（1）投标总价。

（2）工程项目总价表。

（3）分组工程量清单报价表。

（4）计日工项目报价表。

（5）工程单价汇总表。

（6）工程单价费（税）率汇总表。

（7）投标人生产电、风、水、砂石基础单价汇总表。

（8）投标人生产混凝土配合比材料费表。

（9）招标人供应材料价格汇总表（若招标人提供）。

（10）投标人自行采购主要材料预算价格汇总表。

（11）招标人提供施工机械台时（班）费汇总表（若招标人提供）。

（12）投标人自备施工机械台时（班）费汇总表。

（13）总价项目分解表。

（14）工程单价计算表。

（15）人工费单价汇总表。

2.2　工程量清单报价表填写规定

（1）除招标文件另有规定外，投标人不得随意增加、删除或涂改招标文件工程量清单中的任何内容。工程量清单中列明的所有需要填写的单价和合价，投标人均填写；未填写的单价和合价，视为已包括在工程量清单的其他单价和合价中。

（2）工程量清单中的工程量单价是完成工程量清单中一个质量合格的规定计量单位项目所需的直接工程费、间接费、企业利润和税金，并考虑到风险因素。投标人应根据规定的工程单价组成内容确定工程单价。除另有规定外，对有效工程量以外的超挖、超填工程量，施工附加量，加工、运输损耗量等，所消耗的人工、材料和机械费用，均应摊入相应有效工程量的工程单价内。

(3)投标金额(价格)均应以人民币表示。

(4)投标总价应按工程项目总价表合计金额填写。

(5)工程项目总价表中组号和工程项目名称按招标文件工程量清单中的相应内容填写,并按分组工程量清单报价表中相应项目合计金额填写。暂列金额按招标文件工程项目总价表中的相应内容填写。

(6)分组工程量清单报价表中的序号、项目名称、计量单位、工程数量,按招标文件分组工程量清单报价表的相应内容填写,并填写相应项目的单价和合价。

(7)计日工项目报价表的序号,人工,材料,机械的名称、型号规格以及计量单位,按招标文件计日工项目清单报价表中的相应内容填写,并填写相应项目单价。

(8)辅助表格填写:

①工程单价汇总表,按工程单价计算表中的相应内容、价格(费率)填写。

②工程单价费(税)率汇总表,按工程单价计算表中的相应内容、费(税)率填写。

③投标人生产电、风、水、砂石基础单价汇总表,按基础单价分析计算成果的相应内容、价格填写,并附相应基础单价的分析计算书。

④投标人生产混凝土配合比材料费表,按表中工程部位、混凝土强度等级、水泥强度等级、级配、水灰比、相应材料用量和单价填写,填写的单价必须与工程单价计算表中采用的相应混凝土材料单价一致。

⑤招标人供应材料价格汇总表,按招标人供应的材料名称、型号规格、计量单位和供应价格填写,并填写经分析计算后的相应材料预算价格,填写的预算价格必须与工程单价计算表中采用的相应材料预算价格一致(若招标人提供)。

⑥投标人自行采购主要材料预算价格汇总表,按表中的序号、材料名称、型号规格、计量单位和填写的预算价格,填写的预算价格必须与工程单价计算表中采用的相应材料预算价格一致。

⑦招标人提供施工机械台时(班)费汇总表,按招标人提供的机械名称、型号规格和招标人收取的台时(班)折旧费填写;投标人填写的台时(班)费用合计金额必须与工程单价计算表中相应的施工机械台时(班)费单价一致(若招标人提供)。

⑧投标人自备施工机械台时(班)费汇总表,按表中的序号、机械名称、型号规格、一类费用和二类费用填写,填写的台时(班)费合计金额必须与工程单价计算表中相应的施工机械台时(班)费单价一致。

⑨投标人应对工程量清单中的总价项目编制总价项目分解表,每个总价项目一份,项目编号和名称应与工程量清单一致。

⑩投标金额大于或等于投标总标价万分之五的工程项目,必须编报工程单价计算表。工程单价计算表,按表中的施工方法、序号、名称、型号规格、计量单位、数量、单价、合价填写,填写的人工、材料和机械等基础价格,必须与人工费单价汇总表、基础材料单价汇总表、主要材料预算价格汇总表及施工机械台时(班)费汇总表中的单价相一致,填写的其他直接费、现场经费、间接费、企业利润和税金等费(税)率必须与工程单价费(税)率相一致。

⑪人工费单价汇总表应按人工费单价计算表的内容、价格填写，并附相应的人工费单价计算表。

（二）投标报价表

工程项目总价表

合同编号：LCYYHZHL－SG－02

工程名称：××县××河治理工程

组号	项目分组名称	金额（元）	备注
1	建筑工程	4 757 206.97	
2	临时工程	145 074.42	
	合计（*A*）	4 902 281.39	

暂列金额（*B*）：无

投标总报价（*A*）＋（*B*）：4 902 281.39 元

（填入投标报价书）

分组工程量清单报价表

合同编号：LCYYHZHL－SG－02

工程名称：××县××河治理工程

组号：1　　分组名称：建筑工程

编号	项目或费用名称	单位	数量	单价（元）	合价（元）
壹	第一部分　建筑工程				4 757 206.97
（一）	河道工程（6＋030～9＋070）				4 757 206.97
1	土方开挖	m^3	574.94	3.05	1 753.57
2	土方开挖（运 0.5 km）	m^3	12 648.68	11.8	149 254.42
3	砂卵石开挖	m^3	44 270.38	5.08	224 893.53
4	砂卵石回填	m^3	56 644.00	8.64	489 404.16
5	M7.5 浆砌石挡土墙	m^3	18 396.00	200.74	3 692 813.04
6	硬质塑料泡沫板	m^2	3 375.00	51.9	175 162.50
7	PVC 排水管（直径 50 mm）	m	1 679.00	14.25	23 925.75
	合计				4 757 206.97

分组工程量清单报价表

合同编号：LCYYHZHL－SG－02

工程名称：××县××河治理工程

组号：2　　分组名称：临时工程

序号	项目名称	计量单位	工程数量	单价（元）	合价（元）
肆	第四部分　临时工程				145 074.42
一	导流工程				29 815.78
	土围堰	m^3	1 284.11	6.33	8 128.42
	编织袋黏土	m^3	180.11	43.84	7 896.02

续表

序号	项目名称	计量单位	工程数量	单价(元)	合价(元)
	围堰拆除	m^3	1 284.11	10.74	13 791.34
二	施工交通工程				9 449.64
	临时道路	km	0.60	15 749.40	9 449.64
三	施工房屋建筑工程				71 500
	施工仓库	m^2	50	230.00	11 500
	办公生活及文化福利建筑工程	项	1	60 000.00	60 000
四	其他施工临时工程	项	1	34 309.00	34 309
	合计				145 074.42

计日工项目报价表

合同编号:LCYYHZHL－SG－02

工程名称:××县××河治理工程

序号	名称	规格型号	计量单位	单价(元)	备注
1	人工				
	工长		工时	10.36	
	高级工		工时	9.68	
	中级工		工时	8.30	
	初级工		工时	4.44	
2	材料				
	粗砂		m^3	85.50	
	块石		m^3	96.00	
	柴油		kg	11.70	
	电		kW·h	1.35	
	黏土		m^3	7.50	
	水		m^3	3.99	
	硬质塑料泡沫板		m^2	60.00	
	水泥		kg	0.57	
3	机械				
	单斗挖掘机液压 1 m^3		台时	286.04	
	推土机 59 kW		台时	149.69	
	推土机 74 kW		台时	202.97	
	推土机 88 kW		台时	247.64	
	压路机内燃机 12～15 t		台时	132.09	
	蛙式夯实机 2.8 kW		台时	17.60	
	电钻 1.5 kW		台时	3.18	
	混凝土搅拌机 0.4 m^3		台时	34.25	
	自卸汽车 8 t		台时	181.64	
	胶轮车		台时	1.35	

除以上所列表格外，通常还有工程单价汇总表，工程单价费（税）率汇总表，电、风、水、砂石基础单价计算表，混凝土砂浆配合比单价计算表，主要材料预算价格汇总表，总价项目分解表，工程单价计算表，人工费单价计算表等。

五、施工组织设计

1 综合说明

1.1 编制依据

1.1.1 ××县××河治理工程施工招标文件及图纸。

1.1.2 现场察勘资料和标前会议及澄清文件。

1.1.3 招标文件中明确规定的有关施工技术规范。

1.1.4 我单位拥有的机械设备状况、技术力量、施工能力、现场实际情况和我单位类似工程的施工经验。

1.2 编制范围

××县××河治理工程施工Ⅱ标段（合同编号：LCYYHZHL－SG－02）所有施工内容。

1.3 工程概况

××河治理工程位于××河上游××镇北沟口至××乡西河之间，该治理区段防洪标准应为20年一遇，属Ⅳ级堤防，主要建筑物级别为4级，次要建筑物级别为5级。

根据××河河道河段堤岸现状，确定本次设计治理范围为××河××镇北沟口至××乡西河之间，布置护岸总长10.86 km，其中支沟口护岸共向支沟口上游延伸460 m，主要工程量，土方开挖167 546 m^3，碎石土开挖49 147 m^3，土方回填153 154 m^3，M7.5浆砌石78 315 m^3，C20混凝土363 m^3。

工程计划工期150日历天。

1.4 施工条件

××河××至××段治理工程位于黄河流域伊河源头段，治理区段主要包括陶湾、石庙、栾川等乡（镇）。工程对外交通有栾卢公路、洛栾快速公路等。治理段内各自然村有道路与沿河干线公路相连。因此，工程施工对外交通较为便利。工地内部交通可在现场沿堤线平整形成，河漫滩地形平坦，困难不大。混凝土粗细骨料和石料基本可沿伊河就近选用，基本上可以满足工程需要，运距一般不远。该段河道沿岸高压线基本覆盖，施工用电可就近引接。

1.5 合同项目工程范围

根据××河河道河段堤岸现状，施工Ⅱ标承担的主要工作内容位于石庙镇上元村至光明村，施工内容为土方开挖、碎石土开挖、土方回填、浆砌石护岸。

1.6 主要控制目标

1.6.1 施工工期：根据招标文件要求，本合同项目工程控制性施工工期为150日历天。计划开工日期拟定为2011年1月1日，计划竣工日期为2011年5月30日（具体开工时间以监理人下达的开工令为准）。

1.6.2 施工质量：达到国家验收规范规定的合格标准。

1.6.3　施工安全:无责任死亡事故发生,杜绝重大机械设备事故、重大火灾事故、特大交通事故、重大垮(塌)事故。

1.6.4　文明施工:按国家有关规定的"文明工地标准"文明施工。

2　项目组织管理机构及施工技术力量

2.1　项目组织管理机构

2.1.1　项目组织管理机构设置

根据本工程的特点和我公司以往的施工组织经验,为了确保工程质量、工程进度和安全生产,必须在施工现场组织设立精干高效的项目经理部,对整个项目的施工进行科学、有效的管理。为此,我公司拟组建××××××工程有限公司××县××河治理工程施工Ⅱ标段项目经理部,设项目经理1人,技术负责人1人,下设工程技术科、质量管理科、工地实验室、物资机械科、计划合同科、财务科、安全环保科、综合办公室以及各施工作业队。

2.1.2　项目部各机构负责人主要职责

1)项目经理

项目经理是企业法人代表在工程项目上的全权委托代理人,负责全部合同内容的履行和实施,是施工项目全过程所有工作的总负责人,同时亦是工程质量、安全、进度的第一责任人。

2)技术负责人

技术负责人是本项目的技术总负责,负责组织施工组织设计、施工方案、施工计划及质量计划等的编制和实施。负责工程技术及质量管理工作,解决施工中出现的各种技术问题和质量问题,督促、检查职能部门的工作,对工程质量总把关。

2.2　施工技术力量

2.2.1　主要管理人员

项目经理:×××,男,工程师,二级注册建造师,先后担任多个类似工程建设项目的项目经理,具有丰富的水利工程施工管理经验。

技术负责人:×××,男,工程师,先后参加多个类似工程建设,积累了丰富的水利水电工程施工经验。

2.2.2　拟投入本标段的劳动力计划

拟投入本标段的劳动力计划表见附件三。

3　施工总体布置

3.1　布置原则

以既满足工程进度和施工强度需要,同时符合创建文明工地为原则,充分利用现有对外交通等自然条件,综合考虑本工程规模、工程特点、工期、施工方案等因素,按照招标文件要求和《水利水电工程施工组织设计规范》(SL 303—2004)标准,遵循因地制宜、因时制宜、有利生产、方便生活、易于管理、安全可靠、经济合理的总原则,紧凑合理地布置管理。根据工程的自然条件和工程条件,总体布置的具体原则为:

3.1.1　根据工程特点、施工工期及进度要求,选择适当的施工临时设施项目和规模。

3.1.2　结合场内外主要交通运输线路条件,就近布置,方便生产、生活和施工管理。

3.1.3 施工布置紧凑合理,因地制宜,尽量利用荒地和滩地,少占耕地。

3.1.4 施工布置及废水排放符合环保要求。

3.1.5 布置区达到必要的防洪要求。

3.1.6 对施工场地的安排,考虑重复利用的可能性。

3.2 布置方案

根据招标文件和图纸,结合现场实地勘察,根据堤防纵向布置、工程分段施工、场地条件等因素,本着有利生产、方便生活、易于管理、分散与集中相结合的原则进行施工布置,项目部营地拟布置在上园桥附近的平整地带。营区布设办公管理区、生活区、辅助生产区(砂浆拌和站、砂石料堆放场、钢筋木工加工厂、施工仓库、机械停放场等)等,施工营地从国道及省道进入。

施工总平面图见附件5。

3.3 施工道路布置

进场道路利用附近原有道路,根据现场实际需要修筑必要的连接施工现场的施工临时道路。施工临时道路主要为通往渣场道路、料场道路、施工工厂设施间的连接道路及开挖、填筑、混凝土浇筑时必要的连接路等。本标段计划拟沿河道堤顶布置临时道路总长0.6 km,路面宽为6 m,碎石路面形式。施工过程中配备1台洒水车,经常对道路洒水养护,以降低粉尘。

3.4 施工供水、供电及通信

3.4.1 供水

生活用水:可从附近村庄供水管网接入或从发包人指定取水点取水,满足生活所需。

施工用水:可从河道抽取或从发包人指定取水点取水,根据施工现场情况,在拌和站点附近设10 t蓄水池。

3.4.2 供电

施工用电从附近村庄接引或从发包人施工电源输出端的接口接引,并根据现场情况设置变电所,配置100 kVA变压器1台,架设供电线路敷设至施工营地及施工现场,另配1台75 kW柴油发电机作为事故备用电源,为紧急供电之用。

3.4.3 通信

为保障施工项目部与建设单位和监理工程师之间的联络畅通,拟定在项目部配备1部程控电话机和传真机,项目管理人员和各施工队之间通过手机与对讲机进行通信,便于随时联系和指挥现场施工。

3.5 施工临时设施布置

3.5.1 办公生活营地布置

办公生活营地布置于上园桥附近。项目部设办公用房150 m^2,会议室60 m^2,食堂120 m^2,急救医疗设施15 m^2,公共卫生设施30 m^2,文化娱乐和体育场地等福利设施200 m^2,办公用房拟考虑在现场搭建活动彩板房和砖砌房;职工宿舍用房1 000 m^2,职工宿舍用房优先考虑从附近租房解决,如租房有困难,可考虑在现场搭建活动彩板房。

3.5.2 施工辅助生产区布置

(1)砂浆拌和站。砂浆拌和站根据施工分段及施工进度计划安排并结合现场实际条件,在施工现场附近分区设置,减少运距,方便于生产。在砂浆拌和站附近布置砂石料场、水泥库等附属设施。混凝土拌和站布置2台0.4 m^3混凝土搅拌机,供应砂浆的施工,占地200 m^2。

(2)骨料堆放场。砂子等材料直接堆放在砂浆拌和站附近,堆放料场占地面积200 m^2。

(3)工地实验室。为了控制工程质量,生产区设工地实验室占地面积30 m^2,实验室配置试验设备。

(4)库房。水泥库靠近砂浆拌和站设置,占地120 m^2。

材料仓库在钢筋木工加工厂附近设置,建筑面积120 m^2。

机械用油利用加油车加油,现场不再设油库。

(5)机械设备停放场。机械设备主要停放在辅助生产区的机械设备停放场内,占地500 m^2,因设备较多,一部分机械可根据施工的不同阶段,停放在相应的施工段附近。

机械设备停放场内设修理保养车间100 m^2,配置通用修理设备、保养设备及工具。

3.6 防火

在合同履行期内,除与当地消防部门取得联系、必要时请其协助外,还要采取一切有效的防火与消防措施,并在现场的材料库等处及施工机械车辆上配备适当数量的手持灭火器。

3.7 急救及医疗

定期为施工工作人员检查,积极采取各种措施预防病情,控制病情对施工人员的侵害。

在施工现场配备有经验的医护人员与必需的医疗器械和药品,另外与当地医疗急救部门取得联系,必要时请予协助。

3.8 场地废水、弃渣处理

本工程施工排水采取有效措施拦截施工范围以外的水流,如开挖排水沟,设置围堰等。

在弃渣场、仓库周围做好排水设施,防止暴雨对临时施工场地及施工作业面造成破坏。

施工过程中的废水及污水设立污水、废水处理池处理,待符合排放标准后进行排放。

弃渣统一堆放在弃土场,严禁任意堆放。

弃渣堆放前,先把弃土场的表面耕作土收集(约0.6 m厚)堆放在一边,然后堆放弃渣,弃渣要求分层堆放,下层堆放砂卵石,然后堆放黏土或淤泥,最后覆盖原来的耕作土,恢复耕地。

3.9 临时设施施工及管理

3.9.1 临时工程开工条件

任何一项临时工程开工必须取得建设单位和监理人的同意。

3.9.2 临时工程场地平整清理工作

(1)场地平整范围应满足临时设施的规模和各种布置的需要。场地平整的高程、范围、排水等应严格满足监理人批准的施工总平面布置图。

（2）建筑物周围设置适当的排水设施，并满足国家有关环保法规的要求。

（3）除非另有协议或监理人另有指示，工程完工后，项目部及时移去、拆除、消除和处理临时工程，整理好临时工程占用的区域，不损坏区内需保留的设施，并使监理人满意。

3.10　竣工后临时工程的保留与拆除

合同工程完工或部分工程完工后，按照监理人指示保留或拆除临时工程设施。拆除部分遵照有关规定执行并通过监理人的验收同意，需保留的临时工程设施移交给发包人，并履行相关的手续。

3.11　临时设施用地计划

临时设施用地计划表见附件6。

4　主要施工方法与技术措施

4.1　总体施工方案

通过我公司对招标文件及图纸的详细研究分析，结合现场实地查勘，根据本工程的特点、工程规模、工期要求，制订施工方案。

本工程工期较紧，根据本工程的特点，结合现场实际条件，拟采取分段施工、多作业面流水作业的施工方案。将本标段3.040 km河道工程按每800～1 100 m划分为三个施工作业段，安排三个作业班组同时展开施工。将左、右两岸沿河道边线分两期施工，前期先施工河道右侧，利用左侧天然河道过水；后期施工左侧，利用已治理的河道过水，汛期前完成河道主体工程。

本标段工程采用以项目经理部为施工管理中心，设置施工作业队及作业班组，统一调度，有序施工，流水作业。

4.1.1　施工总体程序

施工顺序的安排原则是先临时后主体、先基础后结构、先低后高、先下后上。总体施工程序见下图：

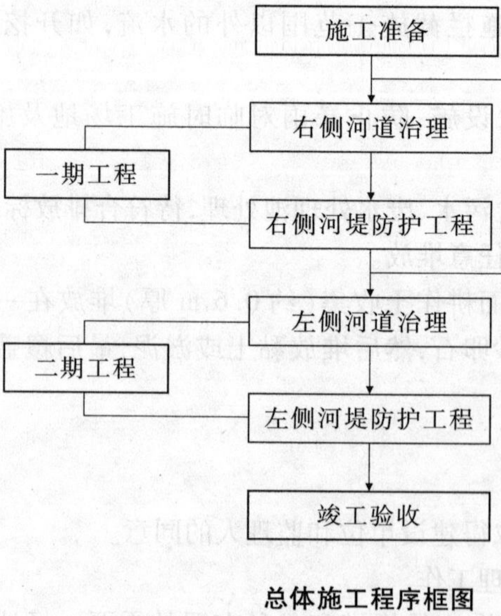

总体施工程序框图

4.1.2　主要施工技术方案

4.1.2.1　河道整治

河床土方、砂卵石机械开挖主要采用1.0 m^3挖掘机开挖，装8 t自卸汽车运输至指定弃渣场，74 kW推土机推平。

河道整平砂卵石回填采用13 t振动碾压实，1.0 m^3挖掘机挖装，8 t自卸汽车运输，74 kW推土机平料，边角及机械不能到达的部位采用人工配合2.8 kW蛙式打夯机夯实。

原河道建筑物拆除采用挖掘机或安装破碎头按照由上到下、由高到低的顺序依次进行拆除，浆砌石拆除采用人工用撬杠、钢钎等工具进行依次拆除，挖掘机进行配合作业，拆除的弃渣装8 t自卸汽车运输至指定弃渣场。

4.1.2.2　河堤防护工程

土方开挖采用1.0 m^3挖掘机开挖，保护层采用人工进行开挖，装8 t自卸汽车运输至指定弃渣场。护角砂卵石开挖采用1.0 m^3挖掘机开挖，砂卵石回填采用13 t振动碾压实，边角及机械不能到达的部位采用人工配合2.8 kW蛙式打夯机夯实，压实至设计和规范要求。

河堤土方采用74 kW拖拉机碾压，砂卵石填筑采用13 t振动碾压实，1.0 m^3挖掘机挖装8 t自卸汽车运输，74 kW推土机平料，边角及机械不能到达的部位采用人工配合2.8 kW蛙式打夯机夯实，压实至设计和规范要求。河堤填筑之前将工程区范围内低洼部位的积水用水泵抽干或人工排除。雨季施工时，加强气象预报，提前做好防雨准备，正确掌握雨前停工、雨后复工的时机。下雨至复工前，严禁施工机械穿越和人员践踏，做好临洪处的围挡措施。雨后复工，首先人工排除表面局部积水，并视未压实表土含水率情况，可分别进行翻松、晾晒或用推土机将其清除，直至实测土料含水率不超过施工含水率上限1%即可。

河道护堤采用M7.5浆砌石挡土墙。砌石料采用外购，砌筑前，应在砌体外将石料上的泥垢冲洗干净，砌筑时保持砌石表面湿润。采用坐浆法分层砌筑，铺浆厚宜为3～5 cm，随铺浆随砌石。砌缝需用砂浆填充饱满，不得无浆直接贴靠，砌缝内砂浆应采用扁铁插捣密实，严禁先堆砌石块再用砂浆灌缝，上下层砌石应错缝砌筑。砌体外露面应平整美观，外露面上的砌缝应预留约4 cm深的空隙，以备勾缝处理；水平缝宽应不大于2.5 cm，竖缝宽应不大于4 cm。砌筑因故停顿，砂浆已超过初凝时间，应待砂浆强度达到2.5 MPa后才可继续施工。在继续砌筑前，应将原砌体表面的浮渣清除，砌筑时应避免振动下层砌体，勾缝前必须清缝，用水冲净并保持槽内湿润，砂浆应分次向缝内填塞密实，勾缝砂浆强度等级应高于砌体砂浆；应按实有砌缝勾平缝，严禁勾假缝、凸缝。砌筑完毕后应保持砌体表面湿润做好养护，砂浆配合比、工作性能等应按设计强度等级通过试验确定，施工中应在砌筑现场随机制取试件。护堤根据设计要求设沥青伸缩缝进行分缝，挡土墙设PVC排水管(直径50 mm)。

4.2　施工准备

4.2.1　施工人员的准备

4.2.2　施工现场准备

4.2.3　施工物资材料准备

4.2.4　施工机械设备的准备

4.2.5　技术培训、图纸会审

4.3　施工测量

本工程的施工测量将严格按照《水利水电工程施工测量规范》(SL 52—93)和有关施工规范的技术要求进行,并须按合同规定的时间与范围,及时向监理工程师报送有关的测量成果。

工程测量分为测量前的准备、控制测量、施工测量、进度测量和竣工测量。

4.3.1　建立施工测量小组

4.3.2　建立测量管理制度

4.3.3　对施工测量各项技术的要求

4.3.4　测量精度要求

4.3.5　测量前的准备

4.3.6　控制测量

4.3.7　施工测量

4.3.8　进度测量

4.3.9　竣工测量

4.4　施工导流及排水

4.4.1　施工导流

本标段工程为非汛期施工,将左、右两岸沿河道中心线分两期施工,前期先施工河道右侧,利用左侧天然河道过水;后期施工左侧,利用已治理的河道过水,施工时,在施工基坑外围设置临时挡水堰以防止水流进入开挖作业面。

4.4.2　施工排水

本工程施工排水主要为施工期间施工作业面积水及渗水排除。

在基坑四周附近开挖排水沟,排水沟断面尺寸为0.5 m×0.5 m,沟底坡降1/500~1/1 000,沿沟底基坑四角设1座深1.5 m、井径为1 m的集水井,预制无砂混凝土管井壁,配备4~6台10 kW离心泵及时抽排集水井内积水,排向基坑外。同时,在基坑顶部设截水沟和防护堤,拦截外来水进入施工作业面。

在施工过程中,应做好临时性地面排水设施,保持必要的地面排水坡度,设置临时坑槽,排除积水以及开挖排水沟排走雨水和地面水。尽量保留利用天然排水沟并进行必要的疏通,使排水畅通,防止地表水流入工作面内。

4.5　土石方工程

4.5.1　土石方开挖

4.5.2　砂卵石回填

4.6　挡土墙浆砌石工程

4.6.1　浆砌石砌筑

4.6.2　保证砌石表面美观的措施

4.7　细部结构施工

4.7.1　伸缩缝

护岸每隔 15 m 设一道伸缩缝,缝宽 2 cm,缝内采用硬质塑料泡沫板。伸缩缝材料品种规格必须满足设计要求,伸缩缝的缝面施工前应清除干净,安装时把伸缩缝材料按设计要求的尺寸规格固定在已施工缝面上,通过后施工面的挤压贴紧在缝面上。

4.7.2　排水孔

排水孔随挡土墙浆砌石一起施工安装,排水管内口后端用无纺布包扎。安装时根据设计图纸规格、数量、高程、间距、埋入深度进行埋设,精度达到设计要求,且必须牢固可靠,混凝土浇筑过程中不得移位和动摇,保证安装位置的准确性。

4.8　特殊地质条件和现场突发事件的应急措施

针对本工程施工可能遇到的特殊地质条件和现场突发事件,我公司制订了应急措施。

4.8.1　特殊地质条件应急措施

4.8.2　现场突发事件应急措施

5　施工进度计划安排的合理性

5.1　施工工期

根据招标文件要求,本合同项目工程控制性施工工期为 150 日历天。计划开工日期拟定为 2011 年 1 月 1 日,计划完工日期为 2011 年 5 月 30 日(具体开工时间以监理人下达的开工令为准)。

5.2 施工总进度计划表

序号	关键控制性节点项目	日历天	开始日期	完成日期
1	施工准备	5	1月1日	1月5日
2	右侧围堰工程	5	1月6日	1月10日
3	施工排水	60	1月11日	3月11日
4	右侧河堤清基、土方挖运、砂卵石开挖	15	1月11日	1月26日
5	右侧河底砂卵石回填	20	1月27日	2月15日
6	右侧挡土墙护砌	30	2月16日	3月16日
7	左侧围堰工程	5	3月17日	3月21日
8	施工排水	60	3月22日	5月21日
9	左侧河堤清基、土方挖运、砂卵石开挖	15	3月22日	4月5日
10	左侧河底砂卵石回填	20	4月6日	4月25日
11	左侧挡土墙护砌	30	4月26日	5月25日
12	尾工及竣工验收	5	5月26日	5月30日

5.3　施工总进度网络计划图

施工总进度网络计划图见附件 4。

5.4　关键线路

本工程的关键线路为:施工准备→右侧河道清障、整平→右侧河堤清基、土方挖运、砂卵石开挖→右侧河堤浆砌石挡土墙→左侧河堤清障、整平→左侧河堤清基、土方挖运、砂卵石开挖→左侧河堤浆砌石挡土墙→尾工及竣工验收。

5.5 施工进度控制流程

认真遵循编制施工组织设计的基本原则，根据施工的先后次序，明确划分施工项目施工阶段；按照施工部署要求，合理确定各阶段及单项工程开竣工时间。按照施工阶段顺序，划分每个施工阶段内部的所有单项工程，并将它们分别分解到单位工程和分部工程。根据施工部署和施工方案，合理确定每个单项工程、单位工程和分部工程的施工持续时间。

5.6 施工工期保证措施

5.6.1 保证工期的一般措施

5.6.2 确保工期的特殊措施

5.6.3 确保工期技术保证措施

5.6.4 保证机械设备的供应

5.6.5 保证材料供应

5.6.6 加强资金管理

5.6.7 加强安全生产管理

5.6.8 采用新技术，加快工程进度

5.6.9 完善内部经营管理机制

5.6.10 处理好各种外部关系，争取一个良好的施工环境

6 配备的施工设备的数量和性能

所有机械设备的配套组合均经过精确计算后确定，并由我方机械设备管理部门统一管理和调度；日常维护、保养、运行出勤记录和生产率统计等由项目部物资机械科负责。

拟投入本标段的主要施工设备表见附件1。

7 质量保证体系及质量保证措施

7.1 质量方针与质量目标

本工程施工质量控制目标为符合(工程施工质量验收规范)合格标准。

7.2 现场质量管理组织机构设置

7.3 质量保证体系

7.4 质量控制流程

7.5 质量保证措施

7.5.1 组织保证措施

7.5.2 制度保证措施

7.5.3 技术保证措施

7.5.4 物资采购

7.5.6 产品标识和可追溯性

7.5.7 施工过程控制

7.5.8 检验和试验

7.5.9 不合格品的控制

7.5.10　纠正和预防措施

7.5.11　质量记录

拟投入本标段的试验和检验仪器设备表见附件2。

7.6　质量事故的处理

7.7　工程验收

工程验收交付指按施工合同文件规定的内容完成并交付业主(或转入下一步施工)。

7.7.1　工程验收分类

工程验收分:单元工程验收,即某一单元工程完成或隐蔽工程、关键部位施工完成进行的验收;分部工程验收,即某一分部工程完成进行的验收;阶段(中间)验收,即工程完成告一段落或工程主体完成,或完成工程可形成生产能力进行的验收;竣工验收,即已完成了合同规定的工程内容,质量符合要求,能正常投入使用,阶段验收中的问题已处理完毕,工程交付使用验收。

7.7.2　单元工程验收

单元工程验收由质量检查科会同监理工程师在初检、复检的基础上进行,每项工程基础验收均应有签证。

7.7.3　分部工程验收

分部工程验收应具备的条件是该分部工程的所有单元工程已经完建且质量全部合格。

分部工程验收由验收工作组负责,分部工程验收工作组由项目法人或监理主持,设计、施工、运行管理单位相关专业技术人员参加。

分部工程验收要做到:

(1)鉴定工程是否达到设计标准。

(2)按现行国家或行业技术标准,评定工程质量等级。

(3)对验收遗留问题提出处理意见。

7.7.4　阶段验收

阶段验收由竣工验收主持单位或其委托单位主持。阶段验收委员会由项目法人、设计、施工、监理、质量监督、运行管理、有关上级主管等单位组成,必要时应邀请地方政府及有关部门参加。

为做好各阶段的验收工作,我们将做到验收前对各工作面进行彻底清理,并做好照明、道路交通和现场安全等各项准备工作。

7.7.5　竣工验收

工程在投入使用前必须通过竣工验收。竣工验收应在全部工程建设完成后一定时限内(通常是3个月)进行。

(1)竣工验收程序及资料准备与阶段验收基本相同。

(2)竣工验收前对阶段验收中验收小组提出的问题进行认真处理,并在竣工报告中作详细说明。

(3)各阶段验收的工程项目在竣工验收时不再进行复验。

7.7.6　工程交付

竣工验收通过，并对验收过程中存在的问题进行了最后处理，履行了工程移交手续，即完成了工程交付。

7.7.7 工程回访与保修服务

工程项目在竣工验收交付使用后，我单位按照有关规定，在保修期限和保修范围内，将主动对工程进行回访，听取建设单位或用户对工程质量的意见，对属于施工过程中的质量问题，负责维修，不留隐患，如属其他原因造成的质量问题，在征得建设单位和设计单位认可后，积极协助修补。

8 安全生产保证措施

安全生产是建设单位和施工单位的共同目标，是施工现场管理的一项重要基础工作，也是评判施工企业素质优劣的重要标准。我公司在本工程施工任务的实施中将严格执行安全生产的规章制度，并坚决贯彻执行和提高政治警惕，把安全生产放在和工程质量同等重要的地位，为施工现场保持良好的工地环境和施工秩序，以达到提高劳动效益，保证施工质量的目的，用高水平的安全文明施工来树立企业形象。

8.1 安全管理方针与目标

生产管理方针：安全第一，预控为主，遵规守法，关爱生命。

生产管理目标：无责任死亡事故发生，杜绝重大机械设备事故、重大火灾事故、特大交通事故、重大垮（塌）事故。

8.2 安全生产管理组织机构设置

建立以项目经理为主、项目技术负责人为辅的安全生产领导小组，明确项目经理为该工程项目安全生产第一责任人。各专业队伍建立相应的安全生产管理小组，由专职安全员抓各项安全管理工作，每个生产班组设一名兼职安全员，各职能部门在各处的业务范围内，对安全生产负责任，使安全生产纵向上从项目经理到作业班组、工人，在横向上从施工队到各业务部门都参加安全生产管理工作，使工程项目得以优质、高效、低能、安全顺利地完成。

8.3 安全生产保证体系

8.4 施工安全管理流程图

8.5 安全生产责任制

8.6 安全生产管理制度

8.7 安全生产保证措施

9 文明施工和环境保护措施

9.1 文明施工

遵照文明施工要求，能够创造良好的施工环境和施工秩序，促进安全生产，加快施工进度，保证工程质量，降低工程成本，提高企业经济和社会效益。

9.1.1 文明施工管理组织机构的设置

成立以项目经理为组长、技术负责人和办公室主任为副组长、各科室各工区负责人为成员的现场文明施工管理领导小组，领导和管理工地的文明施工工作。

9.1.2 文明施工责任制

项目部建立文明施工管理责任制，划分区域，明确管理负责人，实行挂牌制，做到现场清洁整齐,并经常进行文明施工检查。公司文明创建领导小组在工程开工之前就着手制订文明施工计划,落实文明施工管理责任人。

9.1.3　文明施工保证体系

9.1.4　文明施工管理制度

(1)个人岗位责任制。项目经理是文明施工的第一责任人,全面负责整个施工现场文明施工管理工作。综合办公室负责文明施工管理的日常工作。各班组长负责本单位的文明施工管理工作。施工现场其他人员一律责任分工,实行个人岗位责任制。

(2)经济责任制。把文明施工列入单位经济承包责任制中,一同包、保、检查与考核。

(3)检查制度。工地每月至少组织两次综合检查,按专业、标准全面检查,按规定填写表格,算出结果,制表以榜公布。

(4)奖惩制度。要制定奖、罚细则,坚持奖、惩兑现。

9.1.5　文明施工措施

(1)综合治理。

(2)宣传教育。

(3)软件管理。

(4)目视管理。

9.1.6　经费保障

为进一步加强企业文明施工,确保企业对文明施工措施经费使用及时、到位,依据本公司《财务管理制度》和《资金运用制度》的规定对本工程设置文明施工经费。

设立文明施工经费专用账户,独立建账,专款专用,并按施工合同总额提取不少于2.4‰的费用作为文明施工的专项费用。

9.2　环境保护

环境保护是我国的一项基本国策,也是文明施工的重要组成部分。

9.2.1　环境保护管理组织机构的设置

在项目部成立环境保护领导小组,项目经理任组长,项目副经理为副组长,各科室、工区负责人为成员,由综合办公室进行监督、检查和评定。

9.2.2　环境保护责任制

(1)项目经理环境保护管理职责。

(2)工区环境保护职责。

(3)各工区环境保护监察员的环保职责。

(4)班组长的环境保护工作职责。

(5)生产作业工人的环境保护职责。

9.2.3　环境保护制度

建立健全环境保护制度是确保做好环境保护的有效手段。本工程拟建立以下环境保护制度:

(1)环境保护记录、通报制度。

(2)环境保护工作计划制度。

(3)环境保护责任制度。

(4)环境保护教育制度。

(5)环境保护巡视制度。

(6)环境保护例会制度。

(7)环境保护技术措施审批制度。

(8)环境保护考核、奖罚制度。

(9)工会群众监督制度。

(10)环境保护活动制度。

(11)环境保护管理制度。

通过制度的建立,有效地进行环境保护工作管理,使环境保护工作有章可循。

9.2.4　环境保护措施

(1)建立环境保护保证体系。

(2)环境保护组织措施。

(3)生产、生活污水的治理措施及水源的保护。

(4)废气烟尘污染治理措施。

(5)噪声治理措施。

(6)垃圾的治理措施。

(7)弃渣场环境保护措施。

(8)施工期人群健康防护。

(9)施工过程中人员管理措施。

9.2.5　水土保持措施

水土保持工作主要是对斜坡采取工程防护措施,以防止水土资源损失和产生破坏,是一项系统工程。水土保持以“预防为主,全面规划,综合防治,因地制宜,加强管理”为原则,切实做好预防保护工作,贯彻“谁施工、谁治理、谁管护”的政策。水土保持要突出重点,以点带面。

(1)防止水土流失措施。

(2)防水与排水措施。

(3)弃土场地治理措施。

9.2.6　经费保障

为进一步加强环境保护,确保企业对环境保护措施经费使用及时、到位,依据本公司《财务管理制度》和《资金运用制度》的规定对本工程设置环境保护经费。

设立环境保护和水土保持经费专用账户,独立建账,专款专用,并按施工合同总额提取不少于2.4‰的费用作为环境保护的专项费用。

附件1　拟投入本标段的主要施工设备表

序号	设备名称	型号规格	数量	国别产地	制造年份	额定功率	生产能力	用于施工部位
1	挖掘机	CAT320	1台	美国卡特	2003年	103 kW	120 m^3/h	土方开挖
2	挖掘机	PC200	1台	日本小松	2003年	107 kW	120 m^3/h	土方开挖
3	装载机	ZL－50C	1台	厦门工程机械厂	2004年	162 kW	60 m^3/h	弃渣场
4	推土机	74 kW	1台	天津推土机厂	2004年	59 kW	120 m^3/h	土石方平料
5	拖拉机	74 kW	1台	洛阳一拖	2005年	74 kW	85 m^3/h	土方碾压
6	振动碾	13 t	2台	洛阳一拖	2002年	88 kW	130 m^3/h	石方碾压
7	蛙式打夯机	2.2 kW	3台	洛阳机械	2003年	2.2 kW	7 m^3/h	土方压实
8	自卸汽车	8 t	10台	湖北二汽	2006年		14 m^3/h	土方运输
9	砂浆拌和机	0.4 m^3	2台	郑州水工机械厂	2005年			拌和站
10	机动翻斗车	1 t	12辆	江苏句容	2003年			砂浆运输
11	洒水车	4 000 L	1辆	湖北二汽	2003年			道路养护
12	工具车	1.5 t	2辆	江西五十铃	2004年			材料运输
13	潜水泵	QY25－32－4	2台	郑州水泵厂	2004年			抽排水
14	离心泵	6 kW	4台	郑州水泵厂	2003年	6 kW		抽排水
15	维修设备		3套		2004年			维修站
16	木工设备	综合	1套	天津建机	2003年			木工加工厂
17	钢筋加工设备	综合	1套	天津建机	2004年			钢筋加工厂
18	电力变压器	160 kVA	1台		2007年			供变电
19	柴油发电机组	75 kW	2台		2004年	75 kW		备用供电
20	地磅	50 t	1台	上海正大	2009年			称量

附件 2　拟投入本标段的试验和检验仪器设备表

序号	仪器设备名称	型号规格	数量	国别产地	制造年份	已使用台时数	用途
1	台称	10 kg	2 台	无锡建材仪器	2008 年	2 000	称量
2	砂筛	0.16 ~ 10 mm	2 套	无锡建材仪器	2007 年	2 520	筛分
3	石筛	2.5 ~ 100 mm	2 套	无锡建材仪器	2007 年	2 500	筛分
4	环刀	200 mL	2 个	河北献县仪器厂	2005 年	3 000	土工检测
5	烘干箱	800 mm × 800 mm × 1 000 mm	2 台	无锡建材仪器	2007 年	2 000	含水量检测
6	石子密度筒	1 ~ 50	2 台	河北献县仪器	2006 年	2 520	材料检测
7	架盘天平	HCTP11B – 20	3 台	天津仪器厂	2007 年	2 500	计量
8	架盘天平	HCTP11B – 50	3 台	天津仪器厂	2007 年	3 000	计量
9	坍落度仪	FD	2 个	天津仪器厂	2008 年	2 000	坍落度检测
10	砂浆试模	70.7 mm × 70.7 mm × 70.7 mm	30 组	河北献县仪器厂	2008 年	2 520	强度检测
11	混凝土标准试模	150 mm × 150 mm × 150 mm	40 组	河北献县仪器厂	2008 年	2 500	强度检测
12	水泥标准养护箱	HBY – 60 型	1 台	河北献县仪器厂	2006 年	3 000	材料检测
13	经纬仪	DJ2	4 台	南京光学仪器厂	2004 年	2 000	测量
14	自动安平水准仪	S3e	2 台	南京光学仪器厂	2005 年	2 520	测量
15	全站仪	2 + 2″	2 台	瑞士徕卡	2005 年	2 500	测量

附件 3　拟投入本标段的劳动力计划表

（单位：人）

工种	按工程施工阶段投入劳动力情况				
	2011 年				
	1 月	2 月	3 月	4 月	5 月
管理人员	8	8	8	8	8
技术人员	12	12	12	12	12
砌筑工	0	50	50	50	50
机械工	30	35	35	35	35
修理工	2	2	2	2	2
电工	3	3	3	3	3
其他	15	15	15	15	15
普工	20	30	30	30	30

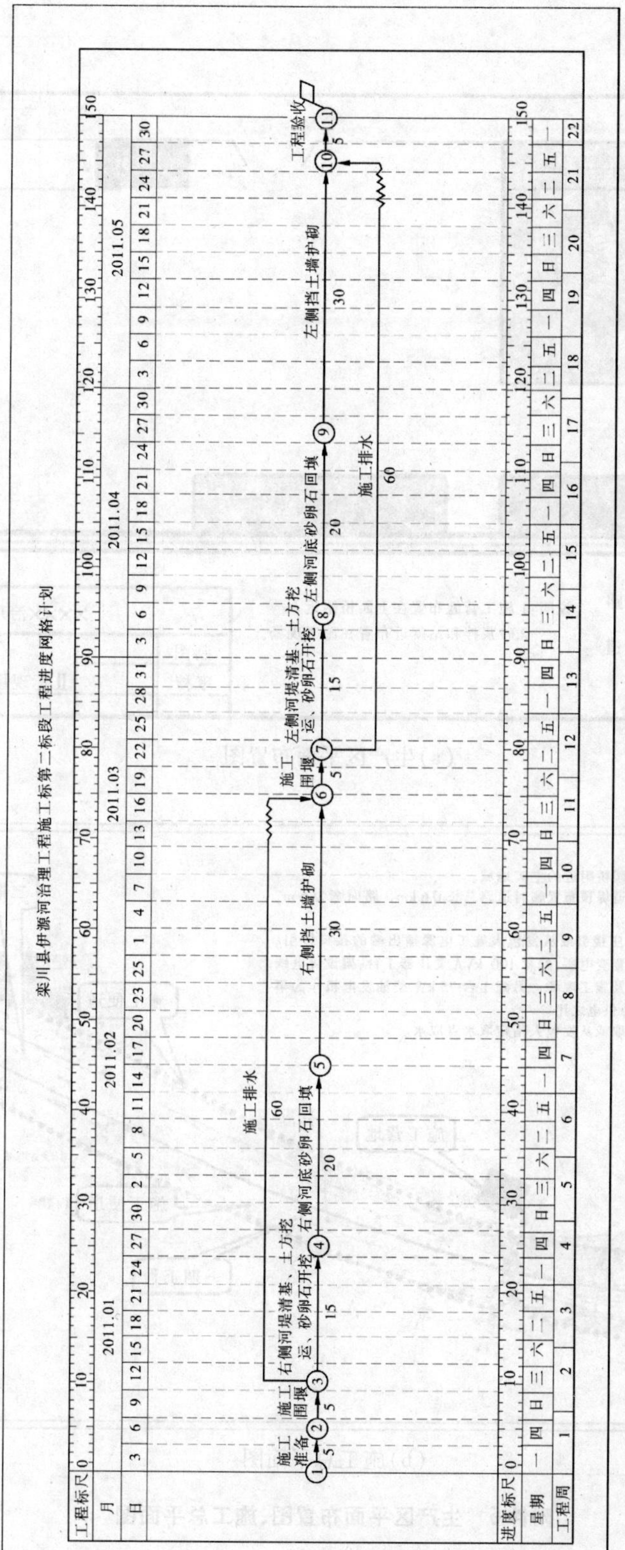

附件4 施工总进度网络计划图

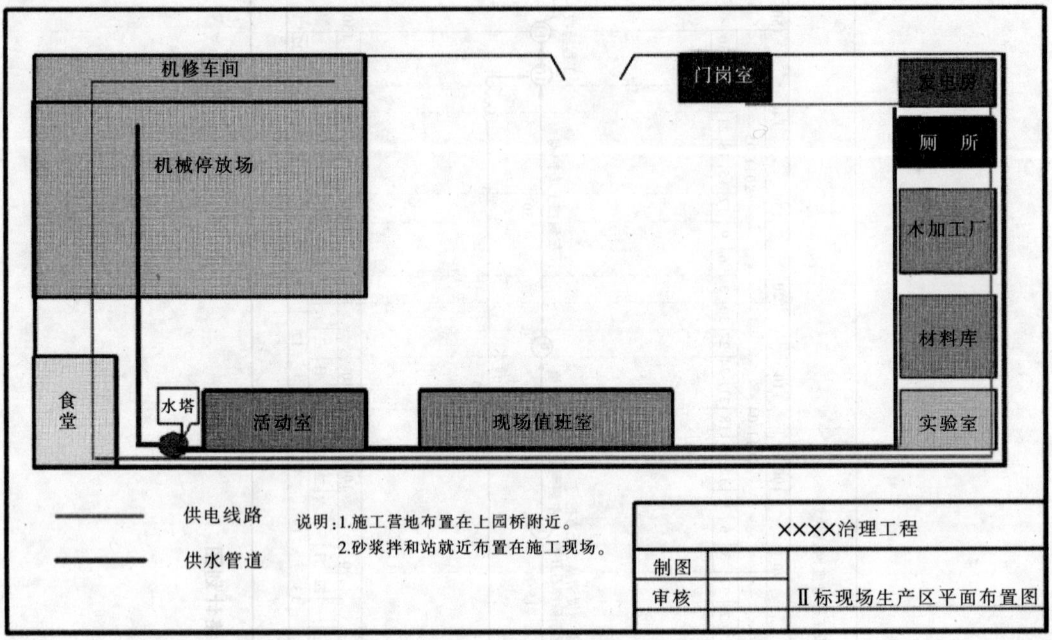

(a)生产区平面布置图

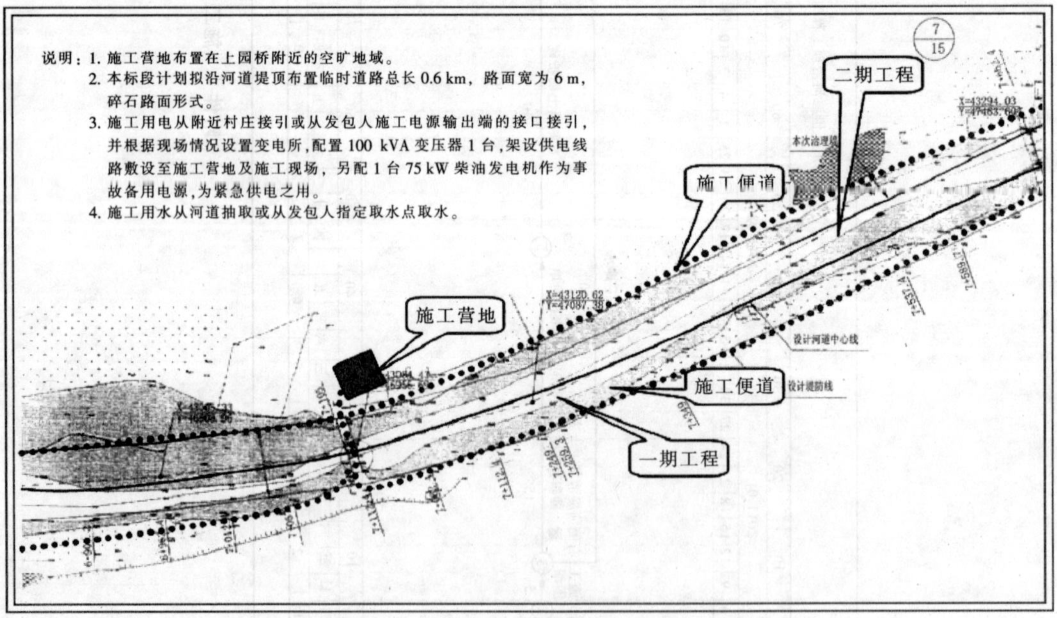

(b)施工总平面图

附件5　生产区平面布置图、施工总平面图

附件6　临时设施用地计划表

用途	面积(m^2)	位置	需用时间
职工临时宿舍	1 000	施工营地	150 日历天
办公室	150	施工营地	150 日历天
会议室	60	施工营地	150 日历天
文化娱乐和体育场地等福利设施	200	施工营地	150 日历天
食堂	120	施工营地	150 日历天
公共卫生设施	30	施工营地	150 日历天
急救医疗站	15	施工营地	150 日历天
值班室	15	施工营地	150 日历天
机械停放场及维修保养站	100	施工营地和现场	150 日历天
仓库	120	施工营地	150 日历天
实验室	30	施工营地	150 日历天

六、项目管理机构

(一)项目管理机构组成

项目管理机构组成表

序号	职务	姓名	职称	执业或职业资格证明					备注
				证书名称	级别	证号	专业	社会保险	
1	项目经理	×××	工程师	建造师证	二级	××××××	水利	已缴	
2	技术总工	×××	工程师	职称证	中级	××××××	水利	已缴	
3	××××	×××	工程师	资格证	中级	××××××	水利	已缴	

(二)主要人员简历

主要人员简历表(项目经理)

姓名	×××	年龄	××	学历	××
职业资格	二级建造师			安全生产考核合格证	水建安 B(2007)×××
职称	工程师	职务	项目经理	拟在本合同任职	项目经理
毕业学校	1998 年毕业于××××××水利水电工程专业				

主要施工管理经历

时间	参加过的类似项目	担任职务	发包人及联系电话
2007 年 9 月 ~2007 年 12 月	×××工程第××标段	项目经理	×××
2008 年 9 月 ~2009 年 5 月	×××生态治理工程第××标段	项目经理	×××

七、拟分包项目情况

拟分包项目情况表

分包人名称	无	地址	无
法定代表人	无	电话	无
营业执照号码	无	资质等级	无
拟分包的工程项目	主要内容	预计造价(万元)	已经做过的类似工程
无	无	无	无

八、资格审查资料

(一)投标人基本情况

投标人基本情况表

投标人名称	××××××工程有限公司					
注册地址	××××××			邮政编码	××××××	
联系方式	联系人	×××		电话	××××××	
	传　真	××××××		网址	www.×××.com	
组织结构	见附件					
法定代表人	姓名	×××	技术职称	高级工程师	电话	××××××
技术负责人	姓名	×××	技术职称	高级工程师	电话	××××××
成立时间	××××年××月		员工总人数		×××	
企业资质等级	水利水电施工总承包一级		其中	项目经理	×××	
营业执照号	××××××××××			高级职称人员	×××	
注册资金	××××××万元整			中级职称人员	×××	
开户银行	××××××××××			初级职称人员	×××	
账号	××××××××××			技工	×××	
经营范围	房屋建筑工程施工总承包,水利水电工程施工总承包,市政公用工程施工总承包二级,混凝土预制构件专业,建筑装饰装修工程专业承包,地基与基础工程专业承包,建筑防水工程专业承包,起重设备安装工程专业承包,公路工程施工总承包,园林绿化,预应力工程专业承包(以上范围凭资质证经营)					
备注	无					

(二)近3年财务状况

1. 财务状况

财务状况表

名称	单位	2007年	2008年	2009年
一、注册资金	万元	××××	××××	××××
二、净资产	元	××××	××××	××××
三、总资产	元	××××	××××	××××
四、固定资产	元	××××	××××	××××

续表

名称	单位	2007 年	2008 年	2009 年
五、流动资产	元	××××	××××	××××
六、流动负债	元	××××	××××	××××
七、负债合计	元	××××	××××	××××
八、营业收入	元	××××	××××	××××
九、净利润	元	××××	××××	××××

2. 拟投入本项目的流动资金函

拟投入本项目的流动资金函

××县中小河流治理工程建设管理局：

我方拟投入××县××河治理工程施工Ⅱ标的流动资金为100万元，资金来源于我公司的银行存款，资金来源证明文件附后。

投标人：××××××工程有限公司（盖单位章）

2010年12月21日

（三）近3年完成的类似项目情况

近3年完成的类似项目情况表

（近3年指2007年10月至2010年10月）

合同名称	××市闽江下游南港南岸防洪三期工程××标段工程
合同项目所在地	××市闽江下游南港南岸
发包人名称	××市闽江下游防洪工程建设公司
发包人地址	××市××区××路6号
发包人电话	××××××
签约合同价	××××万元
开工日期	2008年1月16日
完工日期	2009年1月15日
承担的工作	1座排涝闸站、防洪堤衔接段长，渠道衬砌，分路桥等
工程质量	合格
项目经理	×××
技术负责人	×××
监理人或总监理工程师及电话	××××工程咨询监理有限公司　×××　××××××
项目描述	1座排涝闸站以及32 m防洪堤衔接段长、新挖河道及214 m长驳岸1座8 m宽、80 m长的分路桥等
备注	

(四)正在施工的和新承接的项目情况

(表略)

(五)近3年发生的诉讼及仲裁情况

(表略)

(六)资格审查自审

资格审查自审表

序号	审查因素	审查标准	审查结果	引用的证明材料对应页码
1	营业执照	具备有效的营业执照	有效	P×××
2	安全生产许可证	具备有效的安全生产许可证	有效	P×××
3	资质证书及等级	水利水电工程二级以上(含二级)资质	一级	P×××
4	财务状况	是否盈利	盈利	P×××
5	类似项目业绩	近3年内类似业绩	具备	P×××
6	信誉	是否良好	良好	P×××
7	项目经理资格	具有相应二级以上建造师资格	二级	P×××
8	企业主要负责人安全生产考核合格证书	是否有效	有效	P×××
9	技术负责人资格	中级及以上职称	工程师	P×××
10	委托代理人、安全管理人员(专职安全生产管理人员)、质量管理人员	为本单位人员,其中安全管理人员具备有效的安全生产考核合格证书	符合	P×××

九、原件的复印件

(略)

十、其他材料

(略)

附　录

附录1　中华人民共和国招标投标法

（1999年8月30日第九届全国人民代表大会常务委员会第十一次会议通过，1999年8月30日中华人民共和国主席令第21号公布，自2000年1月1日起施行）

第一章　总　则

第一条　为了规范招标投标活动，保护国家利益、社会公共利益和招标投标活动当事人的合法权益，提高经济效益，保证项目质量，制定本法。

第二条　在中华人民共和国境内进行招标投标活动，适用本法。

第三条　在中华人民共和国境内进行下列工程建设项目包括项目的勘察、设计、施工、监理以及与工程建设有关的重要设备、材料等的采购，必须进行招标：

（一）大型基础设施、公用事业等关系社会公共利益、公众安全的项目；

（二）全部或者部分使用国有资金投资或者国家融资的项目；

（三）使用国际组织或者外国政府贷款、援助资金的项目。

前款所列项目的具体范围和规模标准，由国务院发展计划部门会同国务院有关部门制订，报国务院批准。

法律或者国务院对必须进行招标的其他项目的范围有规定的，依照其规定。

第四条　任何单位和个人不得将依法必须进行招标的项目化整为零或者以其他任何方式规避招标。

第五条　招标投标活动应当遵循公开、公平、公正和诚实信用的原则。

第六条　依法必须进行招标的项目，其招标投标活动不受地区或者部门的限制。任何单位和个人不得违法限制或者排斥本地区、本系统以外的法人或者其他组织参加投标，不得以任何方式非法干涉招标投标活动。

第七条　招标投标活动及其当事人应当接受依法实施的监督。

有关行政监督部门依法对招标投标活动实施监督，依法查处招标投标活动中的违法行为。

对招标投标活动的行政监督及有关部门的具体职权划分，由国务院规定。

第二章　招　标

第八条　招标人是依照本法规定提出招标项目、进行招标的法人或者其他组织。

第九条　招标项目按照国家有关规定需要履行项目审批手续的，应当先履行审批手续，取得批准。

招标人应当有进行招标项目的相应资金或者资金来源已经落实，并应当在招标文件中如实载明。

第十条　招标分为公开招标和邀请招标。

公开招标，是指招标人以招标公告的方式邀请不特定的法人或者其他组织投标。

邀请招标，是指招标人以投标邀请书的方式邀请特定的法人或者其他组织投标。

第十一条 国务院发展计划部门确定的国家重点项目和省、自治区、直辖市人民政府确定的地方重点项目不适宜公开招标的，经国务院发展计划部门或者省、自治区、直辖市人民政府批准，可以进行邀请招标。

第十二条 招标人有权自行选择招标代理机构，委托其办理招标事宜。任何单位和个人不得以任何方式为招标人指定招标代理机构。

招标人具有编制招标文件和组织评标能力的，可以自行办理招标事宜。任何单位和个人不得强制其委托招标代理机构办理招标事宜。

依法必须进行招标的项目，招标人自行办理招标事宜的，应当向有关行政监督部门备案。

第十三条 招标代理机构是依法设立、从事招标代理业务并提供相关服务的社会中介组织。

招标代理机构应当具备下列条件：

（一）有从事招标代理业务的营业场所和相应资金；

（二）有能够编制招标文件和组织评标的相应专业力量；

（三）有符合本法第三十七条第三款规定条件、可以作为评标委员会成员人选的技术、经济等方面的专家库。

第十四条 从事工程建设项目招标代理业务的招标代理机构，其资格由国务院或者省、自治区、直辖市人民政府的建设行政主管部门认定。具体办法由国务院建设行政主管部门会同国务院有关部门制定。从事其他招标代理业务的招标代理机构，其资格认定的主管部门由国务院规定。

招标代理机构与行政机关和其他国家机关不得存在隶属关系或者其他利益关系。

第十五条 招标代理机构应当在招标人委托的范围内办理招标事宜，并遵守本法关于招标人的规定。

第十六条 招标人采用公开招标方式的，应当发布招标公告。依法必须进行招标的项目的招标公告，应当通过国家指定的报刊、信息网络或者其他媒介发布。

招标公告应当载明招标人的名称和地址、招标项目的性质、数量、实施地点和时间以及获取招标文件的办法等事项。

第十七条 招标人采用邀请招标方式的，应当向三个以上具备承担招标项目的能力、资信良好的特定的法人或者其他组织发出投标邀请书。

投标邀请书应当载明本法第十六条第二款规定的事项。

第十八条 招标人可以根据招标项目本身的要求，在招标公告或者投标邀请书中，要求潜在投标人提供有关资质证明文件和业绩情况，并对潜在投标人进行资格审查；国家对投标人的资格条件有规定的，依照其规定。

招标人不得以不合理的条件限制或者排斥潜在投标人，不得对潜在投标人实行歧视待遇。

第十九条 招标人应当根据招标项目的特点和需要编制招标文件。招标文件应当包括招标项目的技术要求、对投标人资格审查的标准、投标报价要求和评标标准等所有实质性要求和条件以及拟签订合同的主要条款。

国家对招标项目的技术、标准有规定的，招标人应当按照其规定在招标文件中提出相应要求。

招标项目需要划分标段、确定工期的，招标人应当合理划分标段、确定工期，并在招标文件中载明。

第二十条 招标文件不得要求或者标明特定的生产供应者以及含有倾向或者排斥潜在投标人的其他内容。

第二十一条 招标人根据招标项目的具体情况，可以组织潜在投标人踏勘项目现场。

第二十二条 招标人不得向他人透露已获取招标文件的潜在投标人的名称、数量以及可能影响公平竞争的有关招标投标的其他情况。

招标人设有标底的，标底必须保密。

第二十三条 招标人对已发出的招标文件进行必要的澄清或者修改的，应当在招标文件要求提交投标文件截止时间至少十五日前，以书面形式通知所有招标文件收受人。该澄清或者修改的内容为招标文件的组成部分。

第二十四条 招标人应当确定投标人编制投标文件所需要的合理时间；但是，依法必须进行招标的项目，自招标文件开始发出之日起至投标人提交投标文件截止之日止，最短不得少于二十日。

第三章 投 标

第二十五条 投标人是响应招标、参加投标竞争的法人或者其他组织。

依法招标的科研项目允许个人参加投标的，投标的个人适用本法有关投标人的规定。

第二十六条 投标人应当具备承担招标项目的能力；国家有关规定对投标人资格条件或者招标文件对投标人资格条件有规定的，投标人应当具备规定的资格条件。

第二十七条 投标人应当按照招标文件的要求编制投标文件。投标文件应当对招标文件提出的实质性要求和条件作出响应。

招标项目属于建设施工的，投标文件的内容应当包括拟派出的项目负责人与主要技术人员的简历、业绩和拟用于完成招标项目的机械设备等。

第二十八条 投标人应当在招标文件要求提交投标文件的截止时间前，将投标文件送达投标地点。招标人收到投标文件后，应当签收保存，不得开启。投标人少于三个的，招标人应当依照本法重新招标。

在招标文件要求提交投标文件的截止时间后送达的投标文件，招标人应当拒收。

第二十九条 投标人在招标文件要求提交投标文件的截止时间前，可以补充、修改或者撤回已提交的投标文件，并书面通知招标人。补充、修改的内容为投标文件的组成部分。

第三十条 投标人根据招标文件载明的项目实际情况，拟在中标后将中标项目的部分非主体、非关键性工作进行分包的，应当在投标文件中载明。

第三十一条 两个以上法人或者其他组织可以组成一个联合体，以一个投标人的身份共同投标。

联合体各方均应当具备承担招标项目的相应能力；国家有关规定或者招标文件对投标人资格条件有规定的，联合体各方均应当具备规定的相应资格条件。由同一专业的单位组成的联合体，按照资质等级较低的单位确定资质等级。

联合体各方应当签订共同投标协议，明确约定各方拟承担的工作和责任，并将共同投标协议连同投标文件一并提交招标人。联合体中标的，联合体各方应当共同与招标人签订合同，就中标项目向招标人承担连带责任。

招标人不得强制投标人组成联合体共同投标，不得限制投标人之间的竞争。

第三十二条 投标人不得相互串通投标报价，不得排挤其他投标人的公平竞争，损害招标人或者其他投标人的合法权益。

投标人不得与招标人串通投标，损害国家利益、社会公共利益或者他人的合法权益。

禁止投标人以向招标人或者评标委员会成员行贿的手段谋取中标。

第三十三条 投标人不得以低于成本的报价竞标，也不得以他人名义投标或者以其他方式弄虚作假，骗取中标。

第四章 开标、评标和中标

第三十四条 开标应当在招标文件确定的提交投标文件截止时间的同一时间公开进行；开标地点应当为招标文件中预先确定的地点。

第三十五条 开标由招标人主持，邀请所有投标人参加。

第三十六条 开标时,由投标人或者其推选的代表检查投标文件的密封情况,也可以由招标人委托的公证机构检查并公证;经确认无误后,由工作人员当众拆封,宣读投标人名称、投标价格和投标文件的其他主要内容。

招标人在招标文件要求提交投标文件的截止时间前收到的所有投标文件,开标时都应当当众予以拆封、宣读。

开标过程应当记录,并存档备查。

第三十七条 评标由招标人依法组建的评标委员会负责。

依法必须进行招标的项目,其评标委员会由招标人的代表和有关技术、经济等方面的专家组成,成员人数为五人以上单数,其中技术、经济等方面的专家不得少于成员总数的三分之二。

前款专家应当从事相关领域工作满八年并具有高级职称或者具有同等专业水平,由招标人从国务院有关部门或者省、自治区、直辖市人民政府有关部门提供的专家名册或者招标代理机构的专家库内的相关专业的专家名单中确定;一般招标项目可以采取随机抽取方式,特殊招标项目可以由招标人直接确定。

与投标人有利害关系的人不得进入相关项目的评标委员会;已经进入的应当更换。

评标委员会成员的名单在中标结果确定前应当保密。

第三十八条 招标人应当采取必要的措施,保证评标在严格保密的情况下进行。

任何单位和个人不得非法干预、影响评标的过程和结果。

第三十九条 评标委员会可以要求投标人对投标文件中含义不明确的内容作必要的澄清或者说明,但是澄清或者说明不得超出投标文件的范围或者改变投标文件的实质性内容。

第四十条 评标委员会应当按照招标文件确定的评标标准和方法,对投标文件进行评审和比较;设有标底的,应当参考标底。评标委员会完成评标后,应当向招标人提出书面评标报告,并推荐合格的中标候选人。

招标人根据评标委员会提出的书面评标报告和推荐的中标候选人确定中标人。招标人也可以授权评标委员会直接确定中标人。

国务院对特定招标项目的评标有特别规定的,从其规定。

第四十一条 中标人的投标应当符合下列条件之一:

(一)能够最大限度地满足招标文件中规定的各项综合评价标准;

(二)能够满足招标文件的实质性要求,并且经评审的投标价格最低,但是投标价格低于成本的除外。

第四十二条 评标委员会经评审,认为所有投标都不符合招标文件要求的,可以否决所有投标。

依法必须进行招标的项目的所有投标被否决的,招标人应当依照本法重新招标。

第四十三条 在确定中标人前,招标人不得与投标人就投标价格、投标方案等实质性内容进行谈判。

第四十四条 评标委员会成员应当客观、公正地履行职务,遵守职业道德,对所提出的评审意见承担个人责任。

评标委员会成员不得私下接触投标人,不得收受投标人的财物或者其他好处。

评标委员会成员和参与评标的有关工作人员不得透露对投标文件的评审和比较、中标候选人的推荐情况以及与评标有关的其他情况。

第四十五条 中标人确定后,招标人应当向中标人发出中标通知书,并同时将中标结果通知所有未中标的投标人。

中标通知书对招标人和中标人具有法律效力。中标通知书发出后,招标人改变中标结果的,或者中标人放弃中标项目的,应当依法承担法律责任。

第四十六条 招标人和中标人应当自中标通知书发出之日起三十日内,按照招标文件和中标人的投标文件订立书面合同。招标人和中标人不得再行订立背离合同实质性内容的其他协议。

招标文件要求中标人提交履约保证金的,中标人应当提交。

第四十七条 依法必须进行招标的项目,招标人应当自确定中标人之日起十五日内,向有关行政监督部门提交招标投标情况的书面报告。

第四十八条 中标人应当按照合同约定履行义务,完成中标项目。中标人不得向他人转让中标项目,也不得将中标项目肢解后分别向他人转让。

中标人按照合同约定或者经招标人同意,可以将中标项目的部分非主体、非关键性工作分包给他人完成。接受分包的人应当具备相应的资格条件,并不得再次分包。

中标人应当就分包项目向招标人负责,接受分包的人就分包项目承担连带责任。

第五章 法律责任

第四十九条 违反本法规定,必须进行招标的项目而不招标的,将必须进行招标的项目化整为零或者以其他任何方式规避招标的,责令限期改正,可以处项目合同金额千分之五以上千分之十以下的罚款;对全部或者部分使用国有资金的项目,可以暂停项目执行或者暂停资金拨付;对单位直接负责的主管人员和其他直接责任人员依法给予处分。

第五十条 招标代理机构违反本法规定,泄露应当保密的与招标投标活动有关的情况和资料的,或者与招标人、投标人串通损害国家利益、社会公共利益或者他人合法权益的,处五万元以上二十五万元以下的罚款,对单位直接负责的主管人员和其他直接责任人员处单位罚款数额百分之五以上百分之十以下的罚款;有违法所得的,并处没收违法所得;情节严重的,暂停直至取消招标代理资格;构成犯罪的,依法追究刑事责任。给他人造成损失的,依法承担赔偿责任。

前款所列行为影响中标结果的,中标无效。

第五十一条 招标人以不合理的条件限制或者排斥潜在投标人的,对潜在投标人实行歧视待遇的,强制要求投标人组成联合体共同投标的,或者限制投标人之间竞争的,责令改正,可以处一万元以上五万元以下的罚款。

第五十二条 依法必须进行招标的项目的招标人向他人透露已获取招标文件的潜在投标人的名称、数量或者可能影响公平竞争的有关招标投标的其他情况的,或者泄露标底的,给予警告,可以并处一万元以上十万元以下的罚款;对单位直接负责的主管人员和其他直接责任人员依法给予处分;构成犯罪的,依法追究刑事责任。

前款所列行为影响中标结果的,中标无效。

第五十三条 投标人相互串通投标或者与招标人串通投标的,投标人以向招标人或者评标委员会成员行贿的手段谋取中标的,中标无效,处中标项目金额千分之五以上千分之十以下的罚款,对单位直接负责的主管人员和其他直接责任人员处单位罚款数额百分之五以上百分之十以下的罚款;有违法所得的,并处没收违法所得;情节严重的,取消其一年至二年内参加依法必须进行招标的项目的投标资格并予以公告,直至由工商行政管理机关吊销营业执照;构成犯罪的,依法追究刑事责任。给他人造成损失的,依法承担赔偿责任。

第五十四条 投标人以他人名义投标或者以其他方式弄虚作假,骗取中标的,中标无效,给招标人造成损失的,依法承担赔偿责任;构成犯罪的,依法追究刑事责任。

依法必须进行招标的项目的投标人有前款所列行为尚未构成犯罪的,处中标项目金额千分之五以上千分之十以下的罚款,对单位直接负责的主管人员和其他直接责任人员处单位罚款数额百分之五以上百分之十以下的罚款;有违法所得的,并处没收违法所得;情节严重的,取消其一年至三年内参加依法必须进行招标的项目的投标资格并予以公告，直至由工商行政管理机关吊销营业执照。

第五十五条 依法必须进行招标的项目，招标人违反本法规定，与投标人就投标价格、投标方案等实质性内容进行谈判的，给予警告，对单位直接负责的主管人员和其他直接责任人员依法给予处分。

前款所列行为影响中标结果的，中标无效。

第五十六条 评标委员会成员收受投标人的财物或者其他好处的，评标委员会成员或者参加评标的有关工作人员向他人透露对投标文件的评审和比较、中标候选人的推荐以及与评标有关的其他情况的，给予警告，没收收受的财物，可以并处三千元以上五万元以下的罚款，对有所列违法行为的评标委员会成员取消担任评标委员会成员的资格，不得再参加任何依法必须进行招标的项目的评标；构成犯罪的，依法追究刑事责任。

第五十七条 招标人在评标委员会依法推荐的中标候选人以外确定中标人的，依法必须进行招标的项目在所有投标被评标委员会否决后自行确定中标人的，中标无效。责令改正，可以处中标项目金额千分之五以上千分之十以下的罚款；对单位直接负责的主管人员和其他直接责任人员依法给予处分。

第五十八条 中标人将中标项目转让给他人的，将中标项目肢解后分别转让给他人的，违反本法规定将中标项目的部分主体、关键性工作分包给他人的，或者分包人再次分包的，转让、分包无效，处转让、分包项目金额千分之五以上千分之十以下的罚款；有违法所得的，并处没收违法所得；可以责令停业整顿；情节严重的，由工商行政管理机关吊销营业执照。

第五十九条 招标人与中标人不按照招标文件和中标人的投标文件订立合同的，或者招标人、中标人订立背离合同实质性内容的协议的，责令改正；可以处中标项目金额千分之五以上千分之十以下的罚款。

第六十条 中标人不履行与招标人订立的合同的，履约保证金不予退还，给招标人造成的损失超过履约保证金数额的，还应当对超过部分予以赔偿；没有提交履约保证金的，应当对招标人的损失承担赔偿责任。

中标人不按照与招标人订立的合同履行义务，情节严重的，取消其二年至五年内参加依法必须进行招标的项目的投标资格并予以公告，直至由工商行政管理机关吊销营业执照。

因不可抗力不能履行合同的，不适用前两款规定。

第六十一条 本章规定的行政处罚，由国务院规定的有关行政监督部门决定。本法已对实施行政处罚的机关作出规定的除外。

第六十二条 任何单位违反本法规定，限制或者排斥本地区、本系统以外的法人或者其他组织参加投标的，为招标人指定招标代理机构的，强制招标人委托招标代理机构办理招标事宜的，或者以其他方式干涉招标投标活动的，责令改正；对单位直接负责的主管人员和其他直接责任人员依法给予警告、记过、记大过的处分，情节较重的，依法给予降级、撤职、开除的处分。

个人利用职权进行前款违法行为的，依照前款规定追究责任。

第六十三条 对招标投标活动依法负有行政监督职责的国家机关工作人员徇私舞弊、滥用职权或者玩忽职守，构成犯罪的，依法追究刑事责任；不构成犯罪的，依法给予行政处分。

第六十四条 依法必须进行招标的项目违反本法规定，中标无效的，应当依照本法规定的中标条件从其余投标人中重新确定中标人或者依照本法重新进行招标。

第六章　附　则

第六十五条 投标人和其他利害关系人认为招标投标活动不符合本法有关规定的，有权向招标人提出异议或者依法向有关行政监督部门投诉。

第六十六条 涉及国家安全、国家秘密、抢险救灾或者属于利用扶贫资金实行以工代赈、需要使用农民工等特殊情况，不适宜进行招标的项目，按照国家有关规定可以不进行招标。

第六十七条 使用国际组织或者外国政府贷款、援助资金的项目进行招标，贷款方、资金提供方对招标投标的具体条件和程序有不同规定的，可以适用其规定，但违背中华人民共和国的社会公共利益的除外。

第六十八条 本法自2000年1月1日起施行。

附录2 中华人民共和国招标投标法实施条例

（中华人民共和国国务院令第613号）

《中华人民共和国招标投标法实施条例》已经2011年11月30日国务院第183次常务会议通过，现予公布，自2012年2月1日起施行。

总理　温家宝

二〇一一年十二月二十日

第一章　总　则

第一条　为了规范招标投标活动，根据《中华人民共和国招标投标法》（以下简称招标投标法），制定本条例。

第二条　招标投标法第三条所称工程建设项目，是指工程以及与工程建设有关的货物、服务。

前款所称工程，是指建设工程，包括建筑物和构筑物的新建、改建、扩建及其相关的装修、拆除、修缮等；所称与工程建设有关的货物，是指构成工程不可分割的组成部分，且为实现工程基本功能所必需的设备、材料等；所称与工程建设有关的服务，是指为完成工程所需的勘察、设计、监理等服务。

第三条　依法必须进行招标的工程建设项目的具体范围和规模标准，由国务院发展改革部门会同国务院有关部门制订，报国务院批准后公布施行。

第四条　国务院发展改革部门指导和协调全国招标投标工作，对国家重大建设项目的工程招标投标活动实施监督检查。国务院工业和信息化、住房城乡建设、交通运输、铁道、水利、商务等部门，按照规定的职责分工对有关招标投标活动实施监督。

县级以上地方人民政府发展改革部门指导和协调本行政区域的招标投标工作。县级以上地方人民政府有关部门按照规定的职责分工，对招标投标活动实施监督，依法查处招标投标活动中的违法行为。县级以上地方人民政府对其所属部门有关招标投标活动的监督职责分工另有规定的，从其规定。

财政部门依法对实行招标投标的政府采购工程建设项目的预算执行情况和政府采购政策执行情况实施监督。

监察机关依法对与招标投标活动有关的监察对象实施监察。

第五条　设区的市级以上地方人民政府可以根据实际需要，建立统一规范的招标投标交易场所，为招标投标活动提供服务。招标投标交易场所不得与行政监督部门存在隶属关系，不得以营利为目的。

国家鼓励利用信息网络进行电子招标投标。

第六条　禁止国家工作人员以任何方式非法干涉招标投标活动。

第二章　招　标

第七条　按照国家有关规定需要履行项目审批、核准手续的依法必须进行招标的项目，其招标范围、招标方式、招标组织形式应当报项目审批、核准部门审批、核准。项目审批、核准部门应当及时将审批、核准确定的招标范围、招标方式、招标组织形式通报有关行政监督部门。

第八条　国有资金占控股或者主导地位的依法必须进行招标的项目，应当公开招标；但有下列情形之一的，可以邀请招标：

（一）技术复杂、有特殊要求或者受自然环境限制，只有少量潜在投标人可供选择；

(二)采用公开招标方式的费用占项目合同金额的比例过大。

有前款第二项所列情形,属于本条例第七条规定的项目,由项目审批、核准部门在审批、核准项目时作出认定;其他项目由招标人申请有关行政监督部门作出认定。

第九条 除招标投标法第六十六条规定的可以不进行招标的特殊情况外,有下列情形之一的,可以不进行招标:

(一)需要采用不可替代的专利或者专有技术;

(二)采购人依法能够自行建设、生产或者提供;

(三)已通过招标方式选定的特许经营项目投资人依法能够自行建设、生产或者提供;

(四)需要向原中标人采购工程、货物或者服务,否则将影响施工或者功能配套要求;

(五)国家规定的其他特殊情形。

招标人为适用前款规定弄虚作假的,属于招标投标法第四条规定的规避招标。

第十条 招标投标法第十二条第二款规定的招标人具有编制招标文件和组织评标能力,是指招标人具有与招标项目规模和复杂程度相适应的技术、经济等方面的专业人员。

第十一条 招标代理机构的资格依照法律和国务院的规定由有关部门认定。

国务院住房城乡建设、商务、发展改革、工业和信息化等部门,按照规定的职责分工对招标代理机构依法实施监督管理。

第十二条 招标代理机构应当拥有一定数量的取得招标职业资格的专业人员。取得招标职业资格的具体办法由国务院人力资源社会保障部门会同国务院发展改革部门制定。

第十三条 招标代理机构在其资格许可和招标人委托的范围内开展招标代理业务,任何单位和个人不得非法干涉。

招标代理机构代理招标业务,应当遵守招标投标法和本条例关于招标人的规定。招标代理机构不得在所代理的招标项目中投标或者代理投标,也不得为所代理的招标项目的投标人提供咨询。

招标代理机构不得涂改、出租、出借、转让资格证书。

第十四条 招标人应当与被委托的招标代理机构签订书面委托合同,合同约定的收费标准应当符合国家有关规定。

第十五条 公开招标的项目,应当依照招标投标法和本条例的规定发布招标公告、编制招标文件。

招标人采用资格预审办法对潜在投标人进行资格审查的,应当发布资格预审公告、编制资格预审文件。

依法必须进行招标的项目的资格预审公告和招标公告,应当在国务院发展改革部门依法指定的媒介发布。在不同媒介发布的同一招标项目的资格预审公告或者招标公告的内容应当一致。指定媒介发布依法必须进行招标的项目的境内资格预审公告、招标公告,不得收取费用。

编制依法必须进行招标的项目的资格预审文件和招标文件,应当使用国务院发展改革部门会同有关行政监督部门制定的标准文本。

第十六条 招标人应当按照资格预审公告、招标公告或者投标邀请书规定的时间、地点发售资格预审文件或者招标文件。资格预审文件或者招标文件的发售期不得少于5日。

招标人发售资格预审文件、招标文件收取的费用应当限于补偿印刷、邮寄的成本支出,不得以营利为目的。

第十七条 招标人应当合理确定提交资格预审申请文件的时间。依法必须进行招标的项目提交资格预审申请文件的时间,自资格预审文件停止发售之日起不得少于5日。

第十八条 资格预审应当按照资格预审文件载明的标准和方法进行。

国有资金占控股或者主导地位的依法必须进行招标的项目,招标人应当组建资格审查委员会审查资格预审申请文件。资格审查委员会及其成员应当遵守招标投标法和本条例有关评标委员会及其成员的规定。

第十九条 资格预审结束后，招标人应当及时向资格预审申请人发出资格预审结果通知书。未通过资格预审的申请人不具有投标资格。

通过资格预审的申请人少于3个的，应当重新招标。

第二十条 招标人采用资格后审办法对投标人进行资格审查的，应当在开标后由评标委员会按照招标文件规定的标准和方法对投标人的资格进行审查。

第二十一条 招标人可以对已发出的资格预审文件或者招标文件进行必要的澄清或者修改。澄清或者修改的内容可能影响资格预审申请文件或者投标文件编制的，招标人应当在提交资格预审申请文件截止时间至少3日前，或者投标截止时间至少15日前，以书面形式通知所有获取资格预审文件或者招标文件的潜在投标人；不足3日或者15日的，招标人应当顺延提交资格预审申请文件或者投标文件的截止时间。

第二十二条 潜在投标人或者其他利害关系人对资格预审文件有异议的，应当在提交资格预审申请文件截止时间2日前提出；对招标文件有异议的，应当在投标截止时间10日前提出。招标人应当自收到异议之日起3日内作出答复；作出答复前，应当暂停招标投标活动。

第二十三条 招标人编制的资格预审文件、招标文件的内容违反法律、行政法规的强制性规定，违反公开、公平、公正和诚实信用原则，影响资格预审结果或者潜在投标人投标的，依法必须进行招标的项目的招标人应当在修改资格预审文件或者招标文件后重新招标。

第二十四条 招标人对招标项目划分标段的，应当遵守招标投标法的有关规定，不得利用划分标段限制或者排斥潜在投标人。依法必须进行招标的项目的招标人不得利用划分标段规避招标。

第二十五条 招标人应当在招标文件中载明投标有效期。投标有效期从提交投标文件的截止之日起算。

第二十六条 招标人在招标文件中要求投标人提交投标保证金的，投标保证金不得超过招标项目估算价的2%。投标保证金有效期应当与投标有效期一致。

依法必须进行招标的项目的境内投标单位，以现金或者支票形式提交的投标保证金应当从其基本账户转出。

招标人不得挪用投标保证金。

第二十七条 招标人可以自行决定是否编制标底。一个招标项目只能有一个标底。标底必须保密。

接受委托编制标底的中介机构不得参加受托编制标底项目的投标，也不得为该项目的投标人编制投标文件或者提供咨询。

招标人设有最高投标限价的，应当在招标文件中明确最高投标限价或者最高投标限价的计算方法。招标人不得规定最低投标限价。

第二十八条 招标人不得组织单个或者部分潜在投标人踏勘项目现场。

第二十九条 招标人可以依法对工程以及与工程建设有关的货物、服务全部或者部分实行总承包招标。以暂估价形式包括在总承包范围内的工程、货物、服务属于依法必须进行招标的项目范围且达到国家规定规模标准的，应当依法进行招标。

前款所称暂估价，是指总承包招标时不能确定价格而由招标人在招标文件中暂时估定的工程、货物、服务的金额。

第三十条 对技术复杂或者无法精确拟定技术规格的项目，招标人可以分两阶段进行招标。

第一阶段，投标人按照招标公告或者投标邀请书的要求提交不带报价的技术建议，招标人根据投标人提交的技术建议确定技术标准和要求，编制招标文件。

第二阶段，招标人向在第一阶段提交技术建议的投标人提供招标文件，投标人按照招标文件的要求提交包括最终技术方案和投标报价的投标文件。

招标人要求投标人提交投标保证金的,应当在第二阶段提出。

第三十一条 招标人终止招标的,应当及时发布公告,或者以书面形式通知被邀请的或者已经获取资格预审文件、招标文件的潜在投标人。已经发售资格预审文件、招标文件或者已经收取投标保证金的,招标人应当及时退还所收取的资格预审文件、招标文件的费用,以及所收取的投标保证金及银行同期存款利息。

第三十二条 招标人不得以不合理的条件限制、排斥潜在投标人或者投标人。

招标人有下列行为之一的,属于以不合理条件限制、排斥潜在投标人或者投标人:

(一)就同一招标项目向潜在投标人或者投标人提供有差别的项目信息;

(二)设定的资格、技术、商务条件与招标项目的具体特点和实际需要不相适应或者与合同履行无关;

(三)依法必须进行招标的项目以特定行政区域或者特定行业的业绩、奖项作为加分条件或者中标条件;

(四)对潜在投标人或者投标人采取不同的资格审查或者评标标准;

(五)限定或者指定特定的专利、商标、品牌、原产地或者供应商;

(六)依法必须进行招标的项目非法限定潜在投标人或者投标人的所有制形式或者组织形式;

(七)以其他不合理条件限制、排斥潜在投标人或者投标人。

第三章 投 标

第三十三条 投标人参加依法必须进行招标的项目的投标,不受地区或者部门的限制,任何单位和个人不得非法干涉。

第三十四条 与招标人存在利害关系可能影响招标公正性的法人、其他组织或者个人,不得参加投标。

单位负责人为同一人或者存在控股、管理关系的不同单位,不得参加同一标段投标或者未划分标段的同一招标项目投标。

违反前两款规定的,相关投标均无效。

第三十五条 投标人撤回已提交的投标文件,应当在投标截止时间前书面通知招标人。招标人已收取投标保证金的,应当自收到投标人书面撤回通知之日起5日内退还。

投标截止后投标人撤销投标文件的,招标人可以不退还投标保证金。

第三十六条 未通过资格预审的申请人提交的投标文件,以及逾期送达或者不按照招标文件要求密封的投标文件,招标人应当拒收。

招标人应当如实记载投标文件的送达时间和密封情况,并存档备查。

第三十七条 招标人应当在资格预审公告、招标公告或者投标邀请书中载明是否接受联合体投标。

招标人接受联合体投标并进行资格预审的,联合体应当在提交资格预审申请文件前组成。资格预审后联合体增减、更换成员的,其投标无效。

联合体各方在同一招标项目中以自己名义单独投标或者参加其他联合体投标的,相关投标均无效。

第三十八条 投标人发生合并、分立、破产等重大变化的,应当及时书面告知招标人。投标人不再具备资格预审文件、招标文件规定的资格条件或者其投标影响招标公正性的,其投标无效。

第三十九条 禁止投标人相互串通投标。

有下列情形之一的,属于投标人相互串通投标:

(一)投标人之间协商投标报价等投标文件的实质性内容;

（二）投标人之间约定中标人；

（三）投标人之间约定部分投标人放弃投标或者中标；

（四）属于同一集团、协会、商会等组织成员的投标人按照该组织要求协同投标；

（五）投标人之间为谋取中标或者排斥特定投标人而采取的其他联合行动。

第四十条 有下列情形之一的，视为投标人相互串通投标：

（一）不同投标人的投标文件由同一单位或者个人编制；

（二）不同投标人委托同一单位或者个人办理投标事宜；

（三）不同投标人的投标文件载明的项目管理成员为同一人；

（四）不同投标人的投标文件异常一致或者投标报价呈规律性差异；

（五）不同投标人的投标文件相互混装；

（六）不同投标人的投标保证金从同一单位或者个人的账户转出。

第四十一条 禁止招标人与投标人串通投标。

有下列情形之一的，属于招标人与投标人串通投标：

（一）招标人在开标前开启投标文件并将有关信息泄露给其他投标人；

（二）招标人直接或者间接向投标人泄露标底、评标委员会成员等信息；

（三）招标人明示或者暗示投标人压低或者抬高投标报价；

（四）招标人授意投标人撤换、修改投标文件；

（五）招标人明示或者暗示投标人为特定投标人中标提供方便；

（六）招标人与投标人为谋求特定投标人中标而采取的其他串通行为。

第四十二条 使用通过受让或者租借等方式获取的资格、资质证书投标的，属于招标投标法第三十三条规定的以他人名义投标。

投标人有下列情形之一的，属于招标投标法第三十三条规定的以其他方式弄虚作假的行为：

（一）使用伪造、变造的许可证件；

（二）提供虚假的财务状况或者业绩；

（三）提供虚假的项目负责人或者主要技术人员简历、劳动关系证明；

（四）提供虚假的信用状况；

（五）其他弄虚作假的行为。

第四十三条 提交资格预审申请文件的申请人应当遵守招标投标法和本条例有关投标人的规定。

第四章 开标、评标和中标

第四十四条 招标人应当按照招标文件规定的时间、地点开标。

投标人少于3个的，不得开标；招标人应当重新招标。

投标人对开标有异议的，应当在开标现场提出，招标人应当当场作出答复，并制作记录。

第四十五条 国家实行统一的评标专家专业分类标准和管理办法。具体标准和办法由国务院发展改革部门会同国务院有关部门制定。

省级人民政府和国务院有关部门应当组建综合评标专家库。

第四十六条 除招标投标法第三十七条第三款规定的特殊招标项目外，依法必须进行招标的项目，其评标委员会的专家成员应当从评标专家库内相关专业的专家名单中以随机抽取方式确定。任何单位和个人不得以明示、暗示等任何方式指定或者变相指定参加评标委员会的专家成员。

依法必须进行招标的项目的招标人非因招标投标法和本条例规定的事由，不得更换依法确定的评标委员会成员。更换评标委员会的专家成员应当依照前款规定进行。

评标委员会成员与投标人有利害关系的,应当主动回避。

有关行政监督部门应当按照规定的职责分工,对评标委员会成员的确定方式、评标专家的抽取和评标活动进行监督。行政监督部门的工作人员不得担任本部门负责监督项目的评标委员会成员。

第四十七条 招标投标法第三十七条第三款所称特殊招标项目,是指技术复杂、专业性强或者国家有特殊要求,采取随机抽取方式确定的专家难以保证胜任评标工作的项目。

第四十八条 招标人应当向评标委员会提供评标所必需的信息,但不得明示或者暗示其倾向或者排斥特定投标人。

招标人应当根据项目规模和技术复杂程度等因素合理确定评标时间。超过三分之一的评标委员会成员认为评标时间不够的,招标人应当适当延长。

评标过程中,评标委员会成员有回避事由、擅离职守或者因健康等原因不能继续评标的,应当及时更换。被更换的评标委员会成员作出的评审结论无效,由更换后的评标委员会成员重新进行评审。

第四十九条 评标委员会成员应当依照招标投标法和本条例的规定,按照招标文件规定的评标标准和方法,客观、公正地对投标文件提出评审意见。招标文件没有规定的评标标准和方法不得作为评标的依据。

评标委员会成员不得私下接触投标人,不得收受投标人给予的财物或者其他好处,不得向招标人征询确定中标人的意向,不得接受任何单位或者个人明示或者暗示提出的倾向或者排斥特定投标人的要求,不得有其他不客观、不公正履行职务的行为。

第五十条 招标项目设有标底的,招标人应当在开标时公布。标底只能作为评标的参考,不得以投标报价是否接近标底作为中标条件,也不得以投标报价超过标底上下浮动范围作为否决投标的条件。

第五十一条 有下列情形之一的,评标委员会应当否决其投标:

(一)投标文件未经投标单位盖章和单位负责人签字;

(二)投标联合体没有提交共同投标协议;

(三)投标人不符合国家或者招标文件规定的资格条件;

(四)同一投标人提交两个以上不同的投标文件或者投标报价,但招标文件要求提交备选投标的除外;

(五)投标报价低于成本或者高于招标文件设定的最高投标限价;

(六)投标文件没有对招标文件的实质性要求和条件作出响应;

(七)投标人有串通投标、弄虚作假、行贿等违法行为。

第五十二条 投标文件中有含义不明确的内容、明显文字或者计算错误,评标委员会认为需要投标人作出必要澄清、说明的,应当书面通知该投标人。投标人的澄清、说明应当采用书面形式,并不得超出投标文件的范围或者改变投标文件的实质性内容。

评标委员会不得暗示或者诱导投标人作出澄清、说明,不得接受投标人主动提出的澄清、说明。

第五十三条 评标完成后,评标委员会应当向招标人提交书面评标报告和中标候选人名单。中标候选人应当不超过3个,并标明排序。

评标报告应当由评标委员会全体成员签字。对评标结果有不同意见的评标委员会成员应当以书面形式说明其不同意见和理由,评标报告应当注明该不同意见。评标委员会成员拒绝在评标报告上签字又不书面说明其不同意见和理由的,视为同意评标结果。

第五十四条 依法必须进行招标的项目,招标人应当自收到评标报告之日起3日内公示中标候选人,公示期不得少于3日。

投标人或者其他利害关系人对依法必须进行招标的项目的评标结果有异议的,应当在中标候选人公示期间提出。招标人应当自收到异议之日起3日内作出答复;作出答复前,应当暂停招标投标活动。

第五十五条 国有资金占控股或者主导地位的依法必须进行招标的项目,招标人应当确定排名第一的中标候选人为中标人。排名第一的中标候选人放弃中标、因不可抗力不能履行合同、不按照招标文件要求提交履约保证金,或者被查实存在影响中标结果的违法行为等情形,不符合中标条件的,招标人可以按照评标委员会提出的中标候选人名单排序依次确定其他中标候选人为中标人,也可以重新招标。

第五十六条 中标候选人的经营、财务状况发生较大变化或者存在违法行为,招标人认为可能影响其履约能力的,应当在发出中标通知书前由原评标委员会按照招标文件规定的标准和方法审查确认。

第五十七条 招标人和中标人应当依照招标投标法和本条例的规定签订书面合同,合同的标的、价款、质量、履行期限等主要条款应当与招标文件和中标人的投标文件的内容一致。招标人和中标人不得再行订立背离合同实质性内容的其他协议。

招标人最迟应当在书面合同签订后 5 日内向中标人和未中标的投标人退还投标保证金及银行同期存款利息。

第五十八条 招标文件要求中标人提交履约保证金的,中标人应当按照招标文件的要求提交。履约保证金不得超过中标合同金额的 10%。

第五十九条 中标人应当按照合同约定履行义务,完成中标项目。中标人不得向他人转让中标项目,也不得将中标项目肢解后分别向他人转让。

中标人按照合同约定或者经招标人同意,可以将中标项目的部分非主体、非关键性工作分包给他人完成。接受分包的人应当具备相应的资格条件,并不得再次分包。

中标人应当就分包项目向招标人负责,接受分包的人就分包项目承担连带责任。

第五章　投诉与处理

第六十条 投标人或者其他利害关系人认为招标投标活动不符合法律、行政法规规定的,可以自知道或者应当知道之日起 10 日内向有关行政监督部门投诉。投诉应当有明确的请求和必要的证明材料。

就本条例第二十二条、第四十四条、第五十四条规定事项投诉的,应当先向招标人提出异议,异议答复期间不计算在前款规定的期限内。

第六十一条 投诉人就同一事项向两个以上有权受理的行政监督部门投诉的,由最先收到投诉的行政监督部门负责处理。

行政监督部门应当自收到投诉之日起 3 个工作日内决定是否受理投诉,并自受理投诉之日起 30 个工作日内作出书面处理决定;需要检验、检测、鉴定、专家评审的,所需时间不计算在内。

投诉人捏造事实、伪造材料或者以非法手段取得证明材料进行投诉的,行政监督部门应当予以驳回。

第六十二条 行政监督部门处理投诉,有权查阅、复制有关文件、资料,调查有关情况,相关单位和人员应当予以配合。必要时,行政监督部门可以责令暂停招标投标活动。

行政监督部门的工作人员对监督检查过程中知悉的国家秘密、商业秘密,应当依法予以保密。

第六章　法律责任

第六十三条 招标人有下列限制或者排斥潜在投标人行为之一的,由有关行政监督部门依照招标投标法第五十一条的规定处罚:

(一)依法应当公开招标的项目不按照规定在指定媒介发布资格预审公告或者招标公告;

(二)在不同媒介发布的同一招标项目的资格预审公告或者招标公告的内容不一致,影响潜在投标人申请资格预审或者投标。

依法必须进行招标的项目的招标人不按照规定发布资格预审公告或者招标公告,构成规避招标的,依照招标投标法第四十九条的规定处罚。

第六十四条 招标人有下列情形之一的,由有关行政监督部门责令改正,可以处10万元以下的罚款:

(一)依法应当公开招标而采用邀请招标;

(二)招标文件、资格预审文件的发售、澄清、修改的时限,或者确定的提交资格预审申请文件、投标文件的时限不符合招标投标法和本条例规定;

(三)接受未通过资格预审的单位或者个人参加投标;

(四)接受应当拒收的投标文件。

招标人有前款第一项、第三项、第四项所列行为之一的,对单位直接负责的主管人员和其他直接责任人员依法给予处分。

第六十五条 招标代理机构在所代理的招标项目中投标、代理投标或者向该项目投标人提供咨询的,接受委托编制标底的中介机构参加受托编制标底项目的投标或者为该项目的投标人编制投标文件、提供咨询的,依照招标投标法第五十条的规定追究法律责任。

第六十六条 招标人超过本条例规定的比例收取投标保证金、履约保证金或者不按照规定退还投标保证金及银行同期存款利息的,由有关行政监督部门责令改正,可以处5万元以下的罚款;给他人造成损失的,依法承担赔偿责任。

第六十七条 投标人相互串通投标或者与招标人串通投标的,投标人向招标人或者评标委员会成员行贿谋取中标的,中标无效;构成犯罪的,依法追究刑事责任;尚不构成犯罪的,依照招标投标法第五十三条的规定处罚。投标人未中标的,对单位的罚款金额按照招标项目合同金额依照招标投标法规定的比例计算。

投标人有下列行为之一的,属于招标投标法第五十三条规定的情节严重行为,由有关行政监督部门取消其1年至2年内参加依法必须进行招标的项目的投标资格:

(一)以行贿谋取中标;

(二)3年内2次以上串通投标;

(三)串通投标行为损害招标人、其他投标人或者国家、集体、公民的合法利益,造成直接经济损失30万元以上;

(四)其他串通投标情节严重的行为。

投标人自本条第二款规定的处罚执行期限届满之日起3年内又有该款所列违法行为之一的,或者串通投标、以行贿谋取中标情节特别严重的,由工商行政管理机关吊销营业执照。

法律、行政法规对串通投标报价行为的处罚另有规定的,从其规定。

第六十八条 投标人以他人名义投标或者以其他方式弄虚作假骗取中标的,中标无效;构成犯罪的,依法追究刑事责任;尚不构成犯罪的,依照招标投标法第五十四条的规定处罚。依法必须进行招标的项目的投标人未中标的,对单位的罚款金额按照招标项目合同金额依照招标投标法规定的比例计算。

投标人有下列行为之一的,属于招标投标法第五十四条规定的情节严重行为,由有关行政监督部门取消其1年至3年内参加依法必须进行招标的项目的投标资格:

(一)伪造、变造资格、资质证书或者其他许可证件骗取中标;

(二)3年内2次以上使用他人名义投标;

(三)弄虚作假骗取中标给招标人造成直接经济损失30万元以上;

(四)其他弄虚作假骗取中标情节严重的行为。

投标人自本条第二款规定的处罚执行期限届满之日起3年内又有该款所列违法行为之一的,或者弄虚作假骗取中标情节特别严重的,由工商行政管理机关吊销营业执照。

第六十九条 出让或者出租资格、资质证书供他人投标的,依照法律、行政法规的规定给予行政处罚;构成犯罪的,依法追究刑事责任。

第七十条　依法必须进行招标的项目的招标人不按照规定组建评标委员会，或者确定、更换评标委员会成员违反招标投标法和本条例规定的，由有关行政监督部门责令改正，可以处10万元以下的罚款，对单位直接负责的主管人员和其他直接责任人员依法给予处分；违法确定或者更换的评标委员会成员作出的评审结论无效，依法重新进行评审。

国家工作人员以任何方式非法干涉选取评标委员会成员的，依照本条例第八十一条的规定追究法律责任。

第七十一条　评标委员会成员有下列行为之一的，由有关行政监督部门责令改正；情节严重的，禁止其在一定期限内参加依法必须进行招标的项目的评标；情节特别严重的，取消其担任评标委员会成员的资格：

（一）应当回避而不回避；

（二）擅离职守；

（三）不按照招标文件规定的评标标准和方法评标；

（四）私下接触投标人；

（五）向招标人征询确定中标人的意向或者接受任何单位或者个人明示或者暗示提出的倾向或者排斥特定投标人的要求；

（六）对依法应当否决的投标不提出否决意见；

（七）暗示或者诱导投标人作出澄清、说明或者接受投标人主动提出的澄清、说明；

（八）其他不客观、不公正履行职务的行为。

第七十二条　评标委员会成员收受投标人的财物或者其他好处的，没收收受的财物，处3 000元以上5万元以下的罚款，取消担任评标委员会成员的资格，不得再参加依法必须进行招标的项目的评标；构成犯罪的，依法追究刑事责任。

第七十三条　依法必须进行招标的项目的招标人有下列情形之一的，由有关行政监督部门责令改正，可以处中标项目金额10‰以下的罚款；给他人造成损失的，依法承担赔偿责任；对单位直接负责的主管人员和其他直接责任人员依法给予处分：

（一）无正当理由不发出中标通知书；

（二）不按照规定确定中标人；

（三）中标通知书发出后无正当理由改变中标结果；

（四）无正当理由不与中标人订立合同；

（五）在订立合同时向中标人提出附加条件。

第七十四条　中标人无正当理由不与招标人订立合同，在签订合同时向招标人提出附加条件，或者不按照招标文件要求提交履约保证金的，取消其中标资格，投标保证金不予退还。对依法必须进行招标的项目的中标人，由有关行政监督部门责令改正，可以处中标项目金额10‰以下的罚款。

第七十五条　招标人和中标人不按照招标文件和中标人的投标文件订立合同，合同的主要条款与招标文件、中标人的投标文件的内容不一致，或者招标人、中标人订立背离合同实质性内容的协议的，由有关行政监督部门责令改正，可以处中标项目金额5‰以上10‰以下的罚款。

第七十六条　中标人将中标项目转让给他人的，将中标项目肢解后分别转让给他人的，违反招标投标法和本条例规定将中标项目的部分主体、关键性工作分包给他人的，或者分包人再次分包的，转让、分包无效，处转让、分包项目金额5‰以上10‰以下的罚款；有违法所得的，并处没收违法所得；可以责令停业整顿；情节严重的，由工商行政管理机关吊销营业执照。

第七十七条　投标人或者其他利害关系人捏造事实、伪造材料或者以非法手段取得证明材料进行投诉，给他人造成损失的，依法承担赔偿责任。

招标人不按照规定对异议作出答复，继续进行招标投标活动的，由有关行政监督部门责令改正，拒不改正或者不能改正并影响中标结果的，依照本条例第八十二条的规定处理。

第七十八条 取得招标职业资格的专业人员违反国家有关规定办理招标业务的，责令改正，给予警告；情节严重的，暂停一定期限内从事招标业务；情节特别严重的，取消招标职业资格。

第七十九条 国家建立招标投标信用制度。有关行政监督部门应当依法公告对招标人、招标代理机构、投标人、评标委员会成员等当事人违法行为的行政处理决定。

第八十条 项目审批、核准部门不依法审批、核准项目招标范围、招标方式、招标组织形式的，对单位直接负责的主管人员和其他直接责任人员依法给予处分。

有关行政监督部门不依法履行职责，对违反招标投标法和本条例规定的行为不依法查处，或者不按照规定处理投诉、不依法公告对招标投标当事人违法行为的行政处理决定的，对直接负责的主管人员和其他直接责任人员依法给予处分。

项目审批、核准部门和有关行政监督部门的工作人员徇私舞弊、滥用职权、玩忽职守，构成犯罪的，依法追究刑事责任。

第八十一条 国家工作人员利用职务便利，以直接或者间接、明示或者暗示等任何方式非法干涉招标投标活动，有下列情形之一的，依法给予记过或者记大过处分；情节严重的，依法给予降级或者撤职处分；情节特别严重的，依法给予开除处分；构成犯罪的，依法追究刑事责任：

（一）要求对依法必须进行招标的项目不招标，或者要求对依法应当公开招标的项目不公开招标；

（二）要求评标委员会成员或者招标人以其指定的投标人作为中标候选人或者中标人，或者以其他方式非法干涉评标活动，影响中标结果；

（三）以其他方式非法干涉招标投标活动。

第八十二条 依法必须进行招标的项目的招标投标活动违反招标投标法和本条例的规定，对中标结果造成实质性影响，且不能采取补救措施予以纠正的，招标、投标、中标无效，应当依法重新招标或者评标。

第七章　附　则

第八十三条 招标投标协会按照依法制定的章程开展活动，加强行业自律和服务。

第八十四条 政府采购的法律、行政法规对政府采购货物、服务的招标投标另有规定的，从其规定。

第八十五条 本条例自 2012 年 2 月 1 日起施行。

附录3 工程建设项目招标范围和规模标准规定

（2000年5月1日 国家发展计划委员会发布第3号令）

第一条 为了确定必须进行招标的工程建设项目的具体范围和规模标准，规范招标投标活动，根据《中华人民共和国招标投标法》第三条的规定，制定本规定。

第二条 关系社会公共利益、公众安全的基础设施项目的范围包括：

（一）煤炭、石油、天然气、电力、新能源等能源项目；

（二）铁路、公路、管道、水运、航空以及其他交通运输业等交通运输项目；

（三）邮政、电信枢纽、通信、信息网络等邮电通讯项目；

（四）防洪、灌溉、排涝、引（供）水、滩涂治理、水土保持、水利枢纽等水利项目；

（五）道路、桥梁、地铁和轻轨交通、污水排放及处理、垃圾处理、地下管道、公共停车场等城市设施项目；

（六）生态环境保护项目；

（七）其他基础设施项目。

第三条 关系社会公共利益、公众安全的公用事业项目的范围包括：

（一）供水、供电、供气、供热等市政工程项目；

（二）科技、教育、文化等项目；

（三）体育、旅游等项目；

（四）卫生、社会福利等项目；

（五）商品住宅，包括经济适用住房；

（六）其他公用事业项目。

第四条 使用国有资金投资项目的范围包括：

（一）使用各级财政预算资金的项目；

（二）使用纳入财政管理的各种政府性专项建设基金的项目；

（三）使用国有企业事业单位自有资金，并且国有资产投资者实际拥有控制权的项目。

第五条 国家融资项目的范围包括：

（一）使用国家发行债券所筹资金的项目；

（二）使用国家对外借款或者担保所筹资金的项目；

（三）使用国家政策性贷款的项目；

（四）国家授权投资主体融资的项目；

（五）国家特许的融资项目。

第六条 使用国际组织或者外国政府资金的项目的范围包括：

（一）使用世界银行、亚洲开发银行等国际组织贷款资金的项目；

（二）使用外国政府及其机构贷款资金的项目；

（三）使用国际组织或者外国政府援助资金的项目。

第七条 本规定第二条至第六条规定范围内的各类工程建设项目，包括项目的勘察、设计、施工、监理以及与工程建设有关的重要设备、材料等的采购，达到下列标准之一的，必须进行招标：

（一）施工单项合同估算价在200万元人民币以上的；

（二）重要设备、材料等货物的采购，单项合同估算价在100万元人民币以上的；

（三）勘察、设计、监理等服务的采购，单项合同估算价在 50 万元人民币以上的；

（四）单项合同估算价低于第（一）、（二）、（三）项规定的标准，但项目总投资额在 3 000 万元人民币以上的。

第八条 建设项目的勘察、设计，采用特定专利或者专有技术的，或者其建筑艺术造型有特殊要求的，经项目主管部门批准，可以不进行招标。

第九条 依法必须进行招标的项目，全部使用国有资金投资或者国有资金投资占控股或者主导地位的，应当公开招标。招标投标活动不受地区、部门的限制，不得对潜在投标人实行歧视待遇。

第十条 省、自治区、直辖市人民政府根据实际情况，可以规定本地区必须进行招标的具体范围和规模标准，但不得缩小本规定确定的必须进行招标的范围。

第十一条 国家发展计划委员会可以根据实际需要，会同国务院有关部门对本规定确定的必须进行招标的具体范围和规模标准进行部分调整。

第十二条 本规定自发布之日起施行。

附录4 评标委员会和评标方法暂行规定

（国家发展计划委员会、国家经济贸易委员会、建设部、铁道部、交通部、信息产业部、水利部令第12号）

第一章 总 则

第一条 为了规范评标活动，保证评标的公平、公正，维护招标投标活动当事人的合法权益，依照《中华人民共和国招标投标法》，制定本规定。

第二条 本规定适用于依法必须招标项目的评标活动。

第三条 评标活动遵循公平、公正、科学、择优的原则。

第四条 评标活动依法进行，任何单位和个人不得非法干预或者影响评标过程和结果。

第五条 招标人应当采取必要措施，保证评标活动在严格保密的情况下进行。

第六条 评标活动及其当事人应当接受依法实施的监督。

有关行政监督部门依照国务院或者地方政府的职责分工，对评标活动实施监督，依法查处评标活动中的违法行为。

第二章 评标委员会

第七条 评标委员会依法组建，负责评标活动，向招标人推荐中标候选人或者根据招标人的授权直接确定中标人。

第八条 评标委员会由招标人负责组建。

评标委员会成员名单一般应于开标前确定。评标委员会成员名单在中标结果确定前应当保密。

第九条 评标委员会由招标人或其委托的招标代理机构熟悉相关业务的代表，以及有关技术、经济等方面的专家组成，成员人数为五人以上单数，其中技术、经济等方面的专家不得少于成员总数的三分之二。

评标委员会设负责人的，评标委员会负责人由评标委员会成员推举产生或者由招标人确定。评标委员会负责人与评标委员会的其他成员有同等的表决权。

第十条 评标委员会的专家成员应当从省级以上人民政府有关部门提供的专家名册或者招标代理机构的专家库内的相关专家名单中确定。

按前款规定确定评标专家，可以采取随机抽取或者直接确定的方式。一般项目，可以采取随机抽取的方式；技术特别复杂、专业性要求特别高或者国家有特殊要求的招标项目，采取随机抽取方式确定的专家难以胜任的，可以由招标人直接确定。

第十一条 评标专家应符合下列条件：

（一）从事相关专业领域工作满八年并具有高级职称或者同等专业水平；

（二）熟悉有关招标投标的法律法规，并具有与招标项目相关的实践经验；

（三）能够认真、公正、诚实、廉洁地履行职责。

第十二条 有下列情形之一的，不得担任评标委员会成员：

（一）投标人或者投标人主要负责人的近亲属；

（二）项目主管部门或者行政监督部门的人员；

（三）与投标人有经济利益关系，可能影响对投标公正评审的；

（四）曾因在招标、评标以及其他与招标投标有关活动中从事违法行为而受过行政处罚或刑事处罚的。

评标委员会成员有前款规定情形之一的，应当主动提出回避。

第十三条 评标委员会成员应当客观、公正地履行职责，遵守职业道德，对所提出的评审意见承担个人责任。

评标委员会成员不得与任何投标人或者与招标结果有利害关系的人进行私下接触，不得收受投标人、中介人、其他利害关系人的财物或者其他好处。

第十四条 评标委员会成员和与评标活动有关的工作人员不得透露对投标文件的评审和比较、中标候选人的推荐情况以及与评标有关的其他情况。

前款所称与评标活动有关的工作人员，是指评标委员会成员以外的因参与评标监督工作或者事务性工作而知悉有关评标情况的所有人员。

第三章 评标的准备与初步评审

第十五条 评标委员会成员应当编制供评标使用的相应表格，认真研究招标文件，至少应了解和熟悉以下内容：

（一）招标的目标；

（二）招标项目的范围和性质；

（三）招标文件中规定的主要技术要求、标准和商务条款；

（四）招标文件规定的评标标准、评标方法和在评标过程中考虑的相关因素。

第十六条 招标人或者其委托的招标代理机构应当向评标委员会提供评标所需的重要信息和数据。

招标人设有标底的，标底应当保密，并在评标时作为参考。

第十七条 评标委员会应当根据招标文件规定的评标标准和方法，对投标文件进行系统的评审和比较。招标文件中没有规定的标准和方法不得作为评标的依据。

招标文件中规定的评标标准和评标方法应当合理，不得含有倾向或者排斥潜在投标人的内容，不得妨碍或者限制投标人之间的竞争。

第十八条 评标委员会应当按照投标报价的高低或者招标文件规定的其他方法对投标文件排序。以多种货币报价的，应当按照中国银行在开标日公布的汇率中间价换算成人民币。

招标文件应当对汇率标准和汇率风险作出规定。未作规定的，汇率风险由投标人承担。

第十九条 评标委员会可以书面方式要求投标人对投标文件中含义不明确、对同类问题表述不一致或者有明显文字和计算错误的内容作必要的澄清、说明或者补正。澄清、说明或者补正应以书面方式进行并不得超出投标文件的范围或者改变投标文件的实质性内容。

投标文件中的大写金额和小写金额不一致的，以大写金额为准；总价金额与单价金额不一致的，以单价金额为准，但单价金额小数点有明显错误的除外；对不同文字文本投标文件的解释发生异议的，以中文文本为准。

第二十条 在评标过程中，评标委员会发现投标人以他人的名义投标、串通投标、以行贿手段谋取中标或者以其他弄虚作假方式投标的，该投标人的投标应作废标处理。

第二十一条 在评标过程中，评标委员会发现投标人的报价明显低于其他投标报价或者在设有标底时明显低于标底，使得其投标报价可能低于其个别成本的，应当要求该投标人作出书面说明并提供相关证明材料。投标人不能合理说明或者不能提供相关证明材料的，由评标委员会认定该投标人以低于成本报价竞标，其投标应作废标处理。

第二十二条 投标人资格条件不符合国家有关规定和招标文件要求的，或者拒不按照要求对投标文件进行澄清、说明或者补正的，评标委员会可以否决其投标。

第二十三条 评标委员会应当审查每一投标文件是否对招标文件提出的所有实质性要求和条件作出响应。未能在实质上响应的投标，应作废标处理。

第二十四条 评标委员会应当根据招标文件，审查并逐项列出投标文件的全部投标偏差。

投标偏差分为重大偏差和细微偏差。

第二十五条 下列情况属于重大偏差：

（一）没有按照招标文件要求提供投标担保或者所提供的投标担保有瑕疵；

（二）投标文件没有投标人授权代表签字和加盖公章；

（三）投标文件载明的招标项目完成期限超过招标文件规定的期限；

（四）明显不符合技术规格、技术标准的要求；

（五）投标文件载明的货物包装方式、检验标准和方法等不符合招标文件的要求；

（六）投标文件附有招标人不能接受的条件；

（七）不符合招标文件中规定的其他实质性要求。

投标文件有上述情形之一的，为未能对招标文件作出实质性响应，并按本规定第二十三条规定作废标处理。招标文件对重大偏差另有规定的，从其规定。

第二十六条 细微偏差是指投标文件在实质上响应招标文件要求，但在个别地方存在漏项或者提供了不完整的技术信息和数据等情况，并且补正这些遗漏或者不完整不会对其他投标人造成不公平的结果。细微偏差不影响投标文件的有效性。

评标委员会应当书面要求存在细微偏差的投标人在评标结束前予以补正。拒不补正的，在详细评审时可以对细微偏差作不利于该投标人的量化，量化标准应当在招标文件中规定。

第二十七条 评标委员会根据本规定第二十条、第二十一条、第二十二条、第二十三条、第二十五条的规定否决不合格投标或者界定为废标后，因有效投标不足三个使得投标明显缺乏竞争的，评标委员会可以否决全部投标。

投标人少于三个或者所有投标被否决的，招标人应当依法重新招标。

第四章　详细评审

第二十八条 经初步评审合格的投标文件，评标委员会应当根据招标文件确定的评标标准和方法，对其技术部分和商务部分作进一步评审、比较。

第二十九条 评标方法包括经评审的最低投标价法、综合评估法或者法律、行政法规允许的其他评标方法。

第三十条 经评审的最低投标价法一般适用于具有通用技术、性能标准或者招标人对其技术、性能没有特殊要求的招标项目。

第三十一条 根据经评审的最低投标价法，能够满足招标文件的实质性要求，并且经评审的最低投标价的投标，应当推荐为中标候选人。

第三十二条 采用经评审的最低投标价法的，评标委员会应当根据招标文件中规定的评标价格调整方法，以所有投标人的投标报价以及投标文件的商务部分作必要的价格调整。

采用经评审的最低投标价法的，中标人的投标应当符合招标文件规定的技术要求和标准，但评标委员会无需对投标文件的技术部分进行价格折算。

第三十三条 根据经评审的最低投标价法完成详细评审后，评标委员会应当拟定一份“标价比较表”，连同书面评标报告提交招标人。“标价比较表”应当载明投标人的投标报价、对商务偏差的价格调整和说明以及经评审的最终投标价。

第三十四条 不宜采用经评审的最低投标价法的招标项目,一般应当采取综合评估法进行评审。

第三十五条 根据综合评估法,最大限度地满足招标文件中规定的各项综合评价标准的投标,应当推荐为中标候选人。

衡量投标文件是否最大限度地满足招标文件中规定的各项评价标准,可以采取折算为货币的方法、打分的方法或者其他方法。需量化的因素及其权重应当在招标文件中明确规定。

第三十六条 评标委员会对各个评审因素进行量化时,应当将量化指标建立在同一基础或者同一标准上,使各投标文件具有可比性。

对技术部分和商务部分进行量化后,评标委员会应当对这两部分的量化结果进行加权,计算出每一投标的综合评估价或者综合评估分。

第三十七条 根据综合评估法完成评标后,评标委员会应当拟定一份"综合评估比较表",连同书面评标报告提交招标人。"综合评估比较表"应当载明投标人的投标报价、所作的任何修正、对商务偏差的调整、对技术偏差的调整、对各评审因素的评估以及对每一投标的最终评审结果。

第三十八条 根据招标文件的规定,允许投标人投备选标的,评标委员会可以对中标人所投的备选标进行评审,以决定是否采纳备选标。不符合中标条件的投标人的备选标不予考虑。

第三十九条 对于划分有多个单项合同的招标项目,招标文件允许投标人为获得整个项目合同而提出优惠的,评标委员会可以对投标人提出的优惠进行审查,以决定是否将招标项目作为一个整体合同授予中标人。将招标项目作为一个整体合同授予的,整体合同中标人的投标应当最有利于招标人。

第四十条 评标和定标应当在投标有效期结束日30个工作日前完成。不能在投标有效期结束日30个工作日前完成评标和定标的,招标人应当通知所有投标人延长投标有效期。拒绝延长投标有效期的投标人有权收回投标保证金。同意延长投标有效期的投标人应当相应延长其投标担保的有效期,但不得修改投标文件的实质性内容。因延长投标有效期造成投标人损失的,招标人应当给予补偿,但因不可抗力需延长投标有效期的除外。

招标文件应当载明投标有效期。投标有效期从提交投标文件截止日起计算。

第五章 推荐中标候选人与定标

第四十一条 评标委员会在评标过程中发现的问题,应当及时作出处理或者向招标人提出处理建议,并作书面记录。

第四十二条 评标委员会完成评标后,应当向招标人提出书面评标报告,并抄送有关行政监督部门。评标报告应当如实记载以下内容:

(一)基本情况和数据表;

(二)评标委员会成员名单;

(三)开标记录;

(四)符合要求的投标一览表;

(五)废标情况说明;

(六)评标标准、评标方法或者评标因素一览表;

(七)经评审的价格或者评分比较一览表;

(八)经评审的投标人排序;

(九)推荐的中标候选人名单与签订合同前要处理的事宜;

(十)澄清、说明、补正事项纪要。

第四十三条 评标报告由评标委员会全体成员签字。对评标结论持有异议的评标委员会成员可以书面方式阐述其不同意见和理由。评标委员会成员拒绝在评标报告上签字且不陈述其不同意见和理由的,视为同意评标结论。评标委员会应当对此作出书面说明并记录在案。

第四十四条 向招标人提交书面评标报告后,评标委员会即告解散。评标过程中使用的文件、表格以及其他资料应当即时归还招标人。

第四十五条 评标委员会推荐的中标候选人应当限定在一至三人,并标明排列顺序。

第四十六条 中标人的投标应当符合下列条件之一:

(一)能够最大限度满足招标文件中规定的各项综合评价标准;

(二)能够满足招标文件的实质性要求,并且经评审的投标价格最低;但是投标价格低于成本的除外。

第四十七条 在确定中标人之前,招标人不得与投标人就投标价格、投标方案等实质性内容进行谈判。

第四十八条 使用国有资金投资或者国家融资的项目,招标人应当确定排名第一的中标候选人为中标人。排名第一的中标候选人放弃中标、因不可抗力提出不能履行合同,或者招标文件规定应当提交履约保证金而在规定的期限内未能提交的,招标人可以确定排名第二的中标候选人为中标人。

排名第二的中标候选人因前款规定的同样原因不能签订合同的,招标人可以确定排名第三的中标候选人为中标人。

招标人可以授权评标委员会直接确定中标人。

国务院对中标人的确定另有规定的,从其规定。

第四十九条 中标人确定后,招标人应当向中标人发出中标通知书,同时通知未中标人,并与中标人在30个工作日之内签订合同。

第五十条 中标通知书对招标人和中标人具有法律约束力。中标通知书发出后,招标人改变中标结果或者中标人放弃中标的,应当承担法律责任。

第五十一条 招标人应当与中标人按照招标文件和中标人的投标文件订立书面合同。招标人与中标人不得再行订立背离合同实质性内容的其他协议。

第五十二条 招标人与中标人签订合同后5个工作日内,应当向中标人和未中标的投标人退还投标保证金。

第六章 罚 则

第五十三条 评标委员会成员在评标过程中擅离职守,影响评标程序正常进行,或者在评标过程中不能客观公正地履行职责的,给予警告;情节严重的,取消担任评标委员会成员的资格,不得再参加任何依法必须进行招标项目的评标,并处一万元以下的罚款。

第五十四条 评标委员会成员收受投标人、其他利害关系人的财物或者其他好处的,评标委员会成员或者与评标活动有关的工作人员向他人透露对投标文件的评审和比较、中标候选人的推荐以及与评标有关的其他情况的,给予警告,没收收受的财物,可以并处三千元以上五万元以下的罚款;对有所列违法行为的评标委员会成员取消担任评标委员会成员的资格,不得再参加任何依法必须进行招标项目的评标;构成犯罪的,依法追究刑事责任。

第五十五条 招标人在评标委员会依法推荐的中标候选人以外确定中标人的,依法必须进行招标项目在所有投标被评标委员会否决后自行确定中标人的,中标无效。责令改正,可以处中标项目金额千分之五以上千分之十以下的罚款;对单位直接负责的主管人员和其他直接责任人员依法给予处分。

第五十六条 招标人与中标人不按照招标文件和中标人的投标文件订立合同的,或者招标人、中标人订立背离合同实质性内容的协议的,责令改正;可以处中标项目金额千分之五以上千分之十以下的罚款。

第五十七条 中标人不与招标人订立合同的,投标保证金不予退还并取消其中标资格,给招标人造成的损失超过投标保证金数额的,应当对超过部分予以赔偿;没有提交投标保证金的,应当对招标人的损失承担赔偿责任。

招标人迟迟不确定中标人或者无正当理由不与中标人签订合同的,给予警告,根据情节可处一万元以下的罚款;造成中标人损失的,并应当赔偿损失。

第七章 附 则

第五十八条 依法必须招标项目以外的评标活动,参照本规定执行。

第五十九条 使用国际组织或者外国政府贷款、援助资金的招标项目的评标活动,贷款方、资金提供方对评标委员会与评标方法另有规定的,适用其规定,但违背中华人民共和国的社会公共利益的除外。

第六十条 本规定颁布前有关评标机构和评标方法的规定与本规定不一致的,以本规定为准。法律或者行政法规另有规定的,从其规定。

第六十一条 本规定由国家发展计划委员会会同有关部门负责解释。

第六十二条 本规定自发布之日起施行。

附录5　工程建设项目施工招标投标办法

（国家发展计划委员会、建设部、铁道部、交通部、信息产业部、
水利部、民航总局第30号）

第一章　总　则

第一条　为规范工程建设项目施工（以下简称工程施工）招标投标活动，根据《中华人民共和国招标投标法》和国务院有关部门的职责分工，制定本办法。

第二条　在中华人民共和国境内进行工程施工招标投标活动，适用本办法。

第三条　工程建设项目符合《工程建设项目招标范围和规模标准规定》（国家计委令第3号）规定的范围和标准的，必须通过招标选择施工单位。

任何单位和个人不得将依法必须进行招标的项目化整为零或者以其他任何方式规避招标。

第四条　工程施工招标投标活动应当遵循公开、公平、公正和诚实信用的原则。

第五条　工程施工招标投标活动，依法由招标人负责。任何单位和个人不得以任何方式非法干涉工程施工招标投标活动。

施工招标投标活动不受地区或者部门的限制。

第六条　各级发展计划、经贸、建设、铁道、交通、信息产业、水利、外经贸、民航等部门依照《国务院办公厅印发国务院有关部门实施招标投标活动行政监督的职责分工意见的通知》（国办发[2000]34号）和各地规定的职责分工，对工程施工招标投标活动实施监督，依法查处工程施工招标投标活动中的违法行为。

第二章　招　标

第七条　工程施工招标人是依法提出施工招标项目、进行招标的法人或者其他组织。

第八条　依法必须招标的工程建设项目，应当具备下列条件才能进行施工招标：

（一）招标人已经依法成立；

（二）初步设计及概算应当履行审批手续的，已经批准；

（三）招标范围、招标方式和招标组织形式等应当履行核准手续的，已经核准；

（四）有相应资金或资金来源已经落实；

（五）有招标所需的设计图纸及技术资料。

第九条　工程施工招标分为公开招标和邀请招标。

第十条　依法必须进行施工招标的工程建设项目，按工程建设项目审批管理规定，凡应报送项目审批部门审批的，招标人必须在报送的可行性研究报告中将招标范围、招标方式、招标组织形式等有关招标内容报项目审批部门核准。

第十一条　国务院发展计划部门确定的国家重点建设项目和各省、自治区、直辖市人民政府确定的地方重点建设项目，以及全部使用国有资金投资或者国有资金投资占控股或者主导地位的工程建设项目，应当公开招标；有下列情形之一的，经批准可以进行邀请招标：

（一）项目技术复杂或有特殊要求，只有少量几家潜在投标人可供选择的；

（二）受自然地域环境限制的；

（三）涉及国家安全、国家秘密或者抢险救灾，适宜招标但不宜公开招标的；

（四）拟公开招标的费用与项目的价值相比，不值得的；

（五）法律、法规规定不宜公开招标的。

国家重点建设项目的邀请招标，应当经国务院发展计划部门批准；地方重点建设项目的邀请招标，应当经各省、自治区、直辖市人民政府批准。

全部使用国有资金投资或者国有资金投资占控股或者主导地位的并需要审批的工程建设项目的邀请招标，应当经项目审批部门批准，但项目审批部门只审批立项的，由有关行政监督部门批准。

第十二条 需要审批的工程建设项目，有下列情形之一的，由本办法第十一条规定的审批部门批准，可以不进行施工招标：

（一）涉及国家安全、国家秘密或者抢险救灾而不适宜招标的；

（二）属于利用扶贫资金实行以工代赈需要使用农民工的；

（三）施工主要技术采用特定的专利或者专有技术的；

（四）施工企业自建自用的工程，且该施工企业资质等级符合工程要求的；

（五）在建工程追加的附属小型工程或者主体加层工程，原中标人仍具备承包能力的；

（六）法律、行政法规规定的其他情形。

不需要审批但依法必须招标的工程建设项目，有前款规定情形之一的，可以不进行施工招标。

第十三条 采用公开招标方式的，招标人应当发布招标公告，邀请不特定的法人或者其他组织投标。依法必须进行施工招标项目的招标公告，应当在国家指定的报刊和信息网络上发布。

采用邀请招标方式的，招标人应当向三家以上具备承担施工招标项目的能力、资信良好的特定的法人或者其他组织发出投标邀请书。

第十四条 招标公告或者投标邀请书应当至少载明下列内容：

（一）招标人的名称和地址；

（二）招标项目的内容、规模、资金来源；

（三）招标项目的实施地点和工期；

（四）获取招标文件或者资格预审文件的地点和时间；

（五）对招标文件或者资格预审文件收取的费用；

（六）对投标人的资质等级的要求。

第十五条 招标人应当按招标公告或者投标邀请书规定的时间、地点出售招标文件或资格预审文件。自招标文件或者资格预审文件出售之日起至停止出售之日止，最短不得少于五个工作日。

招标人可以通过信息网络或者其他媒介发布招标文件，通过信息网络或者其他媒介发布的招标文件与书面招标文件具有同等法律效力，但出现不一致时以书面招标文件为准。招标人应当保持书面招标文件原始正本的完好。

对招标文件或者资格预审文件的收费应当合理，不得以营利为目的。对于所附的设计文件，招标人可以向投标人酌收押金；对于开标后投标人退还设计文件的，招标人应当向投标人退还押金。

招标文件或者资格预审文件售出后，不予退还。招标人在发布招标公告、发出投标邀请书后或者售出招标文件或资格预审文件后不得擅自终止招标。

第十六条 招标人可以根据招标项目本身的特点和需要，要求潜在投标人或者投标人提供满足其资格要求的文件，对潜在投标人或者投标人进行资格审查；法律、行政法规对潜在投标人或者投标人的资格条件有规定的，依照其规定。

第十七条 资格审查分为资格预审和资格后审。

资格预审，是指在投标前对潜在投标人进行的资格审查。

资格后审，是指在开标后对投标人进行的资格审查。

进行资格预审的，一般不再进行资格后审，但招标文件另有规定的除外。

第十八条　采取资格预审的，招标人可以发布资格预审公告。资格预审公告适用本办法第十三条、第十四条有关招标公告的规定。

采取资格预审的，招标人应当在资格预审文件中载明资格预审的条件、标准和方法；采取资格后审的，招标人应当在招标文件中载明对投标人资格要求的条件、标准和方法。

招标人不得改变载明的资格条件或者以没有载明的资格条件对潜在投标人或者投标人进行资格审查。

第十九条　经资格预审后，招标人应当向资格预审合格的潜在投标人发出资格预审合格通知书，告知获取招标文件的时间、地点和方法，并同时向资格预审不合格的潜在投标人告知资格预审结果。资格预审不合格的潜在投标人不得参加投标。

经资格后审不合格的投标人的投标应作废标处理。

第二十条　资格审查应主要审查潜在投标人或者投标人是否符合下列条件：

（一）具有独立订立合同的权利；

（二）具有履行合同的能力，包括专业、技术资格和能力，资金、设备和其他物质设施状况，管理能力，经验、信誉和相应的从业人员；

（三）没有处于被责令停业，投标资格被取消，财产被接管、冻结，破产状态；

（四）在最近三年内没有骗取中标和严重违约及重大工程质量问题；

（五）法律、行政法规规定的其他资格条件。

资格审查时，招标人不得以不合理的条件限制、排斥潜在投标人或者投标人，不得对潜在投标人或者投标人实行歧视待遇。任何单位和个人不得以行政手段或者其他不合理方式限制投标人的数量。

第二十一条　招标人符合法律规定的自行招标条件的，可以自行办理招标事宜。任何单位和个人不得强制其委托招标代理机构办理招标事宜。

第二十二条　招标代理机构应当在招标人委托的范围内承担招标事宜。招标代理机构可以在其资格等级范围内承担下列招标事宜：

（一）拟订招标方案，编制和出售招标文件、资格预审文件；

（二）审查投标人资格；

（三）编制标底；

（四）组织投标人踏勘现场；

（五）组织开标、评标，协助招标人定标；

（六）草拟合同；

（七）招标人委托的其他事项。

招标代理机构不得无权代理、越权代理，不得明知委托事项违法而进行代理。

招标代理机构不得接受同一招标项目的投标代理和投标咨询业务；未经招标人同意，不得转让招标代理业务。

第二十三条　工程招标代理机构与招标人应当签订书面委托合同，并按双方约定的标准收取代理费；国家对收费标准有规定的，依照其规定。

第二十四条　招标人根据施工招标项目的特点和需要编制招标文件。招标文件一般包括下列内容：

（一）投标邀请书；

（二）投标人须知；

（三）合同主要条款；

（四）投标文件格式；

（五）采用工程量清单招标的，应当提供工程量清单；

（六）技术条款；

（七）设计图纸；

（八）评标标准和方法；

（九）投标辅助材料。

招标人应当在招标文件中规定实质性要求和条件，并用醒目的方式标明。

第二十五条 招标人可以要求投标人在提交符合招标文件规定要求的投标文件外，提交备选投标方案，但应当在招标文件中作出说明，并提出相应的评审和比较办法。

第二十六条 招标文件规定的各项技术标准应符合国家强制性标准。

招标文件中规定的各项技术标准均不得要求或标明某一特定的专利、商标、名称、设计、原产地或生产供应者，不得含有倾向或者排斥潜在投标人的其他内容。如果必须引用某一生产供应者的技术标准才能准确或清楚地说明拟招标项目的技术标准时，则应当在参照后面加上“或相当于”的字样。

第二十七条 施工招标项目需要划分标段、确定工期的，招标人应当合理划分标段、确定工期，并在招标文件中载明。对工程技术上紧密相联、不可分割的单位工程不得分割标段。

招标人不得以不合理的标段或工期限制或者排斥潜在投标人或者投标人。

第二十八条 招标文件应当明确规定评标时除价格以外的所有评标因素，以及如何将这些因素量化或者据以进行评估。

在评标过程中，不得改变招标文件中规定的评标标准、方法和中标条件。

第二十九条 招标文件应当规定一个适当的投标有效期，以保证招标人有足够的时间完成评标和与中标人签订合同。投标有效期从投标人提交投标文件截止之日起计算。

在原投标有效期结束前，出现特殊情况的，招标人可以书面形式要求所有投标人延长投标有效期。投标人同意延长的，不得要求或被允许修改其投标文件的实质性内容，但应当相应延长其投标保证金的有效期；投标人拒绝延长的，其投标失效，但投标人有权收回其投标保证金。因延长投标有效期造成投标人损失的，招标人应当给予补偿，但因不可抗力需要延长投标有效期的除外。

第三十条 施工招标项目工期超过十二个月的，招标文件中可以规定工程造价指数体系、价格调整因素和调整方法。

第三十一条 招标人应当确定投标人编制投标文件所需要的合理时间；但是，依法必须进行招标的项目，自招标文件开始发出之日起至投标人提交投标文件截止之日止，最短不得少于二十日。

第三十二条 招标人根据招标项目的具体情况，可以组织潜在投标人踏勘项目现场，向其介绍工程场地和相关环境的有关情况。潜在投标人依据招标人介绍情况作出的判断和决策，由投标人自行负责。

招标人不得单独或者分别组织任何一个投标人进行现场踏勘。

第三十三条 对于潜在投标人在阅读招标文件和现场踏勘中提出的疑问，招标人可以书面形式或召开投标预备会的方式解答，但需同时将解答以书面方式通知所有购买招标文件的潜在投标人。该解答的内容为招标文件的组成部分。

第三十四条 招标人可根据项目特点决定是否编制标底。编制标底的，标底编制过程和标底必须保密。

招标项目编制标底的，应根据批准的初步设计、投资概算，依据有关计价办法，参照有关工程定额，结合市场供求状况，综合考虑投资、工期和质量等方面的因素合理确定。

标底由招标人自行编制或委托中介机构编制。一个工程只能编制一个标底。

任何单位和个人不得强制招标人编制或报审标底，或干预其确定标底。

招标项目可以不设标底，进行无标底招标。

第三章 投 标

第三十五条 投标人是响应招标、参加投标竞争的法人或者其他组织。招标人的任何不具独立法人资格的附属机构(单位),或者为招标项目的前期准备或者监理工作提供设计、咨询服务的任何法人及其任何附属机构(单位),都无资格参加该招标项目的投标。

第三十六条 投标人应当按照招标文件的要求编制投标文件。投标文件应当对招标文件提出的实质性要求和条件作出响应。

投标文件一般包括下列内容:

(一)投标函;

(二)投标报价;

(三)施工组织设计;

(四)商务和技术偏差表。

投标人根据招标文件载明的项目实际情况,拟在中标后将中标项目的部分非主体、非关键性工作进行分包的,应当在投标文件中载明。

第三十七条 招标人可以在招标文件中要求投标人提交投标保证金。投标保证金除现金外,可以是银行出具的银行保函、保兑支票、银行汇票或现金支票。

投标保证金一般不得超过投标总价的百分之二,但最高不得超过八十万元人民币。投标保证金有效期应当超出投标有效期三十天。

投标人应当按照招标文件要求的方式和金额,将投标保证金随投标文件提交给招标人。

投标人不按招标文件要求提交投标保证金的,该投标文件将被拒绝,作废标处理。

第三十八条 投标人应当在招标文件要求提交投标文件的截止时间前,将投标文件密封送达投标地点。招标人收到投标文件后,应当向投标人出具标明签收人和签收时间的凭证,在开标前任何单位和个人不得开启投标文件。

在招标文件要求提交投标文件的截止时间后送达的投标文件,为无效的投标文件,招标人应当拒收。

提交投标文件的投标人少于三个的,招标人应当依法重新招标。重新招标后投标人仍少于三个的,属于必须审批的工程建设项目,报经原审批部门批准后可以不再进行招标;其他工程建设项目,招标人可自行决定不再进行招标。

第三十九条 投标人在招标文件要求提交投标文件的截止时间前,可以补充、修改、替代或者撤回已提交的投标文件,并书面通知招标人。补充、修改的内容为投标文件的组成部分。

第四十条 在提交投标文件截止时间后到招标文件规定的投标有效期终止之前,投标人不得补充、修改、替代或者撤回其投标文件。投标人补充、修改、替代投标文件的,招标人不予接受;投标人撤回投标文件的,其投标保证金将被没收。

第四十一条 在开标前,招标人应妥善保管好已接收的投标文件、修改或撤回通知、备选投标方案等投标资料。

第四十二条 两个以上法人或者其他组织可以组成一个联合体,以一个投标人的身份共同投标。

联合体各方签订共同投标协议后,不得再以自己名义单独投标,也不得组成新的联合体或参加其他联合体在同一项目中投标。

第四十三条 联合体参加资格预审并获通过的,其组成的任何变化都必须在提交投标文件截止之日前征得招标人的同意。如果变化后的联合体削弱了竞争,含有事先未经过资格预审或者资格预审不合格的法人或者其他组织,或者使联合体的资质降到资格预审文件中规定的最低标准以下,招标人有权拒绝。

第四十四条 联合体各方必须指定牵头人,授权其代表所有联合体成员负责投标和合同实施阶段的主办、协调工作,并应当向招标人提交由所有联合体成员法定代表人签署的授权书。

第四十五条 联合体投标的,应当以联合体各方或者联合体中牵头人的名义提交投标保证金。以联合体中牵头人名义提交的投标保证金,对联合体各成员具有约束力。

第四十六条 下列行为均属投标人串通投标报价:

(一)投标人之间相互约定抬高或压低投标报价;

(二)投标人之间相互约定,在招标项目中分别以高、中、低价位报价;

(三)投标人之间先进行内部竞价,内定中标人,然后再参加投标;

(四)投标人之间其他串通投标报价的行为。

第四十七条 下列行为均属招标人与投标人串通投标:

(一)招标人在开标前开启投标文件,并将投标情况告知其他投标人,或者协助投标人撤换投标文件,更改报价;

(二)招标人向投标人泄露标底;

(三)招标人与投标人商定,投标时压低或抬高标价,中标后再给投标人或招标人额外补偿;

(四)招标人预先内定中标人;

(五)其他串通投标行为。

第四十八条 投标人不得以他人名义投标。

前款所称以他人名义投标,指投标人挂靠其他施工单位,或从其他单位通过转让或租借的方式获取资格或资质证书,或者由其他单位及其法定代表人在自己编制的投标文件上加盖印章和签字等行为。

第四章 开标、评标和定标

第四十九条 开标应当在招标文件确定的提交投标文件截止时间的同一时间公开进行;开标地点应当为招标文件中确定的地点。

第五十条 投标文件有下列情形之一的,招标人不予受理:

(一)逾期送达的或者未送达指定地点的;

(二)未按招标文件要求密封的。

投标文件有下列情形之一的,由评标委员会初审后按废标处理:

(一)无单位盖章并无法定代表人或法定代表人授权的代理人签字或盖章的;

(二)未按规定的格式填写,内容不全或关键字迹模糊、无法辨认的;

(三)投标人递交两份或多份内容不同的投标文件,或在一份投标文件中对同一招标项目报有两个或多个报价,且未声明哪一个有效,按招标文件规定提交备选投标方案的除外;

(四)投标人名称或组织结构与资格预审时不一致的;

(五)未按招标文件要求提交投标保证金的;

(六)联合体投标未附联合体各方共同投标协议的。

第五十一条 评标委员会可以书面方式要求投标人对投标文件中含义不明确、对同类问题表述不一致或者有明显文字和计算错误的内容作必要的澄清、说明或补正。评标委员会不得向投标人提出带有暗示性或诱导性的问题,或向其明确投标文件中的遗漏和错误。

第五十二条 投标文件不响应招标文件的实质性要求和条件的,招标人应当拒绝,并不允许投标人通过修正或撤销其不符合要求的差异或保留,使之成为具有响应性的投标。

第五十三条 评标委员会在对实质上响应招标文件要求的投标进行报价评估时,除招标文件另有约定外,应当按下述原则进行修正:

(一)用数字表示的数额与用文字表示的数额不一致时,以文字数额为准;

(二)单价与工程量的乘积与总价之间不一致时,以单价为准;若单价有明显的小数点错位,应以总价为准,并修改单价。

按前款规定调整后的报价经投标人确认后产生约束力。

投标文件中没有列入的价格和优惠条件在评标时不予考虑。

第五十四条 对于投标人提交的优越于招标文件中技术标准的备选投标方案所产生的附加收益，不得考虑进评标价中。符合招标文件的基本技术要求且评标价最低或综合评分最高的投标人，其所提交的备选方案方可予以考虑。

第五十五条 招标人设有标底的，标底在评标中应当作为参考，但不得作为评标的唯一依据。

第五十六条 评标委员会完成评标后，应向招标人提出书面评标报告。评标报告由评标委员会全体成员签字。

评标委员会提出书面评标报告后，招标人一般应当在十五日内确定中标人，但最迟应当在投标有效期结束日三十个工作日前确定。

中标通知书由招标人发出。

第五十七条 评标委员会推荐的中标候选人应当限定在一至三人，并标明排列顺序。招标人应当接受评标委员会推荐的中标候选人，不得在评标委员会推荐的中标候选人之外确定中标人。

第五十八条 依法必须进行招标的项目，招标人应当确定排名第一的中标候选人为中标人。排名第一的中标候选人放弃中标、因不可抗力提出不能履行合同，或者招标文件规定应当提交履约保证金而在规定的期限内未能提交的，招标人可以确定排名第二的中标候选人为中标人。

排名第二的中标候选人因前款规定的同样原因不能签订合同的，招标人可以确定排名第三的中标候选人为中标人。

招标人可以授权评标委员会直接确定中标人。

国务院对中标人的确定另有规定的，从其规定。

第五十九条 招标人不得向中标人提出压低报价、增加工作量、缩短工期或其他违背中标人意愿的要求，以此作为发出中标通知书和签订合同的条件。

第六十条 中标通知书对招标人和中标人具有法律效力。中标通知书发出后，招标人改变中标结果的，或者中标人放弃中标项目的，应当依法承担法律责任。

第六十一条 招标人全部或者部分使用非中标单位投标文件中的技术成果或技术方案时，需征得其书面同意，并给予一定的经济补偿。

第六十二条 招标人和中标人应当自中标通知书发出之日起三十日内，按照招标文件和中标人的投标文件订立书面合同。招标人和中标人不得再行订立背离合同实质性内容的其他协议。

招标文件要求中标人提交履约保证金或者其他形式履约担保的，中标人应当提交；拒绝提交的，视为放弃中标项目。招标人要求中标人提供履约保证金或其他形式履约担保的，招标人应当同时向中标人提供工程款支付担保。

招标人不得擅自提高履约保证金，不得强制要求中标人垫付中标项目建设资金。

第六十三条 招标人与中标人签订合同后五个工作日内，应当向未中标的投标人退还投标保证金。

第六十四条 合同中确定的建设规模、建设标准、建设内容、合同价格应当控制在批准的初步设计及概算文件范围内；确需超出规定范围的，应当在中标合同签订前，报原项目审批部门审查同意。凡应报经审查而未报的，在初步设计及概算调整时，原项目审批部门一律不予承认。

第六十五条 依法必须进行施工招标的项目，招标人应当自发出中标通知书之日起十五日内，向有关行政监督部门提交招标投标情况的书面报告。

前款所称书面报告至少应包括下列内容：

（一）招标范围；

（二）招标方式和发布招标公告的媒介；

（三）招标文件中投标人须知、技术条款、评标标准和方法、合同主要条款等内容；

(四)评标委员会的组成和评标报告；

(五)中标结果。

第六十六条　招标人不得直接指定分包人。

第六十七条　对于不具备分包条件或者不符合分包规定的，招标人有权在签订合同或者中标人提出分包要求时予以拒绝。发现中标人转包或违法分包时，可要求其改正；拒不改正的，可终止合同，并报请有关行政监督部门查处。

监理人员和有关行政部门发现中标人违反合同约定进行转包或违法分包的，应当要求中标人改正，或者告知招标人要求其改正；对于拒不改正的，应当报请有关行政监督部门查处。

第五章　法律责任

第六十八条　依法必须进行招标的项目而不招标的，将必须进行招标的项目化整为零或者以其他任何方式规避招标的，有关行政监督部门责令限期改正，可以处项目合同金额千分之五以上千分之十以下的罚款；对全部或者部分使用国有资金的项目，项目审批部门可以暂停项目执行或者暂停资金拨付；对单位直接负责的主管人员和其他直接责任人员依法给予处分。

第六十九条　招标代理机构违法泄露应当保密的与招标投标活动有关的情况和资料的，或者与招标人、投标人串通损害国家利益、社会公共利益或者他人合法权益的，由有关行政监督部门处五万元以上二十五万元以下罚款，对单位直接负责的主管人员和其他直接责任人员处单位罚款数额百分之五以上百分之十以下罚款；有违法所得的，并处没收违法所得；情节严重的，有关行政监督部门可停止其一定时期内参与相关领域的招标代理业务，资格认定部门可暂停直至取消招标代理资格；构成犯罪的，由司法部门依法追究刑事责任。给他人造成损失的，依法承担赔偿责任。

前款所列行为影响中标结果，并且中标人为前款所列行为的受益人的，中标无效。

第七十条　招标人以不合理的条件限制或者排斥潜在投标人的，对潜在投标人实行歧视待遇的，强制要求投标人组成联合体共同投标的，或者限制投标人之间竞争的，有关行政监督部门责令改正，可处一万元以上五万元以下罚款。

第七十一条　依法必须进行招标项目的招标人向他人透露已获取招标文件的潜在投标人的名称、数量或者可能影响公平竞争的有关招标投标的其他情况的，或者泄露标底的，有关行政监督部门给予警告，可以并处一万元以上十万元以下的罚款；对单位直接负责的主管人员和其他直接责任人员依法给予处分；构成犯罪的，依法追究刑事责任。

前款所列行为影响中标结果，并且中标人为前款所列行为的受益人的，中标无效。

第七十二条　招标人在发布招标公告、发出投标邀请书或者售出招标文件或资格预审文件后终止招标的，除有正当理由外，有关行政监督部门给予警告，根据情节可处三万元以下的罚款；给潜在投标人或者投标人造成损失的，并应当赔偿损失。

第七十三条　招标人或者招标代理机构有下列情形之一的，有关行政监督部门责令其限期改正，根据情节可处三万元以下的罚款；情节严重的，招标无效：

(一)未在指定的媒介发布招标公告的；

(二)邀请招标不依法发出投标邀请书的；

(三)自招标文件或资格预审文件出售之日起至停止出售之日止，少于五个工作日的；

(四)依法必须招标的项目，自招标文件开始发出之日起至提交投标文件截止之日止，少于二十日的；

(五)应当公开招标而不公开招标的；

(六)不具备招标条件而进行招标的；

（七）应当履行核准手续而未履行的；

（八）不按项目审批部门核准内容进行招标的；

（九）在提交投标文件截止时间后接收投标文件的；

（十）投标人数量不符合法定要求不重新招标的。

被认定为招标无效的，应当重新招标。

第七十四条 投标人相互串通投标或者与招标人串通投标的，投标人以向招标人或者评标委员会成员行贿的手段谋取中标的，中标无效，由有关行政监督部门处中标项目金额千分之五以上千分之十以下的罚款，对单位直接负责的主管人员和其他直接责任人员处单位罚款数额百分之五以上百分之十以下的罚款；有违法所得的，并处没收违法所得；情节严重的，取消其一至二年的投标资格，并予以公告，直至由工商行政管理机关吊销营业执照；构成犯罪的，依法追究刑事责任。给他人造成损失的，依法承担赔偿责任。

第七十五条 投标人以他人名义投标或者以其他方式弄虚作假，骗取中标的，中标无效，给招标人造成损失的，依法承担赔偿责任；构成犯罪的，依法追究刑事责任。

依法必须进行招标项目的投标人有前款所列行为尚未构成犯罪的，有关行政监督部门处中标项目金额千分之五以上千分之十以下的罚款，对单位直接负责的主管人员和其他直接责任人员处单位罚款数额百分之五以上百分之十以下的罚款；有违法所得的，并处没收违法所得；情节严重的，取消其一至三年投标资格，并予以公告，直至由工商行政管理机关吊销营业执照。

第七十六条 依法必须进行招标的项目，招标人违法与投标人就投标价格、投标方案等实质性内容进行谈判的，有关行政监督部门给予警告，对单位直接负责的主管人员和其他直接责任人员依法给予处分。

前款所列行为影响中标结果的，中标无效。

第七十七条 评标委员会成员收受投标人的财物或者其他好处的，评标委员会成员或者参加评标的有关工作人员向他人透露对投标文件的评审和比较、中标候选人的推荐以及与评标有关的其他情况的，有关行政监督部门给予警告，没收收受的财物，可以并处三千元以上五万元以下的罚款，对有所列违法行为的评标委员会成员取消担任评标委员会成员的资格并予以公告，不得再参加任何招标项目的评标；构成犯罪的，依法追究刑事责任。

第七十八条 评标委员会成员在评标过程中擅离职守，影响评标程序正常进行，或者在评标过程中不能客观公正地履行职责的，有关行政监督部门给予警告；情节严重的，取消担任评标委员会成员的资格，不得再参加任何招标项目的评标，并处一万元以下的罚款。

第七十九条 评标过程有下列情况之一的，评标无效，应当依法重新进行评标或者重新进行招标，有关行政监督部门可处三万元以下的罚款：

（一）使用招标文件没有确定的评标标准和方法的；

（二）评标标准和方法含有倾向或者排斥投标人的内容，妨碍或者限制投标人之间竞争，且影响评标结果的；

（三）应当回避担任评标委员会成员的人参与评标的；

（四）评标委员会的组建及人员组成不符合法定要求的；

（五）评标委员会及其成员在评标过程中有违法行为，且影响评标结果的。

第八十条 招标人在评标委员会依法推荐的中标候选人以外确定中标人的，依法必须进行招标的项目在所有投标被评标委员会否决后自行确定中标人的，中标无效。有关行政监督部门责令改正，可以处中标项目金额千分之五以上千分之十以下的罚款；对单位直接负责的主管人员和其他直接责任人员依法给予处分。

第八十一条 招标人不按规定期限确定中标人的，或者中标通知书发出后，改变中标结果的，无正当理由不与中标人签订合同的，或者在签订合同时向中标人提出附加条件或者更改合同实质性内容的，有关行政监督部门给予警告，责令改正，根据情节可处三万元以下的罚款；造成中标人损失的，并应当赔偿损失。

中标通知书发出后，中标人放弃中标项目的，无正当理由不与招标人签订合同的，在签订合同时向招标人提出附加条件或者更改合同实质性内容的，或者拒不提交所要求的履约保证金的，招标人可取消其中标资格，并没收其投标保证金；给招标人的损失超过投标保证金数额的，中标人应当对超过部分予以赔偿；没有提交投标保证金的，应当对招标人的损失承担赔偿责任。

第八十二条 中标人将中标项目转让给他人的，将中标项目肢解后分别转让给他人的，违法将中标项目的部分主体、关键性工作分包给他人的，或者分包人再次分包的，转让、分包无效，有关行政监督部门处转让、分包项目金额千分之五以上千分之十以下的罚款；有违法所得的，并处没收违法所得；可以责令停业整顿；情节严重的，由工商行政管理机关吊销营业执照。

第八十三条 招标人与中标人不按照招标文件和中标人的投标文件订立合同的，招标人、中标人订立背离合同实质性内容的协议的，或者招标人擅自提高履约保证金或强制要求中标人垫付中标项目建设资金的，有关行政监督部门责令改正；可以处中标项目金额千分之五以上千分之十以下的罚款。

第八十四条 中标人不履行与招标人订立的合同的，履约保证金不予退还，给招标人造成的损失超过履约保证金数额的，还应当对超过部分予以赔偿；没有提交履约保证金的，应当对招标人的损失承担赔偿责任。

中标人不按照与招标人订立的合同履行义务，情节严重的，有关行政监督部门取消其二至五年参加招标项目的投标资格并予以公告，直至由工商行政管理机关吊销营业执照。

因不可抗力不能履行合同的，不适用前两款规定。

第八十五条 招标人不履行与中标人订立的合同的，应当双倍返还中标人的履约保证金；给中标人造成的损失超过返还的履约保证金的，还应当对超过部分予以赔偿；没有提交履约保证金的，应当对中标人的损失承担赔偿责任。

因不可抗力不能履行合同的，不适用前款规定。

第八十六条 依法必须进行施工招标的项目违反法律规定，中标无效的，应当依照法律规定的中标条件从其余投标人中重新确定中标人或者依法重新进行招标。

中标无效的，发出的中标通知书和签订的合同自始没有法律约束力，但不影响合同中独立存在的有关解决争议方法的条款的效力。

第八十七条 任何单位违法限制或者排斥本地区、本系统以外的法人或者其他组织参加投标的，为招标人指定招标代理机构的，强制招标人委托招标代理机构办理招标事宜的，或者以其他方式干涉招标投标活动的，有关行政监督部门责令改正；对单位直接负责的主管人员和其他直接责任人员依法给予警告、记过、记大过的处分，情节较重的，依法给予降级、撤职、开除的处分。

个人利用职权进行前款违法行为的，依照前款规定追究责任。

第八十八条 对招标投标活动依法负有行政监督职责的国家机关工作人员徇私舞弊、滥用职权或者玩忽职守，构成犯罪的，依法追究刑事责任；不构成犯罪的，依法给予行政处分。

第八十九条 任何单位和个人对工程建设项目施工招标投标过程中发生的违法行为，有权向项目审批部门或者有关行政监督部门投诉或举报。

第六章　附　则

第九十条 使用国际组织或者外国政府贷款、援助资金的项目进行招标，贷款方、资金提供方对工程施工招标投标活动的条件和程序有不同规定的，可以适用其规定，但违背中华人民共和国社会公共利益的除外。

第九十一条 本办法由国家发展计划委员会会同有关部门负责解释。

第九十二条 本办法自2003年5月1日起施行。

附录6　水利工程建设项目招标投标管理规定

（水利部第14号令）

第一章　总　则

第一条　为加强水利工程建设项目招标投标工作的管理，规范招标投标活动，根据《中华人民共和国招标投标法》和国家有关规定，结合水利工程建设的特点，制定本规定。

第二条　本规定适用于水利工程建设项目的勘察设计、施工、监理以及与水利工程建设有关的重要设备、材料采购等的招标投标活动。

第三条　符合下列具体范围并达到规模标准之一的水利工程建设项目必须进行招标。

（一）具体范围

1. 关系社会公共利益、公共安全的防洪、排涝、灌溉、水力发电、引（供）水、滩涂治理、水土保持、水资源保护等水利工程建设项目；

2. 使用国有资金投资或者国家融资的水利工程建设项目；

3. 使用国际组织或者外国政府贷款、援助资金的水利工程建设项目。

（二）规模标准

1. 施工单项合同估算价在200万元人民币以上的；

2. 重要设备、材料等货物的采购，单项合同估算价在100万元人民币以上的；

3. 勘察设计、监理等服务的采购，单项合同估算价在50万元人民币以上的；

4. 项目总投资额在3 000万元人民币以上，但分标单项合同估算价低于本项第1、2、3目规定的标准的项目原则上都必须招标。

第四条　招标投标活动应当遵循公开、公平、公正和诚实信用的原则。建设项目的招标工作由招标人负责，任何单位和个人不得以任何方式非法干涉招标投标活动。

第二章　行政监督与管理

第五条　水利部是全国水利工程建设项目招标投标活动的行政监督与管理部门，其主要职责是：

（一）负责组织、指导、监督全国水利行业贯彻执行国家有关招标投标的法律、法规、规章和政策；

（二）依据国家有关招标投标法律、法规和政策，制定水利工程建设项目招标投标的管理规定和办法；

（三）受理有关水利工程建设项目招标投标活动的投诉，依法查处招标投标活动中的违法违规行为；

（四）对水利工程建设项目招标代理活动进行监督；

（五）对水利工程建设项目评标专家资格进行监督与管理；

（六）负责国家重点水利项目和水利部所属流域管理机构（以下简称流域管理机构）主要负责人兼任项目法人代表的中央项目的招标投标活动的行政监督。

第六条　流域管理机构受水利部委托，对除第五条第六项规定以外的中央项目的招标投标活动进行行政监督。

第七条　省、自治区、直辖市人民政府水行政主管部门是本行政区域内地方水利工程建设项目招标投标活动的行政监督与管理部门，其主要职责是：

(一)贯彻执行有关招标投标的法律、法规、规章和政策;

(二)依照有关法律、法规和规章,制定地方水利工程建设项目招标投标的管理办法;

(三)受理管理权限范围内的水利工程建设项目招标投标活动的投诉,依法查处招标投标活动中的违法违规行为;

(四)对本行政区域内地方水利工程建设项目招标代理活动进行监督;

(五)组建并管理省级水利工程建设项目评标专家库;

(六)负责本行政区域内除第五条第六项规定以外的地方项目的招标投标活动的行政监督。

第八条 水行政主管部门依法对水利工程建设项目的招标投标活动进行行政监督,内容包括:

(一)接受招标人招标前提交备案的招标报告。

(二)可派员监督开标、评标、定标等活动。对发现的招标投标活动的违法违规行为,应当立即责令改正,必要时可做出包括暂停开标或评标以及宣布开标、评标结果无效的决定,对违法的中标结果予以否决。

(三)接受招标人提交备案的招标投标情况书面总结报告。

第三章 招 标

第九条 招标分为公开招标和邀请招标。

第十条 依法必须招标的项目中,国家重点水利项目、地方重点水利项目及全部使用国有资金投资或者国有资金投资占控股或者主导地位的项目应当公开招标,但有下列情况之一的,按第十一条的规定经批准后可采用邀请招标:

(一)属于第三条第二项第4目规定的项目;

(二)项目技术复杂,有特殊要求或涉及专利权保护,受自然资源或环境限制,新技术或技术规格事先难以确定的项目;

(三)应急度汛项目;

(四)其他特殊项目。

第十一条 符合第十条规定,采用邀请招标的,招标前招标人必须履行下列批准手续:

(一)国家重点水利项目经水利部初审后,报国家发展计划委员会批准;其他中央项目报水利部或其委托的流域管理机构批准;

(二)地方重点水利项目经省、自治区、直辖市人民政府水行政主管部门会同同级发展计划行政主管部门审核后,报本级人民政府批准;其他地方项目报省、自治区、直辖市人民政府水行政主管部门批准。

第十二条 下列项目可不进行招标,但须经项目主管部门批准:

(一)涉及国家安全、国家秘密的项目;

(二)应急防汛、抗旱、抢险、救灾等项目;

(三)项目中经批准使用农民投工、投劳施工的部分(不包括该部分中勘察设计、监理和重要设备、材料采购);

(四)不具备招标条件的公益性水利工程建设项目的项目建议书和可行性研究报告;

(五)采用特定专利技术或特有技术的;

(六)其他特殊项目。

第十三条 当招标人具备以下条件时,按有关规定和管理权限经核准可自行办理招标事宜:

(一)具有项目法人资格(或法人资格);

(二)具有与招标项目规模和复杂程度相适应的工程技术、概预算、财务和工程管理等方面专业技术力量；

（三）具有编制招标文件和组织评标的能力；

（四）具有从事同类工程建设项目招标的经验；

（五）设有专门的招标机构或者拥有3名以上专职招标业务人员；

（六）熟悉和掌握招标投标法律、法规、规章。

第十四条 当招标人不具备第十三条的条件时，应当委托符合相应条件的招标代理机构办理招标事宜。

第十五条 招标人申请自行办理招标事宜时，应当报送以下书面材料：

（一）项目法人营业执照、法人证书或者项目法人组建文件；

（二）与招标项目相适应的专业技术力量情况；

（三）内设的招标机构或者专职招标业务人员的基本情况；

（四）拟使用的评标专家库情况；

（五）以往编制的同类工程建设项目招标文件和评标报告，以及招标业绩的证明材料；

（六）其他材料。

第十六条 水利工程建设项目招标应当具备以下条件：

（一）勘察设计招标应当具备的条件

1. 勘察设计项目已经确定；

2. 勘察设计所需资金已落实；

3. 必需的勘察设计基础资料已收集完成。

（二）监理招标应当具备的条件

1. 初步设计已经批准；

2. 监理所需资金已落实；

3. 项目已列入年度计划。

（三）施工招标应当具备的条件

1. 初步设计已经批准；

2. 建设资金来源已落实，年度投资计划已经安排；

3. 监理单位已确定；

4. 具有能满足招标要求的设计文件，已与设计单位签订适应施工进度要求的图纸交付合同或协议；

5. 有关建设项目永久征地、临时征地和移民搬迁的实施、安置工作已经落实或已有明确安排。

（四）重要设备、材料招标应当具备的条件

1. 初步设计已经批准；

2. 重要设备、材料技术经济指标已基本确定；

3. 设备、材料所需资金已落实。

第十七条 招标工作一般按下列程序进行：

（一）招标前，按项目管理权限向水行政主管部门提交招标报告备案。报告具体内容应当包括：招标已具备的条件、招标方式、分标方案、招标计划安排、投标人资质（资格）条件、评标方法、评标委员会组建方案以及开标、评标的工作具体安排等；

（二）编制招标文件；

（三）发布招标信息（招标公告或投标邀请书）；

（四）发售资格预审文件；

（五）按规定日期接受潜在投标人编制的资格预审文件；

（六）组织对潜在投标人资格预审文件进行审核；

（七）向资格预审合格的潜在投标人发售招标文件；

（八）组织购买招标文件的潜在投标人现场踏勘；

（九）接受投标人对招标文件有关问题要求澄清的函件，对问题进行澄清，并书面通知所有潜在投标人；

（十）组织成立评标委员会，并在中标结果确定前保密；

（十一）在规定时间和地点，接受符合招标文件要求的投标文件；

（十二）组织开标评标会；

（十三）在评标委员会推荐的中标候选人中，确定中标人；

（十四）向水行政主管部门提交招标投标情况的书面总结报告；

（十五）发中标通知书，并将中标结果通知所有投标人；

（十六）进行合同谈判，并与中标人订立书面合同。

第十八条　采用公开招标方式的项目，招标人应当在国家发展计划委员会指定的媒介发布招标公告，其中大型水利工程建设项目以及国家重点项目、中央项目、地方重点项目同时还应当在《中国水利报》发布招标公告，公告正式媒介发布至发售资格预审文件（或招标文件）的时间间隔一般不少于10日。招标人应当对招标公告的真实性负责。招标公告不得限制潜在投标人的数量。

采用邀请招标方式的，招标人应当向3个以上有投标资格的法人或其他组织发出投标邀请书。

投标人少于3个的，招标人应当依照本规定重新招标。

第十九条　招标人应当根据国家有关规定，结合项目特点和需要编制招标文件。

第二十条　招标人应当对投标人进行资格审查，并提出资格审查报告，经参审人员签字后存档备查。

第二十一条　在一个项目中，招标人应当以相同条件对所有潜在投标人的资格进行审查，不得以任何理由限制或者排斥部分潜在投标人。

第二十二条　招标人对已发出的招标文件进行必要澄清或者修改的，应当在招标文件要求提交投标文件截止日期至少15日前，以书面形式通知所有投标人。该澄清或者修改的内容为招标文件的组成部分。

第二十三条　依法必须进行招标的项目，自招标文件开始发出之日起至投标人提交投标文件截止之日止，最短不应当少于20日。

第二十四条　招标文件应当按其制作成本确定售价，一般可按1 000元至3 000元人民币标准控制。

第二十五条　招标文件中应当明确投标保证金金额，一般可按以下标准控制：

（一）合同估算价1亿元人民币以上，投标保证金金额不超过合同估算价的千分之五；

（二）合同估算价3 000万元至1亿元人民币之间，投标保证金金额不超过合同估算价的千分之六；

（三）合同估算价3 000万元人民币以下，投标保证金金额不超过合同估算价的千分之七，但最低不得少于1万元人民币。

第四章　投　标

第二十六条　投标人必须具备水利工程建设项目所需的资质（资格）。

第二十七条　投标人应当按照招标文件的要求编写投标文件，并在招标文件规定的投标截止时间之前密封送达招标人。在投标截止时间之前，投标人可以撤回已递交的投标文件或进行更正和补充，但应当符合招标文件的要求。

第二十八条　投标人必须按招标文件规定投标，也可附加提出“替代方案”，且应当在其封面上注明“替代方案”字样，供招标人选用，但不作为评标的主要依据。

第二十九条　两个或两个以上单位联合投标的，应当按资质等级较低的单位确定联合体资质（资格）等级。招标人不得强制投标人组成联合体共同投标。

第三十条　投标人在递交投标文件的同时，应当递交投标保证金。

招标人与中标人签订合同后5个工作日内，应当退还投标保证金。

第三十一条　投标人应当对递交的资质（资格）预审文件及投标文件中有关资料的真实性负责。

第五章　评标标准与方法

第三十二条　评标标准和方法应当在招标文件中载明，在评标时不得另行制定或修改、补充任何评标标准和方法。

第三十三条　招标人在一个项目中，对所有投标人评标标准和方法必须相同。

第三十四条　评标标准分为技术标准和商务标准，一般包含以下内容：

（一）勘察设计评标标准

1. 投标人的业绩和资信；
2. 勘察总工程师、设计总工程师的经历；
3. 人力资源配备；
4. 技术方案和技术创新；
5. 质量标准及质量管理措施；
6. 技术支持与保障；
7. 投标价格和评标价格；
8. 财务状况；
9. 组织实施方案及进度安排。

（二）监理评标标准

1. 投标人的业绩和资信；
2. 项目总监理工程师经历及主要监理人员情况；
3. 监理规划（大纲）；
4. 投标价格和评标价格；
5. 财务状况。

（三）施工评标标准

1. 施工方案（或施工组织设计）与工期；
2. 投标价格和评标价格；
3. 施工项目经理及技术负责人的经历；
4. 组织机构及主要管理人员；
5. 主要施工设备；
6. 质量标准、质量和安全管理措施；
7. 投标人的业绩、类似工程经历和资信；
8. 财务状况。

（四）设备、材料评标标准

1. 投标价格和评标价格；
2. 质量标准及质量管理措施；
3. 组织供应计划；

4. 售后服务；

5. 投标人的业绩和资信；

6. 财务状况。

第三十五条 评标方法可采用综合评分法、综合最低评标价法、合理最低投标价法、综合评议法及两阶段评标法。

第三十六条 施工招标设有标底的，评标标底可采用：

（一）招标人组织编制的标底 A；

（二）以全部或部分投标人报价的平均值作为标底 B；

（三）以标底 A 和标底 B 的加权平均值作为标底；

（四）以标底 A 值作为确定有效标的标准，以进入有效标内投标人的报价平均值作为标底。

施工招标未设标底的，按不低于成本价的有效标进行评审。

第六章 开标、评标和中标

第三十七条 开标由招标人主持，邀请所有投标人参加。

第三十八条 开标应当按招标文件中确定的时间和地点进行。开标人员至少由主持人、监标人、开标人、唱标人、记录人组成，上述人员对开标负责。

第三十九条 开标一般按以下程序进行：

（一）主持人在招标文件确定的时间停止接收投标文件，开始开标；

（二）宣布开标人员名单；

（三）确认投标人法定代表人或授权代表人是否在场；

（四）宣布投标文件开启顺序；

（五）依开标顺序，先检查投标文件密封是否完好，再启封投标文件；

（六）宣布投标要素，并作记录，同时由投标人代表签字确认；

（七）对上述工作进行记录，存档备查。

第四十条 评标工作由评标委员会负责。评标委员会由招标人的代表和有关技术、经济、合同管理等方面的专家组成，成员人数为七人以上单数，其中专家（不含招标人代表人数）不得少于成员总数的三分之二。

第四十一条 公益性水利工程建设项目中，中央项目的评标专家应当从水利部或流域管理机构组建的评标专家库中抽取；地方项目的评标专家应当从省、自治区、直辖市人民政府水行政主管部门组建的评标专家库中抽取，也可从水利部或流域管理机构组建的评标专家库中抽取。

第四十二条 评标专家的选择应当采取随机的方式抽取。根据工程特殊专业技术需要，经水行政主管部门批准，招标人可以指定部分评标专家，但不得超过专家人数的三分之一。

第四十三条 评标委员会成员不得与投标人有利害关系。所指利害关系包括：是投标人或其代理人的近亲属；在 5 年内与投标人曾有工作关系；或有其他社会关系或经济利益关系。

评标委员会成员名单在招标结果确定前应当保密。

第四十四条 评标工作一般按以下程序进行：

（一）招标人宣布评标委员会成员名单并确定主任委员；

（二）招标人宣布有关评标纪律；

（三）在主任委员主持下，根据需要，讨论通过成立有关专业组和工作组；

（四）听取招标人介绍招标文件；

（五）组织评标人员学习评标标准和方法；

（六）经评标委员会讨论，并经二分之一以上委员同意，提出需投标人澄清的问题，以书面形式送达投标人；

（七）对需要文字澄清的问题，投标人应当以书面形式送达评标委员会；

（八）评标委员会按招标文件确定的评标标准和方法，对投标文件进行评审，确定中标候选人推荐顺序；

（九）在评标委员会三分之二以上委员同意并签字的情况下，通过评标委员会工作报告，并报招标人。评标委员会工作报告附件包括有关评标的往来澄清函、有关评标资料及推荐意见等。

第四十五条 招标人对有下列情况之一的投标文件，可以拒绝或按无效标处理：

（一）投标文件密封不符合招标文件要求的；

（二）逾期送达的；

（三）投标人法定代表人或授权代表人未参加开标会议的；

（四）未按招标文件规定加盖单位公章和法定代表人（或其授权人）的签字（或印鉴）的；

（五）招标文件规定不得标明投标人名称，但投标文件上标明投标人名称或有任何可能透露投标人名称的标记的；

（六）未按招标文件要求编写或字迹模糊导致无法确认关键技术方案、关键工期、关键工程质量保证措施、投标价格的；

（七）未按规定交纳投标保证金的；

（八）超出招标文件规定，违反国家有关规定的；

（九）投标人提供虚假资料的。

第四十六条 评标委员会经过评审，认为所有投标文件都不符合招标文件要求时，可以否决所有投标，招标人应当重新组织招标。对已参加本次投标的单位，重新参加投标不应当再收取招标文件费。

第四十七条 评标委员会应当进行秘密评审，不得泄露评审过程、中标候选人的推荐情况以及与评标有关的其他情况。

第四十八条 在评标过程中，评标委员会可以要求投标人对投标文件中含义不明确的内容采取书面方式作出必要的澄清或说明，但不得超出投标文件的范围或改变投标文件的实质性内容。

第四十九条 评标委员会经过评审，从合格的投标人中排序推荐中标候选人。

第五十条 中标人的投标应当符合下列条件之一：

（一）能够最大限度地满足招标文件中规定的各项综合评价标准；

（二）能够满足招标文件的实质性要求，并且经评审的投标价格合理最低；但投标价格低于成本的除外。

第五十一条 招标人可授权评标委员会直接确定中标人，也可根据评标委员会提出的书面评标报告和推荐的中标候选人顺序确定中标人。当招标人确定的中标人与评标委员会推荐的中标候选人顺序不一致时，应当有充足的理由，并按项目管理权限报水行政主管部门备案。

第五十二条 自中标通知书发出之日起30日内，招标人和中标人应当按照招标文件和中标人的投标文件订立书面合同，中标人提交履约保函。招标人和中标人不得另行订立背离招标文件实质性内容的其他协议。

第五十三条 招标人在确定中标人后，应当在15日之内按项目管理权限向水行政主管部门提交招标投标情况的书面报告。

第五十四条 当确定的中标人拒绝签订合同时，招标人可与确定的候补中标人签订合同，并按项目管理权限向水行政主管部门备案。

第五十五条 由于招标人自身原因致使招标工作失败（包括未能如期签订合同），招标人应当按投标保证金双倍的金额赔偿投标人，同时退还投标保证金。

第七章　附　则

第五十六条　在招标投标活动中出现的违法违规行为，按照《中华人民共和国招标投标法》和国务院的有关规定进行处罚。

第五十七条　各省、自治区、直辖市可以根据本规定，结合本地区实际制订相应的实施办法。

第五十八条　本规定由水利部负责解释。

第五十九条　本规定自2002年1月1日起施行，《水利工程建设项目施工招标投标管理规定》（水建[1994]130号1995年4月21日颁发，水政资[1998]51号1998年2月9日修正）同时废止。

参 考 文 献

[1] 陈跃进. 新编水利水电工程施工招投标标书编制实用手册[M]. 合肥:安徽文化音像出版社,2004.

[2]《水利水电工程招标投标与标书编制》课程建设团队. 水利水电工程招标投标与标书编制[M]. 北京:中国水利电力出版社,2010.

[3] 天津市水利工程建设交易管理中心,天津普泽工程咨询有限责任公司. 水利工程招标投标工作指导手册[M]. 北京:中国电力出版社,2009.

[4] 钟鸣辉. 水利项目招投标[M]. 北京:中国水利电力出版社,2011.

[5] 王文新. 水利水电工程招标投标运作指南[M]. 北京:中国水利电力出版社,2004.

[6] 中华人民共和国水利部. 水利水电工程标准施工招标资格预审文件(2009 年版)[M]. 北京:中国水利电力出版社,2009.

[7] 中华人民共和国水利部. 水利水电工程标准施工招标文件(2009 年版)[M]. 北京:中国水利电力出版社,2009.

[8] 标准文件编制组. 中华人民共和国简明标准施工招标文件(2012 年版)[M]. 北京:中国计划出版社,2012.

[9] 中华人民共和国水利部. 水利水电工程标准施工招标文件技术标准和要求(2009 年版)[M]. 北京:中国水利电力出版社,2009.

[10] 张诗云. 水利水电工程投标报价编制指南[M]. 北京:中国水利电力出版社,2007.

[11] 王海周. 水利工程建设项目招标与投标[M]. 郑州:黄河水利出版社,2008.